随机系数整数值自回归过程的推广及其统计推断

于梅菊　编著

中国纺织出版社有限公司

图书在版编目(CIP)数据

随机系数整数值自回归过程的推广及其统计推断/于梅菊编著. --北京:中国纺织出版社有限公司,2023.11

ISBN 978-7-5229-1238-7

Ⅰ.①随… Ⅱ.①于… Ⅲ.①时间序列分析—自回归模型—统计推断 Ⅳ.①O211.61

中国国家版本馆 CIP 数据核字(2023)第 220153 号

责任编辑:王 慧　　责任校对:王蕙莹　　责任印制:储志伟

中国纺织出版社有限公司出版发行
地址:北京市朝阳区百子湾东里 A407 号楼 邮政编码:100124
销售电话:010—67004422 传真:010—87155801
http://www.c-textilep.com
中国纺织出版社天猫旗舰店
官方微博 http://weibo.com/2119887771
三河市宏盛印务有限公司印刷 各地新华书店经销
2023 年 11 月第 1 版第 1 次印刷
开本:787×1092 1/16 印张:12.75
字数:245 千字 定价:98.00 元

前　言

整数值的时间序列数据在现实生活中是普遍存在的,例如,某地区每月患某种传染病的人数、某稀缺物种每年的繁殖数量、某地区每月交通事故发生的数量、保险公司每月的理赔数等。最常见的整数值时间序列模型是基于稀疏算子的整数值自回归(INAR)模型,该模型的提出、完善和改进在很大程度上推动了整数值时间序列建模的发展。通常,INAR模型中的稀疏参数被假定是固定的常数。虽然这种假定给研究带来了很大的方便,但它显然是不合理的。因为数据的变化受多方面环境因素影响,而环境是随着时间变化而变化的,所以模型的稀疏参数不应该是固定不变的,而应该是随机的。因此,在实际应用中,运用基于常系数的INAR模型来描述所观测的数据是比较粗糙的,往往不能有效地刻画出数据变化的内在规律。此时,建立随机系数的INAR模型势在必行。

本书首先对研究内容的基础理论与方法进行了介绍,然后重点对一阶随机系数整值自回归过程进行了三种推广,并主要研究了推广后模型的统计推断问题。第一种推广,我们弱化了随机系数整值自回归过程中稀疏参数是独立同分布(i. i. d.)的假设,通过允许稀疏参数是状态相依的随机变量序列,基于负二项稀疏算子,我们提出了一类观察驱动的一阶随机系数整值自回归过程,并讨论了过程的性质、参数估计及检验问题。第二种推广,我们将单变量的随机系数整值自回归过程推广到了多元的情况,提出了一类二元的一阶随机系数整值自回归过程,并讨论了过程的性质、参数估计以及一致预测问题。第三种推广,我们进一步推广了二元的一阶随机系数整值自回归过程,基于广义稀疏算子,我们提出了一类二元广义的一阶随机系数的整值自回归过程,并研究了过程的性质和参数估计问题。

本书在撰写过程中得到了很多专家和学者的指导和帮助,在此对他们表示感谢!由于作者水平有限,书中难免会有疏漏之处,恳请广大读者批评指正!

于梅菊

2023年5月

目　　录

第一章　概　　述

第一节　背景介绍

整数值时间序列是指某特定事件或对象在一定的时间间隔内按照时间的先后顺序而成的计数序列，它作为时间序列的一个重要组成部分，广泛地应用于金融、医疗、保险、生态和社会科学等领域。例如，每月患某种流行病的人数，某珍惜动物每年的存活数，某市每月的性犯罪数，某地区每周雨天的数量等。近年来，对整值时间序列的建模和预测已成为一个重要的研究领域。为了反映整数值时间序列的整数特性，统计学家们做了许多尝试。目前整值时间序列的建模方法主要包括两大类：一类是利用潜过程建立状态空间模型，其主要思想是在广义线性模型的框架下通过一个链接函数将序列的相依性包含在潜过程当中。一方面，由于模型中包含着一个反馈机制，所以协变量的信息很容易被考虑。但另一方面，模型的识别和解释却变得更加困难。这类模型的典型代表是由 Heinen(2003)和 Ferland et al. (2006)提出的整值广义自回归条件异方差(INGARCH)过程，其定义如下：

$$X_t \mid \mathscr{F}_{t-1} \sim \text{Poisson}(\lambda_t), \quad \lambda_t = \alpha_0 + \sum_{i=1}^{p} \alpha_i X_{t-i} + \sum_{j=1}^{q} \beta_j \lambda_{t-j}, t \geqslant 1 \tag{1.1.1}$$

其中 $\mathscr{F}_{t-1} = \sigma(X_s,\ s \leqslant t-1)$，$\alpha_0 > 0$，$\alpha_i \geqslant 0$，$\beta_j > 0$。关于这类模型的更多细节可以参考综述文献 Fokianos(2011)，Jung et al. (2011)和 Tjøstheim(2012)。另一类是基于稀疏算子建立自回归模型，其主要思想是用一个适当的稀疏算子代替传统实值时间序列模型(ARMA)中的乘法运算而建立的模型。稀疏模型非常适合分支过程，并且模型的识别和解释也非常的容易。

最早的稀疏算子是二项稀疏算子“∘”，它最初是由 Steutel 和 van Harn(1979)为了适应整值时间序列的自分解性和平稳性而引入的，其具体定义如下：

$$\phi \circ X := \begin{cases} \sum_{i=1}^{X} \omega_i, & X > 0 \\ 0, & X = 0 \end{cases} \tag{1.1.2}$$

其中 X 是非负整值随机变量，$\{\omega_i\}$是独立于 X 的独立同分布(i. i. d)伯努利随机变量序列，且 $P(\omega_i = 1) = 1 - P(\omega_i = 0) = \phi \in [0, 1]$。二项稀疏算子的提出奠定了整数值时间序列分析发展的基础。

基于二项稀疏算子“∘”，McKenzie(1985)提出了一阶整数值自回归[INAR(1)]过程，具体形式如下：

$$X_t = \phi \circ X_{t-1} + Z_t, \quad t = 1,2,\cdots \tag{1.1.3}$$

其中“∘”是由式(1.1.2)所定义的二项稀疏算子，$\{Z_t\}$为 i. i. d. 的非负整值随机变量序列，对于任意的时刻 t，Z_t 独立于稀疏运算 $\phi \circ X_{t-1}$ 和$(X_s)_{s<t}$。INAR(1)模型与传统的 AR(1)模型有许多相似的性质，并且模型的识别和解释也非常的容易。例如，若 X_t 表示某宾馆第 t 天的空房数，则 $\phi \circ X_{t-1}$ 表示该宾馆前一天空着到第 t 天依然空着的客房数，Z_t 表示该宾馆新增的空房数。Al－Osh 和 Alzaid(1987)进一步研究表明，当序列$\{Z_t\}$服从泊松分布时，INAR(1)过程$\{X_t\}$是严平稳的且边际分布也为泊松分布。在此基础上，Freeland(1998)，Freeland 和 McCabe(2004)，Weiß(2008b)分别研究了泊松 INAR(1)过程的性质及应用；Brännäs(1994)，Jung *et al.* (2005)，Weiß 和 kim(2008)分别讨论了 INAR(1)过程的参数估计和假设检验问题。值得一提的是，INAR(1)过程不仅仅可以应用于泊松边际的情况，可以证明的是任一离散自分解分布都可以是 INAR(1)过程的边际分布。Alzaid 和 Al－Osh(1988)研究了以几何分布为边际分布的 INAR(1)过程的性质；Al－Osh 和 Aly(1992)研究了以负二项分布为边际分布的 INAR(1)过程的性质；Alzaid 和 Al－Osh(1993)研究了以广义泊松分布为边际分布的 INAR(1)过程的性质；Jazi et al. (2012)研究了以零堆积分布为边际分布的 INAR(1)过程的性质；Bakouch 和 Ristic(2010)研究了以零截断泊松分布为边际分布的 INAR(1)过程的性质等。

近年来，相继涌现出了一批具有代表性的基于二项稀疏算子(1.1.1)的整数值时间序列模型。Alzaid 和 Al－Osh(1990)，Du 和 11(1991)分别提出了两种不同类型的 p－阶整数值自回归[INAR(p)]过程；Al－Osh 和 Alzaid(1988)，McKenzie(1986)，Brännäs 和 Hall (2001a)分别提出了四种不同类型的 q－阶整数值移动平均[INMA(q)]过程；Dion et al. (1995)将 INAR(p)和 INMA(q)结合提出了一个更一般的 INARMA(p, q)过程；Silva 和 Oliveira(2004, 2005)分别讨论了 INARMA(p, q)过程的高阶矩、高阶累积量等性质；Silva et al. (2005)提出了一类复制的 INAR(1)过程；Brännäs(1995)和 Monteiro et al. (2008)通过稀疏参数 ϕ 提出了一类带有解释变量的 INAR(1)模型；Zhu 和 Joe(2006)，Weiß(2008c)基于一个概率混合机制分别讨论了一种联合的 INAR(p)(CINAR(p))过程的性质；Doukhan et al. (2006)和 Drost et al. (2008)分别研究了一类整数值双线性(INBL)过程的性质及其应

用；Drost et al. (2009) 去掉了 INAR(1) 模型中关于扰动项的假设，提出了一类半参数的 INAR(p) 模型；Monteiro et al. (2010) 提出了一类带有周期的 INAR(1) 过程；Andersson et al. (2010) 和 Jia et al. (2014) 分别在不同的数据缺失情况下讨论了 INAR 过程的参数估计问题；为了刻画取值为有限的整数值时间序列，McKenzie(1985) 提出了以二项分布为边际分布的 INAR(1) 过程，简称二项 INAR(1) 过程；Weiß(2009a)，Weiß 和 Pollett(2012；2014)，Weiß 和 Kim(2013a，b；2014b) 分别研究了取值有限的整值自回归过程的性质；Hall et al. (2010) 提出了一类处理整数值极端数据的模型；Monteiro et al. (2012) 提出了一个自激励的整数值门限自回归[SETINAR(2，1)]过程；Li et al. (2017) 基于拟似然方法讨论了 SETINAR(2，1) 过程的参数估计问题等。

二项稀疏算子并不是唯一的一个可以用来建立整值时间序列模型的稀疏算子。为了使二项稀疏的概念能够适应不同形式的观测数据，统计学家对二项稀疏算子进行了一系列的推广和改进，从而提出了很多新的稀疏算子。例如，Al - Osh 和 Alzaid(1991) 提出了超几何稀疏算子；Al - Osh 和 Aly(1992) 提出了迭代稀疏算子；Alzaid 和 Al - Osh(1993) 提出了拟二项稀疏算子；Gauthier 和 Latour(1994) 提出了广义二项稀疏算子；Kim 和 Park(2004) 提出了带符号的二项稀疏算子；Zhang et al. (2010) 提出了带符号的广义幂级数稀疏算子；Wang et al. (2010) 和 Zhang et al. (2010) 先后提出了带符号的广义稀疏算子等。Ristic et al. (2009) 也提出了一种新的算子，称为负二项稀疏算子“ * ”，其定义如下：

$$\phi * X := \sum_{i=1}^{X} \omega_i \tag{1.1.4}$$

其中 $\phi \in [0, 1]$，X 为非负整数值随机变量，$\{\omega_i\}$ 为独立于 X 的 i. i. d。服从几何分布 Ge$(\alpha/[l+\alpha])$ 的随机变量序列，满足 $P(\omega_i = k) = \alpha^k/(1+\alpha)^{k+1}$，$k \in \mathbb{N}_0$。由于 ω_i 的可能取值为 $\mathbb{N}_0$，所以与基于二项稀疏算子的模型相比，基于负二项稀疏算子的整数值自回归模型更适合用来描述诸如繁殖过程、传染病过程和犯罪过程的计数数据。Ristic et al. (2009) 基于负二项稀疏算子“ * ”提出了一类以几何分布为边际分布的一阶整数值自回归[NGINAR(1)]过程。相比于泊松 INAR(1) 过程，NGINAR(1) 过程可以更好地拟合均值与方差不等的整值时间序列。进一步地，Bakouch(2010) 给出了 NGINAR(1) 过程的高阶矩、高阶累积量和谱密度等性质。Ristic et al. (2012a) 基于负二项稀疏算子“ * ”提出了一类以负二项分布为边际分布的一阶整数值自回归[NBINAR(1)]过程。Nastic(2012) 基于负二项稀疏算子“ * ”提出了一种带漂移的一阶几何整数值自回归[SGINAR(1) - I]过程。Ristic 和 Nastic(2012)，Nastic et al. (2012) 以及 Li et al. (2014) 分别基于二项稀疏算子和负二项稀疏算子讨论了具有不同边际分布的混合一阶、二阶和 p 阶 INAR 模型的性质。Yang et al. (2018a) 基于负二项稀疏算子提出了一类整数值门限自回归[NBTINAR(1)]过程。

前面介绍的整数值时间序列模型的一个共同特点是它们的稀疏参数都是固定的常数，在实际应用中这种假设显然是不合理的。例如，若 X_t 表示某地区第 t 个月的失业人数，$\phi \circ X_{t-1}$

表示该地区第 $t-1$ 个月的失业者中到第 t 月依然未就业的人数，Z_t 表示该地区第 t 月新增的失业人数。此时稀疏参数 ϕ 可以理解为该地区的失业率。众所周知，影响失业率的因素有很多，例如该地区的经济水平、GDP 增长、劳动力人口数量和劳动力综合结构水平等。很明显，这些因素都不是固定不变的，而是随时间变化的。因此，ϕ 也应该是随时间变化的。Joe(1996)和 Zheng et al.(2007)通过假设(1.1.1)中的稀疏参数 ϕ 是随机的，从而扩展了二项稀疏算子的概念，由此产生的新算子被称为随机系数稀疏算子，基于随机系数稀疏算子，Zheng et al.(2007)提出了一阶随机系数整数值自回归[RCINAR(1)]过程；Kang 和 Lee(2009)研究了 RCINAR(1)过程的变点检验问题；Zheng et al.(2006)将 INAR(p)过程推广为 p 阶随机系数整数值自回归[RCINAR(p)]过程；Weiß 和 Kim(2014a)推广了二项 INAR(1)过程，提出了一个 beta-二项自回归过程；Li et al.(2018)推广了 SETINAR(2, 1)过程，提出了一类随机系数整数值门限自回归[RCTINAR(1)]过程，事实上，如果 ϕ_t 服从一个合适的 beta 分布，可以验证的是 RCINAR(1)过程是平稳的且边际分布为负二项分布，McKenzie(1985, 1986)，Joe(1996)和 Jung et al.(2005)分别研究了负二项的 RCINAR(1)过程的性质和参数估计问题。

类比于 Latour 的广义稀疏算子，Gomes 和 Canto e Castro(2009)提出了广义随机系数稀疏算子且基于该算子建立了相应的广义随机系数 INAR(1)过程。进一步地，为了能够更加动态地描述 INAR 模型的系数随时间变化的特点，可以通过假设稀疏参数是状态相依的随机序列，在模型中引入一个额外的相依结构。Triebsch(2008)提出了一个函数系数的 INAR FINAR(1)模型，其中稀疏参数是 X_{t-1} 的可测函数；Zheng et al.(2008)提出了一类一阶观察值驱动的整数值自回归模型；Weiß 和 Pollett(2014)提出了一个密度相依的二项INAR(1)过程，其中稀疏参数根据"密度"x_t/n 而变化。受以上状态相依参数模型的启发，在本书中的第六章中，我们推广了一阶随机系数整数值自回归过程，基于负二项稀疏算子提出了一类观察值驱动的随机系数整数值自回归过程，研究了模型的性质和参数估计问题。正如双线性模型通常比 AR 模型具有更好地预测一样，通过应用所提出的模型来拟合一组犯罪数据，我们可以发现观察值驱动的随机系数整数值自回归模型能够更好地描述该序列的潜在行为，并且比经典的 INAR(1)模型具有更精确的预测。

在实际应用当中，我们常常能够遇见存在互相关的多组整数值时间序列建模的问题，例如，一段时间内对在上午和下午发生交通事故次数的研究，流行病学中对相关的多种疾病每月患者数的研究；保险学中对多种相关险种每年理赔次数的研究；犯罪学中对相邻多个地区某种犯罪每月发生次数的研究等。建立多元整数值时间序列模型的主要方法是将前面提到的稀疏算子在多变量情况下进行推广，这也是当前研究的热点问题，目前，将单变量的二项稀疏算子推广为多元稀疏算子的方法主要有以下三种：

案例 1.1.1 多项稀疏算子。McKenzie(1988)将二项稀疏算子推广为：

$$\boldsymbol{\alpha} * X = \sum_{i=1}^{X} \boldsymbol{\xi}_i \tag{1.1.5}$$

其中$\boldsymbol{\alpha}=(\alpha_1, \alpha_2, \cdots, \alpha_n)^{\mathrm{T}}$，$\sum_{i=1}^{n}\alpha_i < 1$，$\{\boldsymbol{\xi}_i\}$是一列独立于$X$的i. i. d。服从多项分布MULT$(1; \alpha_1, \alpha_2, \cdots, \alpha_n)$的随机向量序列。设随机向量$\boldsymbol{X}\in\mathbb{N}_0^n$，矩阵$\boldsymbol{A}\in(0, 1)^{n\times n}$，其列向量为$\boldsymbol{\alpha}_i=(\alpha_{1i}, \alpha_{2i}, \cdots, \alpha_{ni})^{\mathrm{T}}$，则多项稀疏运算定义如下：

$$\boldsymbol{A} * \boldsymbol{X} = \sum_{i=1}^{n} \boldsymbol{\alpha}_i * X_i = \sum_{i=1}^{n} \sum_{j=1}^{X_i} \xi_{ij} \tag{1.1.6}$$

基于多项稀疏算子，McKenzie (1988) 构造了多元泊松 INAR (1) 分布。Aly 和 Bouzar (1994b)基于负二项稀疏算子进一步地推广了多项稀疏算子。

案例 1.1.2 二元二项稀疏算子。基于 Kocherlakota 和 Kocherlakota(1992)提出的Ⅱ－型二元二项分布，Scotto et al. (2014)提出了一个二元二项稀疏算子，其定义如下：

$$\boldsymbol{\alpha} \oplus \boldsymbol{X} \mid \boldsymbol{X} \sim \mathrm{BVB}_{\mathrm{II}}[X_1, X_2, \min(X_1, X_2); \alpha_1, \alpha_2, \phi_\alpha] \tag{1.1.7}$$

其中$\boldsymbol{\alpha}=(\alpha_1, \alpha_2, \phi_\alpha)$，$0<\alpha_1, \alpha_2<1$。该稀疏算子的一个优势是，由于二元二项分布的边际分布仍然是二项分布，所以有$[\boldsymbol{\alpha}\oplus\boldsymbol{X}]_1\sim B(X_1, \alpha_1)$，$[\boldsymbol{\alpha}\oplus\boldsymbol{X}]_2\sim B(X_2, \alpha_2)$，这与单变量二项稀疏的分布是一致的。基于二元二项稀疏算子，Scotto *et al.* (2014)提出了一个二元二项的AR(1)[$\mathrm{BVB}_{\mathrm{II}}$－AR(1)]过程，并证明了该过程的边际同分布于通常的二项INAR(1)过程。

案例 1.1.3 矩阵二项稀疏算子。Franke 和 Subba Rao(1993)引入了矩阵二项稀疏的概念并提出了一个多元的INAR(1)模型。设$\boldsymbol{\Phi}=(\phi_{ij})_{n\times n}$是$n$阶矩阵且$\phi_{ij}\in[0, 1]$，$\boldsymbol{X}=(X_1, X_2, \cdots, X_d)^{\mathrm{T}}$是$n$维随机向量，则矩阵二项稀疏运算$\boldsymbol{\Phi}\circ\boldsymbol{X}$的第$i$个元素为：

$$(\boldsymbol{\Phi} \circ \boldsymbol{X})_i = \sum_{j=1}^{n} \phi_{ij} \circ X_j, i = 1, 2, \cdots, n$$

假设所有的稀疏运算都是相互独立的，基于矩阵二项稀疏算子，Pedeli 和 Karlis (2011, 2013a)提出了一类二元的一阶整数值自回归[BINAR(1)]过程，其定义如下：

$$\boldsymbol{X}_t = \boldsymbol{A} \circ \boldsymbol{X}_{t-1} + \boldsymbol{Z}_t = \begin{bmatrix} \alpha_1 & 0 \\ 0 & \alpha_2 \end{bmatrix} \circ \begin{bmatrix} X_{1,t-1} \\ X_{2,t-1} \end{bmatrix} + \begin{bmatrix} z_{1,t} \\ z_{2,t} \end{bmatrix}, t \in \mathbb{Z} \tag{1.1.8}$$

其中$\boldsymbol{A}$为二阶对角阵且$\alpha_i\in[0, 1)$，$i=1, 2$，$\{\boldsymbol{Z}_t\}$为i. i. d. 的二元非负整数值随机序列。显然，$\{\boldsymbol{X}_t\}$的每一个分量都是一个一元的INAR(1)过程，即$X_{i,t}=\alpha_i\circ X_{i,t-1}+Z_{i,t}$，$i=1, 2$。因此，BINAR(1)模型不仅考虑到了两个序列之间的相关关系，更重要的是它仍然保留了单变量INAR(1)模型的某些概率统计性质。为了刻画具有负相关的整数值时间序列，Karlis 和 Pedeli(2013)采用适当的二元copula函数构造了一个新的新息$\{\boldsymbol{Z}_t\}$的分布。Pedeli 和 Karlis(2013b)将BINAR(1)模型推广到了多元的情况并研究了该模型的复合似然估计。Popovic(2015)在假设BINAR(1)模型的稀疏参数α_{it}服从两点分布的情况下提出了一类随机系数的二元INAR(1)过程，并研究了该过程的概率统计性质。事实上，两点分布的假设在实际应用中往往会带来很大的局限性。因此，在本书的第七章中，我们忽略了这一假设，将一元的随机系数整数值自回归过程进一步地推广到了二元的情况，提出了一个更一般的二元随机系数整数值自回归[BRCINAR(1)]过程。

进一步地，若模型的稀疏矩阵 **A** 是非对角矩阵，nanke 和 Subba Rao(1993)，Boudreault 和 Charpentier(2011)，Pedeli 和 Karlis(2013c)分别研究了更一般的多元 INAR(1)过程的性质和参数估计问题；Quoreshi(2006)提出了多元的 q 阶整数值移动平均[INMA(q)]过程；Latour(1997)基于广义稀疏算子提出了一类多元的 p 阶整数值自回归[GINAR(p)]过程；Ristic et al.(2012b)基于负二项稀疏算子提出了一个以几何分布为边际分布的 BINAR(1)模型；Nastic et al.(2016b)基于二项稀疏算子讨论了一个以泊松分布为边际分布的 BINAR(1)过程的参数估计问题；Popovic et al.(2016a，b)分别研究了以相同参数和不同参数的几何分布为边际分布的 BINAR(1)过程的性质；Liu et al.(2016)提出了一个新的以零截断的泊松分布为边际分布的平稳 BINAR(1)过程；Bulla et al.(2017)提出了一类二元的一阶带符号的整数值自回归[B-SINAR(1)]过程。受以上研究结果的启发，在本书的第八章中，我们对上面提出的 BRCINAR(1)过程进行了进一步地推广，在 **A** 是非对角矩阵的情况下，基于广义稀疏算子提出了一类二元广义的一阶随机系数整数值自回归[BGRCINAR(1)]过程。

有关基于稀疏算子的整数值时间序列建模方面的更详细的介绍，请参考 McKenzie(2003)，Weiß(2008)，Scotto et al.(2015)的综述。

第二节　研究概述

本书对 Zheng et al.(2007)提出的随机系数整数值自回归过程进行了几种推广，并研究了推广后模型的统计推断问题，主要内容分为四个部分。

第一部分，在第一章至第五章中，首先对相关研究背景与基础研究方法进行阐述。

第二部分，在第六章中，为了动态地刻画整值自回归模型的系数随时间变化的特征，我们削弱了随机系数整值自回归过程中自回归系数是 i.i.d. 的假设，通过假定模型的自回归系数是状态相依的，基于负二项稀疏算子“∗”我们提出了一类观察驱动的一阶随机系数整值自回归过程，即观察驱动的 NBRCINAR(1)过程。讨论了该过程的遍历性和矩的性质，给出了该过程参数的条件最小二乘估计和极大经验似然估计。特别地，我们考虑了经验似然方法的三个方面：极大经验似然估计、置信区域和经验似然检验。以条件极大似然估计为基准，通过数值模拟对比研究了估计的效果、置信区域的覆盖率和检验的功效。在实证分析中，我们用所提出的模型拟合了美国宾州匹兹堡市的一组犯罪数据。拟合结果表明：正如双线性模型通常比 AR 模型具有更好地预测一样，观察驱动的 NBRCINAR(1)模型能够更好地刻画该序列的潜在行为，并且比经典的 INAR(1)模型具有更精确的预测。

第三部分，在第七章中，为了更好地刻画具有相关性的两个整值时间序列，我们将单变量的随机系数整值自回归过程推广到二元的情况，提出了一类二元的一阶随机系数整值自回归过程，即 BRCINAR(1)过程。讨论了该过程的严平稳性、遍历性和矩的性质，给出了过程参数的 Yule - Walker 估计、条件最小二乘估计和条件极大似然估计，并通过数值模拟对比研究了三种估计量的估计效果。利用过程的马尔可夫性，我们得到了该过程的平稳边际分布和条件预测分布，并研究了基于该过程的一致预测问题。为了说明模型的适用性，我们用所提出的模型拟合了美国匹兹堡市同一街区的重伤害和抢劫的数据。

第四部分，在第八章中，对 BGRCINAR(1)过程进行了进一步地推广，在稀疏矩阵是非对角的情况下，基于广义稀疏算子提出一类二元广义的一阶随机系数整数值自回归过程，即 BGRCINAR(1)过程。并且给出了该过程的统计性质和统计推断方法。

第二章　数理统计的基础知识

统计学是17世纪中叶产生并逐步发展起来的一门学科，它是通过整理分析数据做出决策的综合性学科，其应用几乎覆盖社会科学、自然科学、人文科学、工商业和政府的情报决策等领域。近年来，随着大数据和机器学习理论的发展，统计学与信息科学、计算机等领域密切结合，成为数据科学中最重要的内容之一。

统计学主要分为描述统计学和推断统计学两大类。描述统计学研究的是如何获取反映客观现象的数据，主要通过图表形式对搜集的数据进行加工处理和显示，进而综合概括并分析得出反映客观现象的规律性结论，其主要内容包括统计数据的收集方法、数据的加工处理方法、数据的显示方法、数据分布特征的概括与分析方法等；推断统计学研究的是如何根据样本数据去推断总体数量特征，它在对样本数据进行描述的基础上，以概率论为基础，用随机样本的数量特征信息来推断总体的数量特征，从而进行具有一定可靠性的估计或检验。推断统计学的理论认为，虽然我们不知道总体的数量特征，但并不一定需要搜集所有的数据，且搜集所有数据存在客观困难，只要根据样本统计量的概率分布与总体参数之间存在的客观联系，就能用样本数据按一定的概率模型对总体的数量特征进行符合一定精度的估计或检验。

第一节　数理统计的基本概念

一、总体与个体

首先来看两个案例。

案例 2.1.1 随着技术的快速更新及社会的迅猛发展，职业选择受到了从业者的高度关注。比如职业发展研究人员做特定职业满意度调查时，将满意度分为四类："特别不满意""不满意""基本满意""满意"，同时给出量化评级体系，这四类满意度对应的得分为 0、1、3、5。全国范围内，某一职业的从业者可能有数十万、数百万，甚至数千万，所以只能采用抽样调查的方法，如随机抽查全国 100 个某职业的从业者，职业满意度的得分数据如下：

0	3	3	5	0	5	3	0	5	0	3	3	3	0	1	0	3	1	5	1
3	1	0	3	5	0	5	5	3	1	0	1	1	5	1	3	1	1	3	3
1	3	1	5	0	1	1	3	1	0	5	5	1	5	3	3	3	3	3	3
3	3	5	0	3	1	1	3	3	1	5	1	3	3	0	3	1	3	3	3
0	3	0	3	3	3	0	0	1	1	3	0	0	0	0	3	3	0	3	3

试问能由这 100 个数据得到该职业满意度得分的概率分布吗？采用什么方法？理论依据是什么？

案例 2.1.2 某高校教务处希望了解近年来各学院的学风情况，其中公共基础课的成绩是非常重要的参照指标，以高等数学成绩为例，需要了解：

(1)各学院学生的平均成绩情况如何？

(2)各学院学生的成绩差异是否很大？

(3)各学院学生的成绩服从什么分布？

(4)各学院学生的成绩是否服从正态分布？

(5)某两个学院学生成绩的差异大吗？由于学生人数较多，采用随机抽样完成。下表是随机抽查的两个学院的 60 位学生和 55 位学生的成绩数据，根据这些数据能否回答上述问题？能做出什么推断，采用什么方法推断？其理论依据又是什么？

学院Ⅰ	76	92	70	71	61	69	88	71	70	66	70	71	73	98	69	82	56	83	64	72
	60	30	68	73	60	73	63	70	10	52	76	76	66	72	64	62	76	22	76	70
	74	40	78	76	71	86	66	40	6	70	58	95	75	90	70	55	73	57	75	56
学院Ⅱ	79	71	81	23	84	73	81	79	54	82	84	77	77	85	63	74	69	75	83	84
	71	95	79	76	80	81	71	97	63	86	74	60	76	68	78	74	93	86	61	81
	68	36	79	83	76	89	75	80	83	79	84	80	73	65	91					

在数理统计中，我们把研究问题涉及对象的全体称为总体，把组成总体的每个成员(或元素)称为个体。总体中包含的个体数量称为总体的容量。容量为有限的称为有限总体，容量为无限的称为无限总体。总体与个体之间的关系即为集合与元素之间的关系。比如，对于案例 2.1.1，在对特定职业满意度的研究中，我们关心的是所有从业者的职业满意

度。因此，全国所有该职业的从业者构成问题的总体，每个从业者就是个体；又如，研究某灯泡厂生产的一批灯泡的质量，则该批灯泡的全体构成了总体，其中每个灯泡就是个体。

实际上，我们真正关心的并不是总体或个体本身，而是它们的某项数量指标（或几项数量指标）。在案例 2.1.1 中，我们所关心的只是职业满意度得分，案例 2.1.2 中，我们所关心的仅是高等数学的成绩。在试验中，数量指标 X 就是一个随机变量（或随机向量），X 的概率分布完整地描述了这一数量指标在总体中的分布情况。由于我们只关心总体的数量指标 X，因此总体等同于 X 的所有可能取值的集合，并把 X 的分布称为总体分布，常把总体与总体分布视为同义词。

定义 2.1.1　统计学中称随机变量（或向量）X 为总体，并把随机变量（或向量）的分布称为总体分布。

从统计学的角度理解，案例 2.1.1 中的总体是 0、1、3、5 这些满意度得分的全体，而每个得分就是个体。

注(1) 有时，对个体特性的直接描述并不是数量指标，但总可以将其量化，如检验某学校全体学生的血型，试验的结果有 O 型、A 型、B 型、AB 型四种。若分别将 1、2、3、4 赋值给这四种血型，则可以量化试验结果。

(2) 总体的分布一般来说是未知的，有时即使知道其分布的类型（如正态分布，二项分布），也不知道这些分布中的参数（μ、σ^2、p）。数理统计的任务就是根据总体中部分个体的数据资料来统计、推断总体分布。

二、样本与统计量

正如上述两案例所示，数理统计常通过抽样调查研究问题，因为研究对象的总体容量往往非常大，所以只能抽查部分个体完成研究。在案例 2.1.1 中，如果将满意度得分记为 X，那么 X 的所有可能取值为 0、1、3、5，同时 X 的每个值都包含了很多个体，并且可以得到确切数量（只要做一次全体调查），而我们所关注的仅是 X 的取值及其概率分布，表中 100 个数据就是为了研究该问题随机抽取的部分个体的取值，称其为一个样本，我们希望利用数理统计的方法根据这个样本推断出整个行业中该职业满意度得分的分布，即由个体推断总体。案例 2.1.2 的总体容量也是非常大的，理论上认为成绩的所有可能取值为 0～100 的全体整数，从两个学院分别抽取的 60 个和 55 个数据同样也是样本。另外，为了回答案例中的问题，需要对数据进行分析整理。为此，我们首先引入一些相关的概念。

一般地，将为研究总体的特征而从总体中抽取的部分个体称为样本。若从某个总体 X 中抽取了 n 个个体，记为 $(X_1, X_2, \cdots, X_n)$，则称其为总体 X 的一个容量为 n 的样本。依次对它们进行观察得到 n 个数据 $(x_1, x_2, \cdots, x_n)$，则称这 n 个数据（n 维实向量）为总体 X 的一

个容量为 n 的样本观测值，简称样本值，可以视作 n 维随机向量$(X_1, X_2, \cdots, X_n)$的一组可能的取值，样本$(X_1, X_2, \cdots, X_n)$的所有可能取值的集合称为样本空间，记为χ。

若从总体 X 中抽取了一组个体$(X_1, X_2, \cdots, X_n)$，若它具有以下性质：

(1)独立性，即 $X_1, X_2, \cdots, X_n$ 是相互独立的随机变量；

(2)代表性，每个 $X_i(i=1, 2, \cdots, n)$与总体 X 具有相同的分布。

则称$(X_1, X_2, \cdots, X_n)$为取自总体 X 的一个容量为 n 的简单随机样本。显然，简单随机样本是一种非常理想的样本，在实际应用中要获得严格意义下的简单随机样本并不容易。今后如无特别的说明，提到的样本均指简单随机样本。

设总体 X 的分布函数为 $F(x)$，则样本$(X_1, X_2, \cdots, X_n)$的联合分布函数为：

$$F(x_1, x_2, \cdots, x_n) = \prod_{i=1}^{n} F(x_i) \tag{2.1.1}$$

若设总体 X 的概率密度函数为$f(x)$，样本$(X_1, X_2, \cdots, X_n)$的联合概率密度函数为：

$$f(x_1, x_2, \cdots, x_n) = \prod_{i=1}^{n} f(x_i) \tag{2.1.2}$$

例 2.1.1　设总体 $X \sim P(\lambda)$，X 的概率密度函数为：

$$f(x) = \mathrm{e}^{-\lambda} \frac{\lambda^x}{x!}, x = 0, 1, 2, \cdots$$

因此，样本$(X_1, X_2, \cdots, X_n)$的联合概率密度函数为：

$$f^*(x_1, x_2, \cdots, x_n) = \sum_{i=1}^{n} \mathrm{e}^{-\lambda} \frac{\lambda^{x_i}}{x_i!} = \mathrm{e}^{-n\lambda} \frac{\lambda^{\sum_{i=1}^{n} x_i}}{x_1! x_2! \cdots x_n!}, x_1, x_2, \cdots, x_n = 0, 1, 2, \cdots$$

随机变量总体 X 的分布函数总是存在，称为理论分布，这个分布通常是未知的。由样本观测值推测得到的总体的分布函数肯定不是客观的，不同的抽样有不同的观测值，当然对应有不同的推测，因此推测得到的分布函数称为经验分布函数。

定义 2.1.2　设有总体 X 的一个容量为 n 的样本，其观测值为$(x_1, x_2, \cdots, x_n)$，将这 n 个观测值按从小到大重新排列为 $x_1^* \leqslant x_2^* \leqslant \cdots \leqslant x_n^*$，则：

$$F_n(x) = \begin{cases} 0, & x < x_1^* \\ \dfrac{k}{n}, & x_k^* \leqslant x < x_{k+1}^*, k = 1, 2, \cdots, n-1 \\ 1, & x \geqslant x_n^* \end{cases} \tag{2.1.3}$$

称 $F_n(x)$为 X 的经验分布函数。

对每一个固定的 x，$F_n(x)$是事件$\{X \leqslant x\}$发生的频率。当 n 固定时，对于样本的不同观测值 $x_1, x_2, x_3, \cdots, x_n$ 将有不同的 $F_n(x)$，所以，此时的 $F_n(x)$应该是一个随机变量，由大数定律可知，事件发生的频率依概率收敛于该事件发生的概率 $F(x) = P\{X \leqslant x\}$。

定理 2.1.1　设总体 X 的分布函数为 $F(x)$，经验分布函数为 $F_n(x)$，则对任意一个实数 x 与任意一个 $\varepsilon>0$，$\lim\limits_{n\to\infty}P\{|F_n(x)-F(x)|\geqslant\varepsilon\}=0$。

证明：对任意一个固定的实数 x，定义随机变量：

$$Y_n=\begin{cases}1, & X_i\leqslant x\\0, & X_i>x\end{cases}, i=1,2,\cdots$$

Y_1，Y_2，…，Y_n 是独立的随机变量，且 $Y_i\sim B(1,\ p)$，其中，

$$p=P\{Y_i=1\}=P\{X_i\leqslant x\}=F(x)$$

由经验分布函数的定义可知 $F_n(x)=\dfrac{1}{n}\sum\limits_{i=1}^{n}Y_i$，于是由大数定律可得：

$$F_n(x)\xrightarrow{p}F(x)$$

例 2.1.2　将记录 1min 内碰撞某个装置的宇宙粒子数看作一次试验，连续记录 40min，依次得到以下数据：

3	0	0	1	0	2	1	0	1	1
0	3	4	1	2	0	2	0	3	1
1	0	1	2	0	2	1	0	1	2
3	1	0	0	2	1	0	3	1	2

从这 40 个数据可见，它们只取 0、1、2、3、4 这 5 个值，列出下表：

宇宙粒子个数 j	频数 n_j	频率 f_j	宇宙粒子个数 j	频数 n_j	频率 f_j
0	13	0.325	3	5	0.125
1	13	0.325	4	1	0.025
2	8	0.200	—	—	—

因此，可得经验分布函数的观测值：

$$\bar{F}_n(x)=\begin{cases}0, & x<0\\0.325, & 0\leqslant x<1\\0.650, & 1\leqslant x<2\\0.85, & 2\leqslant x<3\\0.975, & 3\leqslant x<4\\1, & x\geqslant 4\end{cases}$$

定义 2.1.3　设$(X_1,\ X_2,\ \cdots,\ X_n)$为总体 X 的简单随机样本，$g(r_1,\ r_2,\ \cdots,\ r_n)$是一个实值连续函数，且不含除自变量之外的未知参数，则称随机变量 $g(X_1,\ X_2,\ \cdots,\ X_n)$为统计量。若$(x_1,\ x_2,\ \cdots,\ x_n)$是一个样本值，则称 $g(x_1,\ x_2,\ \cdots,\ x_n)$为统计量 $g(X_1,$

X_2，…，X_n)的一个样本值。

案例 2.1.1 分析：

设职业道德满意度得分为 X，总体就是 X 取值的全体，100 个得分就是来自该总体的一个样本，样本容量是 100，如果这 100 个得分是完全随机抽查的 100 个从业者的评分，那么可以认为这是一个简单随机样本，100 个值就是该样本的一组取值。

案例 2.1.2 分析：

如果设学院Ⅰ、学院Ⅱ学生的高等数学成绩分别为 X、Y，总体就是两个学院全体学生的成绩，这是一个二维随机变量，其中，60 个学生的成绩 X 是一个容量为 60 的样本值，55 个学生的成绩 Y 是一个容量为 55 的样本值。

统计量常常用于对总体进行推断和统计分析，下面介绍一些常用的统计量。

设(X_1，X_2，…，X_n)为总体 X 的一个容量为 n 的样本。

(1) $\overline{X} = \frac{1}{n}\sum_{i=1}^{n} X_i$ 称为样本均值，$\overline{X}$的样本值记为 $\bar{x}$。

(2) $S^2 = \frac{1}{n-1}\sum_{i=1}^{n}(X_i - \overline{X})^2$ 称为样本方差，S^2 的样本值记为 s^2，$S = \sqrt{\frac{1}{n-1}\sum_{i=1}^{n}(X_i - \overline{X})^2}$ 称为样本标准差，S 的样本值记为 s。

注： 称 $Q = \sum_{i=1}^{n}(X_i - \overline{X})^2$ 为样本的偏差平方和，则有

$$Q = \sum_{i=1}^{n}(X_i^2 - 2X_i\overline{X} + \overline{X}^2) = \sum_{i=1}^{n} X_i^2 + n\overline{X}^2$$

从而

$$S^2 = \frac{Q}{n-1}$$

(3) $A_k = \frac{1}{n}\sum_{i=1}^{n} X_i^k (k = 1,2,\cdots)$ 称为样本 k 阶原点矩，A_k 的样本值记为 a_k。

(4) $B_k = \frac{1}{n}\sum_{i=1}^{n}(X_i - \overline{X})^k (k = 1,2,\cdots)$ 称为样本 k 阶中心矩，B_k 的样本值记为 b_k。其中，样本二阶中心矩 $B_2 = \frac{1}{n}\sum_{i=1}^{n}(X_i - \overline{X})^2$ 又称为未修正的样本方差。

(5)设(X_1，X_2，…，X_n)为总体 X 的一个容量为 n 的样本，如果其样本值为(x_1，x_2，…，x_n)，且 x_1，x_2，…，x_n 按从小到大排序后记为 x_1^*，x_2^*，…，x_n^*，定义随机变量 $X_{(k)} = x_k^*$ ($k=1$，2，…，n)，即 $X_{(k)}$ 的取值是样本中从小到大排序的第 k 位，显然 $X_{(1)} = \lim\limits_{1\leqslant k\leqslant n}(X_k)$，$X_{(n)} = \max\limits_{1\leqslant k\leqslant n}\{X_k\}$，称统计量 $X_{(1)}$，$X_{(2)}$，…，$X_{(n)}$ 为顺序统计量，并且称 $D_n = X_{(n)} - X_{(1)}$ 为极差。

注：上面定义的这些量有两个共同特点：①它们都是样本$(X_1, X_2, \cdots, X_n)$的函数，因而是随机变量；②一旦获得样本观测值$(x_1, x_2, \cdots, x_n)$，就能够计算出这些量相应的观测值。例如，案例 2.1.2 中，对于学院Ⅰ中 60 个学生的高等数学成绩这个样本，上述部分统计量的样本值为：

$$\bar{x} = \frac{1}{60}\sum_{i=1}^{60} x_i = 67.6,\ s^2 = \frac{1}{59}\sum_{i=1}^{60}(x_i - \bar{x})^2 = 244.28,\ b_3 = \frac{1}{60}\sum_{i=1}^{60}(x_i - \bar{x})^3 = -5248$$

例 2.1.3 设(X_1, X_2, X_3, X_4)是取自正态总体$N(\mu, \sigma^2)$的一个样本，其中，μ未知但σ^2已知，则$\frac{1}{3}\sum_{i=1}^{3} X_i$，$\frac{1}{\sigma^2}\sum_{i=1}^{4}(X_i - \bar{X})^2$，$\sum_{i=1}^{4} X_i^2$，$\max(X_1, X_2, X_3, X_4)$都是统计量；而$\sum_{i=1}^{4}(x_i - \mu)^2$不是统计量，因为它包含了总体分布$N(\mu, \sigma^2)$中未知的参数$\mu$。

定理 2.1.2 设$(X_1, X_2, \cdots, X_n)$是取自总体X的一个样本，且

$$E(X) = \mu,\ D(X) = \sigma^2$$

那么：(1)$E(\bar{X}) = \mu$，$D(\bar{X}) = \frac{\sigma^2}{n}$；(2)$E(S^2) = \sigma^2$，$E(B_2) = \frac{n-1}{n}\sigma^2$，$n \geq 2$。

证明：(1)由于$X_1, X_2, \cdots, X_n$是独立同分布的随机变量，且

$$E(X_i) = E(X) = \mu, D(X_i) = D(X) = \sigma^2, i = 1, 2, \cdots, n$$

因此：

$$E(\bar{X}) = \frac{1}{n}\sum_{i=1}^{n},\ E(X_i) = \frac{1}{n}n\mu = \mu$$

$$D(\bar{X}) = \frac{1}{n^2}\sum_{i=1}^{n},\ D(X_i) = \frac{1}{n^2} \times n\sigma^2 = \frac{\sigma^2}{n}$$

(2)由于：

$$\begin{aligned} E\left[\sum_{i=1}^{n}(X_i - \bar{X})^2\right] &= E\left(\sum_{i=1}^{n} X_i^2\right) - nE(\bar{X}^2) \\ &= \sum_{i=1}^{n}[D(X_i) + E(X_i)^2] - n[D(\bar{X}) + E(\bar{X})]^2 \\ &= n(\sigma^2 + \mu^2) - n\left(\frac{\sigma^2}{n} + \mu^2\right) = (n-1)\sigma^2 \end{aligned}$$

因此：

$$E(S^2) = \frac{1}{n-1}E\left[\sum_{i=1}^{n}(X_i - \bar{X})^2\right] = \sigma^2$$

$$E(B_2) = \frac{1}{n}E\left[\sum_{i=1}^{n}(X_i - \bar{X})^2\right] = \frac{n-1}{n}\sigma^2$$

说明样本方差的期望是总体方差，而二阶中心矩的期望不是总体方差，因而称为未修正的样本方差。

例 2.1.4 设总体 X 的概率密度函数为

$$f(x)=\begin{cases}|x|, & |x|<1\\0, & |x|\geqslant 1\end{cases}$$

$(X_1, X_2, \cdots, X_{50})$是来自总体 X 的一个样本，$\overline{X}$和 S^2 分别为样本均值与样本方差，求 $E(\overline{X})$，$D(\overline{X})$，$E(S^2)$。

解：由已知条件可得：

$$E(X)=\int_{-1}^{1}x|x|\,\mathrm{d}x=0$$

$$D(X)=E(X^2)-E^2(X)=\int_{-1}^{1}x^2|x|\,\mathrm{d}x=\frac{1}{2}$$

根据定理 2.1.2 可知，$E(\overline{X})=E(X)=0$，$D(\overline{X})=D(X)/50=\frac{1}{100}$，$E(S^2)=D(X)=\frac{1}{2}$。

统计量是数理统计中的一个重要概念，从表面上看，样本观测值$(x_1, x_2, \cdots, x_n)$往往表现为大量杂乱无章的数据。引进统计量相当于将这些数据加工成若干个较简单又往往更本质的量，有利于从样本推测出总体分布中的未知值。

第二节 常用的统计分布

取得总体的样本后，通常要借助样本的统计量推断未知的总体分布。为此，需要进一步确定相应统计量服从的分布，除了在概率论中提到的常用分布(主要是正态分布)外，经常用到的分布还有χ^2 分布，t 分布和 F 分布，这三个分布与正态分布有着紧密联系。

一、分位数

定义 2.2.1 设随机变量 X 的分布函数为 $F(X)$，对给定的实数 $\alpha(0<\alpha<1)$，若存在实数 x_α 满足

$$P\{X>x_\alpha\}=\alpha \tag{2.2.1}$$

则称 x_α 为随机变量 X 分布的水平 α 的上侧分位数。

若实数 $x_{\alpha/2}$满足

$$P\{|X|>x_{\alpha/2}\}=\alpha \tag{2.2.2}$$

则称 $x_{\alpha/2}$为随机变量 X 分布的水平 α 的双侧分位数。

标准正态分布的上侧分位数和双侧分位数分别如图 2.2.1、图 2.2.2 所示。

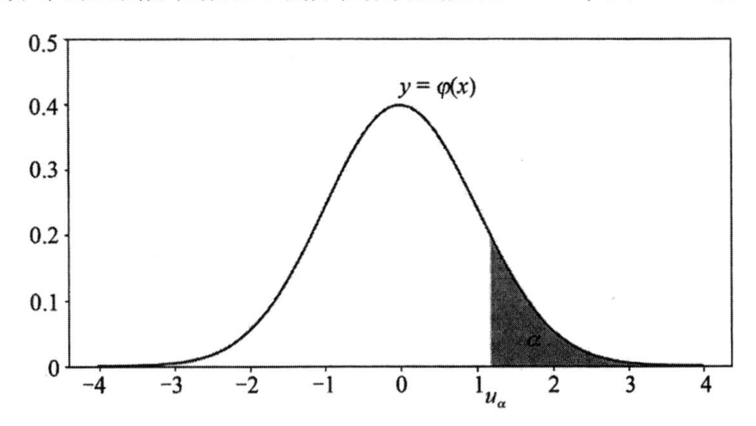

图 2.2.1　标准正态分布的上侧分位数

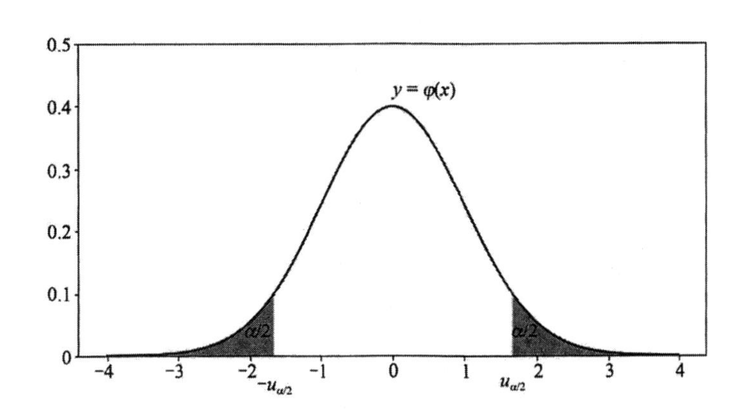

图 2.2.2　标准正态分布的双侧分位数

通常，直接求解分位数是很困难的，对常用的统计分布，可利用附录中的分布函数值表或分位数表来得到分位数的值。

例 2.2.1　设 $\alpha=0.05$，求标准正态分布的水平 0.05 的上侧分位数和双侧分位数。

解：由于 $\Phi(m_{0.05})=1-0.05=0.95$，查标准正态分布函数值表可得 $u_{0.05}=1.645$，而水平 0.05 的双侧分位数为 $m_{0.025}$，满足

$$\Phi(u_{0.025})=1-0.025=0.975$$

查表得 $u_{0.025}=1.96$。

注：今后分别记 u_α 与 $u_{\alpha/2}$为标准正态分布的上侧分位数与双侧分位数。

二、χ^2 分布

定义 2.2.2 设 X_1，X_2，…，X_n 是取自总体 $N(0,1)$ 的样本，称统计量

$$\chi^2 = X_1^2 + X_2^2 + \cdots + X_n^2 \tag{2.2.3}$$

服从自由度为 n 的 χ^2 分布（χ 读作/kai/），记为 $\chi^2 \sim \chi^2(n)$。

这里自由度是指式(2.2.3)右端包含的独立变量数。

χ^2 分布是海尔墨特(Hermert)和皮尔逊(Pearson)分别于1875年和1890年导出的，主要适用于拟合优度检验和独立性检验，以及总体方差的估计和检验等。相关内容将在后续章节中介绍。

χ^2 分布的概率密度函数为：

$$f(x) = \begin{cases} \dfrac{1}{2^{\frac{n}{2}}\Gamma\left(\dfrac{n}{2}\right)} x^{\frac{n}{2}-1} e^{-\frac{x}{2}}, & x > 0 \\ 0, & 其他 \end{cases} \tag{2.2.4}$$

其中，$\Gamma(\cdot)$ 为伽玛函数。χ^2 分布的概率密度函数图如图 2.2.3 所示，它随着自由度 n 的变化而有所改变，图中给出了当 $n=1$、2、4、6、11 时 χ^2 分布的概率密度函数曲线，n 越大，概率密度函数图像越对称。

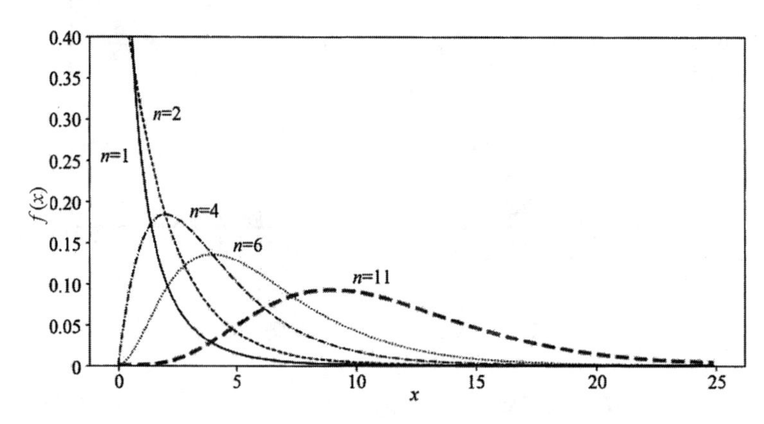

图 2.2.3 χ^2 分布的概率密度函数图

注：伽玛函数的定义为 $\Gamma(\alpha) = \int_0^{+\infty} x^{\alpha-1} e^{-x} dx$。它具有下述运算性质：

(1) $\Gamma(\alpha+1) = \alpha\Gamma(\alpha)$；(2) $\Gamma(n) = (n-1)!$，n 为正整数；(3) $\Gamma\left(\dfrac{1}{2}\right) = \sqrt{\pi}$。

可以证明，χ^2 分布具有如下性质：

(1) 当 $\chi^2 \sim \chi^2(n)$ 时，$E(\chi^2) = n$，$D(\chi^2) = 2n$。

证明：按χ^2分布的定义，记$\chi^2=\sum_{i=1}^{n}X_n^2$，其中$X_1$，…，$X_n$是服从$N(0,\ 1)$且相互独立的随机变量，即$E(X_i)=0$，$D(X_i)=1$，故：

$$E(X_i^2)=E[X_i-E(X_i)]^2=D(X_i)=1,i=1,2,\cdots,n$$

又因为：

$$E(X_i^4)=\frac{1}{\sqrt{2\pi}}\int_{-\infty}^{+\infty}x^4\mathrm{e}^{-\frac{x^2}{2}}\mathrm{d}x=3$$

所以：

$$D(X_i^2)=E(X_i^4)-[E(X_i^2)]^2=3-1=2$$

$$E(\chi^2)=E\left(\sum_{i=1}^{n}X_i^2\right)=\sum_{i=1}^{n}E(X_i^2)=n$$

由于X_1，X_2，…，X_n相互独立，所以X_1^2，X_2^2，…，X_n^2也相互独立，于是：

$$D(\chi^2)=D\left(\sum_{i=1}^{n}X_i^2\right)=\sum_{i=1}^{n}D(X_i^2)=2n$$

(2)χ^2分布的可加性：设χ_1^2与χ_2^2相互独立，且$\chi_1^2\sim\chi^2(m)$，$\chi_2^2\sim\chi^2(n)$，则：

$$\chi_1^2+\chi_2^2\sim\chi^2(m+n)$$

证明：按χ^2分布的定义，可记$\chi_1^2=\sum_{i=1}^{m}X_i^2,\chi_2^2=\sum_{i=m+1}^{m+n}X_i^2$，其中$X_1$，…，$X_{m+n}$是独立同分布的随机变量且都服从$N(0,\ 1)$，于是$\chi_1^2+\chi_2^2=\sum_{i=1}^{m+n}X_i^2\sim\chi^2(m+n)$。

(3)χ^2分布的分位数：设$\chi^2\sim\chi^2(n)$，对给定的实数$\alpha(0<\alpha<1)$，满足条件

$$P\{X>\chi_\alpha^2(n)\}=\int_{\chi_\alpha^2(n)}^{+\infty}f(x)\mathrm{d}x=\alpha \tag{2.2.5}$$

的实数$\chi_\alpha^2(n)$称为χ^2分布的水平α的上侧分位数，简称为上侧α分位数(见图2.2.4)。对不同的α与n，分位数的值已经编制成表可供查用。

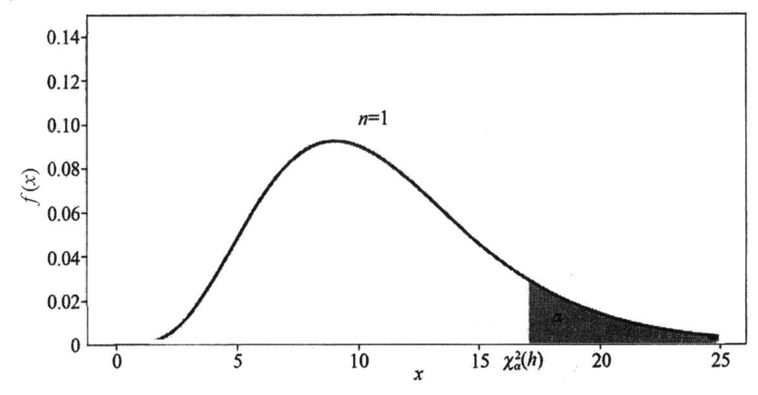

图2.2.4　上侧α分位数

例如，查表得：

$$\chi^2_{0.1}(25) = 34.382, \chi^2_{0.05}(10) = 18.307$$

表中只给出了自由度 $n \leqslant 45$ 时的上侧分位数。

费希尔曾证明：当 n 充分大时，近似地有：

$$\chi^2_\alpha(n) \approx \frac{1}{2}(u_\alpha + \sqrt{2n-1})^2 \tag{2.2.6}$$

其中，u_α 是标准正态分布的水平 α 的上侧分位数，利用式(2.2.6)可近似计算 $n > 45$ 时的 χ^2 分布上侧分位数。

例 2.2.2 设 X_1，X_2，…，X_6 是来自总体 $N(0, 1)$的样本，又设：

$$Y = (X_1 + X_2 + X_3)^2 + (X_4 + X_5 + X_6)^2$$

试求常数 C，使得 CY 服从 χ^2 分布。

解：因为 $X_1+X_2+X_3 \sim N(0, 3)$，$X_4+X_5+X_6 \sim N(0, 3)$，所以：

$$\frac{X_1 + X_2 + X_3}{\sqrt{3}} \sim N(0,1), \frac{X_4 + X_5 + X_6}{\sqrt{3}} \sim N(0,1)$$

且它们相互独立，于是有：

$$\left(\frac{X_1 + X_2 + X_3}{\sqrt{3}}\right)^2 + \left(\frac{X_4 + X_5 + X_6}{\sqrt{3}}\right)^2 \sim \chi^2(2)$$

故应取 $C = \frac{1}{3}$，从而有 $\frac{1}{3}Y \sim \chi^2(2)$。

三、t 分布

英国统计学家威廉·西利·戈塞特在 1900 年进行了 t 分布的早期理论研究工作。t 分布是小样本分布，小样本一般指 $n < 30$。t 分布适用于总体标准差未知时，用样本标准差代替总体标准差，由样本平均数推断总体平均数及两个小样本之间差异的显著性检验等。

定义 2.2.3 设 $X \sim N(0, 1)$，$Y \sim \chi^2(n)$，且 X 与 Y 相互独立，则称随机变量

$$T = \frac{X}{\sqrt{Y/n}} \tag{2.2.7}$$

服从自由度为 n 的 t 分布，记为 $T \sim t(n)$。

$t(n)$分布的概率密度函数为：

$$f(x) = \frac{\Gamma\left(\frac{n+1}{2}\right)}{\Gamma\left(\frac{n}{2}\right)\sqrt{n\pi}}\left(1 + \frac{x^2}{n}\right)^{-\frac{n+1}{2}}, -\infty < x < \infty \tag{2.2.8}$$

t 分布具有如下性质：

(1) $f(x)$ 关于 y 轴对称，不同自由度下 t 分布与标准正态分布的概率密度函数图如图2.2.5所示，且 $\lim\limits_{x\to\pm\infty} f(x)=0$。

(2) 当 n 充分大时，t 分布近似于标准正态分布，事实上：

$$\lim_{n\to\infty} f(x) = \frac{1}{\sqrt{2\pi}} e^{-\frac{x^2}{2}}$$

图2.2.5给出了 $n=1$、3、7、10的 t 分布的概率密度函数曲线（虚线）及标准正态分布的的概率密度函数曲线（实线），从中可以看出，当 n 越来越大时，t 分布的概率密度函数曲线越来越接近标准正态分布的概率密度函数曲线。一般来说，当 $n>30$ 时，t 分布与正态分布 $N(0, 1)$ 就非常接近了，但当 n 值较小时，t 分布与正态分布之间还是存在较大差异的。

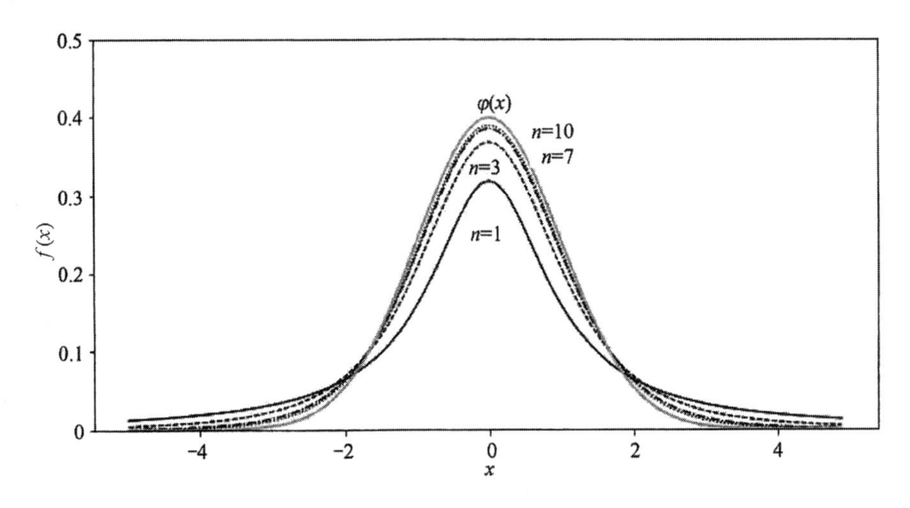

图2.2.5　不同自由度下 t 分布与标准正态分布的概率密度函数图

(3) 设 $T\sim t(n)$，对给定的实数 $\alpha(0<\alpha<1)$，满足条件

$$P\{T > t_{\alpha}(n)\} = \int_{t_{\alpha}(n)}^{+\infty} f(x)\,dx = \alpha \tag{2.2.9}$$

的实数 $t_{\alpha}(n)$ 称为 t 分布的水平 α 的上侧分位数，如图2.2.6右侧所示，由概率密度函数 $f(x)$ 的对称性，可得 $t_{1-\alpha}(n) = -t_{\alpha}(n)$。对不同的 α 与 n，t 分布的上侧分位数值已经编制成表可供查用。

类似地，可以给出 t 分布的双侧分位数：

$$P\{|T| > t_{\alpha/2}(n)\} = \int_{-\infty}^{-t_{\alpha/2}(n)} f(x)\,dx + \int_{t_{\alpha/2}(n)}^{+\infty} f(x)\,dx = \alpha \tag{2.2.10}$$

显然有 $P\{T>t_{\alpha/2}(n)\}=\alpha/2$，$P\{T<-t_{\alpha/2}(n)\}=\alpha/2$。

例如，设 $T \sim t(n)$，对水平 $\alpha = 0.05$，查表得：

$$t_{\alpha}(8) = 1.8595,\ t_{\alpha/2}(8) = 2.3060$$

故有 $P\{T > 1.8595\} = P\{T < -1.8595\} = P\{|T| > 2.3060\} = 0.05$。

注：(1)当自由度 n 充分大时，t 分布近似于标准正态分布，故有：

$$t_{\alpha}(n) \approx u_{\alpha},\ t_{\alpha/2}(n) \approx u_{\alpha/2}$$

一般地，当 $n > 45$ 时，t 分布的分位数可用标准正态分布的分位数近似。

(2)设 $t_{\alpha}(n)$ 为 $t(n)$ 的上侧 α 分位数，则：

$$P\{T < t_{\alpha}(n)\} = 1 - \alpha,\ P\{T < -t_{\alpha}(n)\} = \alpha,\ P\{|T| > t_{\alpha}(n)\} = 2\alpha$$

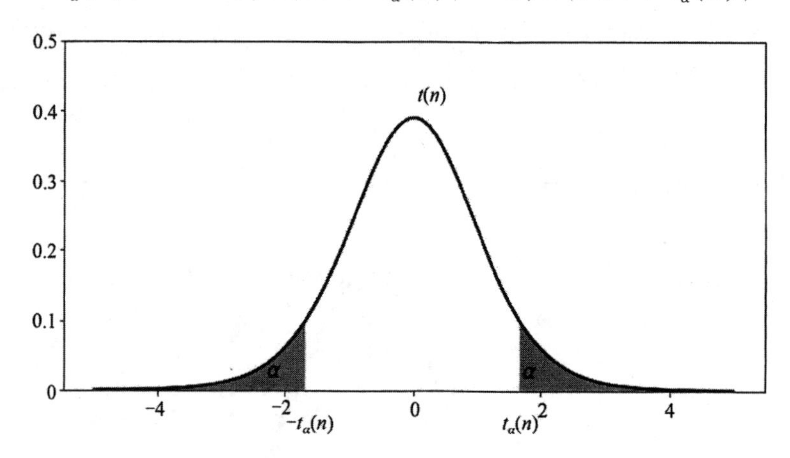

图 2.2.6 $t(n)$ 分布的双侧分位数示意图

例 2.2.3 设随机变量 $X \sim N(2, 1)$，随机变量 Y_1、Y_2、Y_3、Y_4 均服从 $N(0, 4)$，且 X 和 $Y_i(i=1, 2, 3, 4)$相互独立，令：

$$T = \frac{4(X-2)}{\sqrt{\sum_{i=1}^{4} Y_i^2}}$$

试求 T 的分布，并确定 t_0 的值，使得 $P\{|T| > t_0\} = 0.01$。

解：由于：

$$(X-2) \sim N(0,1),\frac{Y_i}{2} \sim N(0,1),i = 1,2,3,4$$

故由 t 分布的定义可知：

$$T = \frac{4(X-2)}{\sqrt{\sum_{i=1}^{4} Y_i^2}} = \frac{X-2}{\sqrt{\sum_{i=1}^{4}\left(\frac{Y_i}{4}\right)^2}} = \frac{X-2}{\sqrt{\sum_{i=1}^{4}\left(\frac{Y_i}{2}\right)^2/4}} \sim t(4)$$

即 T 服从自由度为 4 的 t 分布：$T \sim t(4)$。由 $P\{|T| > t_0\} = 0.01$，$n = 4$，$\alpha = 0.01$，查表得 $t_0 = t_{\alpha/2}(4) = t_{0.005}(4) = 4.6041$。

四、F 分布

F 分布是以统计学家费舍尔(R. A. Fisher)姓氏的第一个字母命名的，用于方差分析、协方差分析和回归分析等。

定义 2.2.4　设 $X \sim \chi^2(m)$，$Y \sim \chi^2(n)$，且 X 与 Y 相互独立，则称随机变量：

$$F = \frac{X/m}{Y/n} = \frac{nX}{mY} \tag{2.2.11}$$

服从自由度为 (m, n) 的 F 分布，记为 $F \sim F(m, n)$。其中，m 称为第一自由度，n 称为第二自由度。

$F(m, n)$ 分布的概率密度函数为：

$$f(x;m,n) = \begin{cases} \dfrac{\Gamma\left(\dfrac{m+n}{2}\right)}{\Gamma\left(\dfrac{m}{2}\right)\Gamma\left(\dfrac{n}{2}\right)}\left(\dfrac{m}{n}\right)\left(\dfrac{m}{n}x\right)^{\frac{m}{2}-1}\left(1+\dfrac{m}{n}x\right)^{-\frac{m+n}{2}}, x > 0 \\ 0, x \leqslant 0 \end{cases} \tag{2.2.12}$$

图 2.2.7 所示为 F 分布的概率密度函数图像。

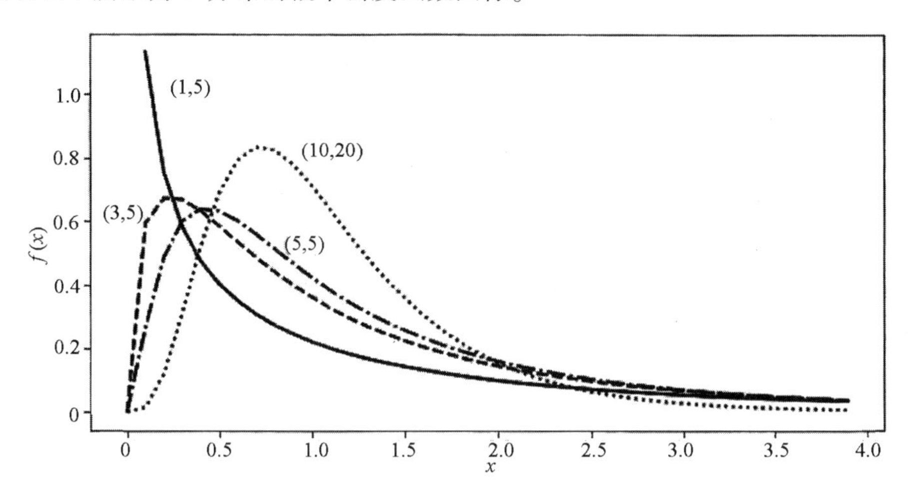

图 2.2.7　F 分布的概率密度函数图像

F 分布具有如下性质：

(1) 若 $X \sim t(n)$，则 $X^2 \sim F(1, n)$；

(2) 若 $X \sim F(m, n)$，则 $\dfrac{1}{X} \sim F(n, m)$；

(3) F 分布的分位数：

设 $F \sim F(m, n)$，对给定的实数 $\alpha(0 < \alpha < 1)$，满足条件

$$P\{F > F_{\alpha}(m,n)\} = \int_{F_{\alpha}(m,n)}^{+\infty} f(x)\,\mathrm{d}x = \alpha \tag{2.2.13}$$

的 $F_{\alpha}(m, n)$ 称为 F 分布的水平 α 的上侧分位数(见图 2.2.8)。F 分布的上侧分位数值可在附表中查得。

例如，查表得：

$$F_{0.05}(10,5) = 4.74,\ F_{0.05}(5,10) = 4.24$$

(4)F 分布的分位数的一个重要性质：

$$F_{\alpha}(m,n) = \frac{1}{F_{1-\alpha}(n,m)} \tag{2.2.14}$$

此式常被用于求 F 分布表中没有列出的某些上侧分位数。例如：

$$F_{0.95}(12,9) = \frac{1}{F_{0.05}(9,12)} = \frac{1}{2.80} \approx 0.357$$

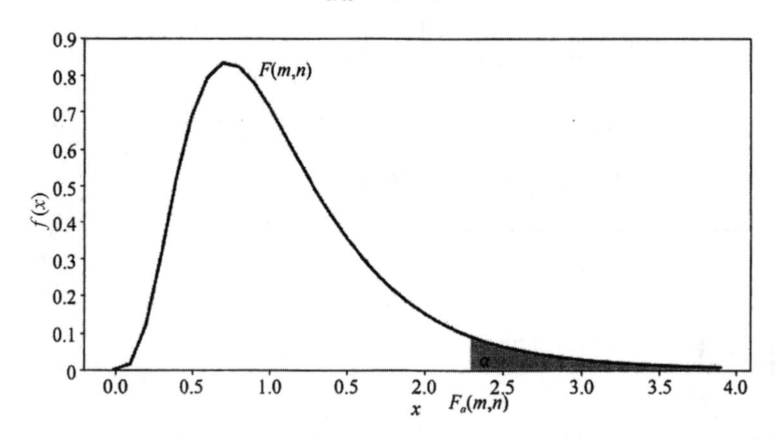

图 2.2.8　F 分布的水平 α 的上侧分位数

例 2.2.4　设总体 X 服从标准正态分布，X_1，X_2，…，X_n 是来自总体 X 的一个简单随机样本，试问以下统计量服从何种分布？

$$Y = \frac{\left(\frac{n}{5} - 1\right)\sum_{i-1}^{5} X_i^2}{\sum_{i=6}^{n} X_i^2}, n > 5$$

解：因为 $X_i \sim N(0,\ 1)$，故 $\sum_{i=1}^{5} X_i^2 \sim \chi^2(5)$，$\sum_{i=6}^{n} X_i^2 \sim \chi^2(n-5)$ 且 $\sum_{i=1}^{5} X_i^2$ 与 $\sum_{i=6}^{n} X_i^2$ 相互独立，所以：

$$\frac{\sum_{i=1}^{5} X_i^2 \sim \chi^2(5)/5}{\sum_{i=6}^{n} X_i^2 \sim \chi^2(n-5)/(n-5)} = \frac{\left(\frac{n}{5} - 1\right)\sum_{i=1}^{5} X_i^2}{\sum_{i=6}^{n} X_i^2} \sim F(5,n-5)$$

即可得 $Y \sim F(5,\ n-5)$。

第三节　正态总体的抽样分布

统计量是随机变量，故而存在对应的概率分布，常称为抽样分布。在实际工作中，我们常常遇到正态总体，因此下面主要介绍来自正态总体的抽样分布。

一、单正态总体的抽样分布

定理 2.3.1　设 $X \sim N(\mu, \sigma^2)$，$(X_1, X_2, \cdots, X_n)$ 是来自总体 X 的一个简单随机样本，$\overline{X}$ 和 S^2 分别是样本均值与样本方差，则：

(1) $\overline{X} \sim N\left(\mu, \dfrac{\sigma^2}{n}\right)$ 或者 $\dfrac{\overline{X}-\mu}{\sigma/\sqrt{n}} \sim N(0,1)$；

(2) $\dfrac{(n-1)S^2}{\sigma^2} = \sum\limits_{i=1}^{n}\left(\dfrac{X_i-\overline{X}}{\sigma}\right)^2 \sim \chi^2(n-1)$；

(3) $\dfrac{(n-1)S^2}{\sigma^2}$ 与 $\overline{X}$ 相互独立。

该定理的严格证明需要用到多重积分的变量替换公式、正交矩阵的一些性质及很强的数学推导技巧，此处略去证明。由定理 2.3.1 及 t 分布的定义，容易得到以下推论。

推论　设 $X \sim N(\mu, \sigma^2)$，$(X_1, X_2, \cdots, X_n)$ 是来自总体 X 的一个简单随机样本，$\overline{X}$ 和 S^2 分别是样本均值与样本方差，则：

(1) $\chi^2 = \sum\limits_{i=1}^{n}\left(\dfrac{X_i-\mu}{\sigma}\right)^2 \sim \chi^2(n)$；

(2) $T = \dfrac{\overline{X}-\mu}{S/\sqrt{n}} \sim t(n-1)$。

证明：(1) 根据 $\chi^2 2$ 分布定义可直接证明。

(2) 利用定理 2.3.1 的结论(1)、(2)有：

$$\frac{\overline{X}-\mu}{\sigma/\sqrt{n}} \sim N(0,1), \frac{(n-1)S^2}{\sigma^2} \sim \chi^2(n-1)$$

由定理 2.3.1 的结论(3)可知，两者相互独立，由 t 分布的定义，可得：

$$T = \frac{\dfrac{\overline{X}-\mu}{\sigma/\sqrt{n}}}{\sqrt{\dfrac{(n-1)S^2}{\sigma^2}/(n-1)}} = \frac{\overline{X}-\mu}{S/\sqrt{n}} \sim t(n-1)$$

二、双正态总体的抽样分布

定理 2.3.2 设 $(X_1, X_2, \cdots, X_m)$ 和 $(Y_1, Y_2, \cdots, Y_n)$ 分别是来自正态总体 $X \sim N(\mu_1, \sigma_1^2)$ 和 $Y \sim N(\mu_2, \sigma_2^2)$ 的样本，它们相互独立，$\overline{X}$ 和 S_1^2 为第一个样本的均值与样本方差，$\overline{Y}$ 和 S_2^2 为第二个样本的均值与样本方差，则：

(1) $U = \dfrac{(\overline{X}-\overline{Y})-(\mu_1-\mu_2)}{\sqrt{\sigma_1^2/m+\sigma_2^2/n}} \sim N(0, 1)$；

(2) $F = \left(\dfrac{\sigma_2^2}{\sigma_1^2}\right)\left(\dfrac{S_1^2}{S_2^2}\right) \sim F(m-1, n-1)$，特别地，当 $\sigma_1=\sigma_2$ 时，$\dfrac{S_1^2}{S_2^2} \sim F(m-1, n-1)$；

(3) 当 $\sigma_1=\sigma_2=\sigma$ 时，$\dfrac{(\overline{X}-\overline{Y})-(\mu_1-\mu_2)}{\sqrt{\dfrac{1}{m}+\dfrac{1}{n}}\sqrt{\dfrac{(m-1)S_1^2+(n-1)S_2^2}{m+n-2}}} \sim t(m+n-2)$。

证明：(1) 由定理 2.3.1 的结论(1)可知：

$$\overline{X} \sim N\left(\mu_1, \frac{\sigma_1^2}{m}\right),\ \overline{Y} \sim N\left(\mu_2, \frac{\sigma_2^2}{n}\right)$$

由两个总体 X 与 Y 相互独立，可知它们的样本均值 $\overline{X}$ 与 $\overline{Y}$ 也相互独立，故：

$$(\overline{X}-\overline{Y}) \sim N\left(\mu_1+\mu_2, \frac{\sigma_1^2}{m}+\frac{\sigma_2^2}{n}\right)$$

即：

$$U = \frac{(\overline{X}-\overline{Y})-(\mu_1-\mu_2)}{\sqrt{\sigma_1^2/m+\sigma_2^2/n}} \sim N(0,1)$$

(2) 由定理 2.3.1 的结论(2)可知：

$$\frac{(m-1)S_1^2}{\sigma_1^2} \sim \chi^2(m-1),\ \frac{(n-1)S_2^2}{\sigma_2^2} \sim \chi^2(n-1)$$

由 F 分布的定义得：

$$\frac{\dfrac{(m-1)S_1^2}{\sigma_1^2}\Big/(m-1)}{\dfrac{(n-1)S_2^2}{\sigma_2^2}\Big/(n-1)} \sim F(m-1, n-1)$$

即：

$$F = \left(\frac{\sigma_2^2}{\sigma_1^2}\right)\left(\frac{S_1^2}{S_2^2}\right) \sim F(m-1, n-1)$$

(3) 由(1)的结论可知：

$$U=\frac{(\overline{X}-\overline{Y})-(\mu_1-\mu_2)}{\sigma\sqrt{1/m+1/n}}\sim N(0,1)$$

由定理2.3.1的结论(2)可知:

$$\frac{(m-1)S_1^2}{\sigma^2}\sim\chi^2(m-1),\ \frac{(n-1)S_2^2}{\sigma^2}\sim\chi^2(n-1)$$

所以:

$$\frac{(m-1)S_1^2}{\sigma^2}+\frac{(n-1)S_2^2}{\sigma^2}\sim\chi^2(m+n-2)$$

又由定理2.3.1的结论(3),可知$\overline{X}-\overline{Y}$与$\frac{(m-1)S_1^2}{\sigma^2}+\frac{(n-1)S_2^2}{\sigma^2}$相互独立,所以:

$$\frac{\dfrac{(\overline{X}-\overline{Y})-(\mu_1-\mu_2)}{\sigma\sqrt{1/m+1/n}}}{\sqrt{\left(\dfrac{(m-1)S_1^2}{\sigma^2}+\dfrac{(n-1)S_2^2}{\sigma^2}\right)/(m+n-2)}}\sim t(n+m-2)$$

化简可得:

$$\frac{(\overline{X}-\overline{Y})-(\mu_1-\mu_2)}{\sqrt{\dfrac{1}{m}+\dfrac{1}{n}}\sqrt{\dfrac{(m-1)S_1^2+(n-1)S_2^2}{m+n-2}}}\sim t(m+n-2)$$

上述的抽样分布是第三、四章的理论基础,务必熟练谨记。

案例　设某制造企业希望对生产流水线进行科学管理,所以需要了解产品的市场需求。根据过去的统计结果,该企业生产的某产品的周销量X(单位:千只)服从$N(52, 6.3^2)$,企划部调取了最近36周的销量数据,如下表所示:

55.4	43.8	54	49.3	63.6	57.4	40.8	54.2	55.1	56.6	53.9	57.6
45.3	69.4	62.5	43.5	67.1	39.5	62.5	50.1	47	44.8	46.9	61.1
62.3	40.4	60.9	61.4	50.7	51.6	56.6	56.5	51.2	62.9	56.2	56.5

(1)求表中这个样本的样本均值及样本方差;

(2)如果$(X_1, X_2, \cdots, X_n)$是来自总体X的一个样本,求样本均值$\overline{X}=\frac{1}{36}\sum_{i=1}^{36}X_i$落在49.5~54.4的概率。

解:(1)易计算$\bar{x}=54.13$,$s^2=60.27$。

(2)由定理2.3.1知$\overline{X}\sim N\left(52, \frac{6.3^2}{36}\right)$,所以:

$$P(49.5<\overline{X}<54.5)=F_{\overline{X}}(54.5)-F_{\overline{X}}(49.5)$$
$$=\Phi\left(\frac{54.5-52}{6.3/6}\right)-\Phi\left(\frac{49.5-52}{6.3/6}\right)=2\Phi(2.38)-1=0.9826$$

第三章　回归分析与方差分析基础探究

回归分析与方差分析是数理统计中应用价值很大的两类方法，它们本质上是利用参数估计与假设检验处理特定数据的有效方法，这类数据往往受到一个或若干个自变量的影响，本章重点讨论一个自变量的情形，即一元回归分析和单因素试验的方差分析。

第一节　回归分析

一、回归分析的相关概念

在客观世界中，普遍存在着变量之间的关系，数学的一个重要作用就是从数量上来揭示、表达和分析这些关系，而变量之间的关系一般可分为确定性关系和非确定性关系，确定性关系可用函数关系来表示，而非确定性关系则不然。首先来看下面的案例。

案例 3.1.1　某地区教育局教学发展研究中心为了研究高中数学成绩对物理成绩是否有影响，为此随机抽查了 60 名高中生的数学和物理的考试成绩，具体数据如下表所示：

数学	82	76	86	83	77	49	80	64	77	81	77	82	55	45	78
物理	77	71	79	89	82	51	79	63	83	85	79	88	50	48	67
数学	80	75	67	78	89	34	82	82	36	76	88	69	62	65	75
物理	69	81	80	60	72	38	80	95	45	84	99	65	70	72	58
数学	66	74	78	67	78	55	43	73	74	66	64	77	73	79	68
物理	71	81	76	77	74	61	33	73	79	79	73	85	68	84	76
数学	71	87	68	47	75	69	80	71	89	72	67	65	73	79	78
物理	75	76	72	63	75	83	89	72	72	76	78	73	62	75	91

调查人员绘制了 60 名高中生的数学成绩与物理成绩散点图(见图 3.1.1)，其中横轴表示数学成绩，纵轴表示物理成绩。

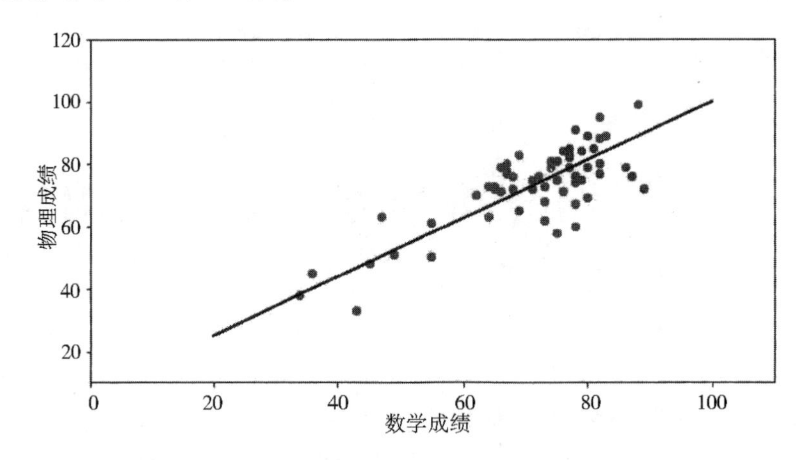

图 3.1.1　60 名高中生的数学成绩与物理成绩散点图

从散点图中可以看出数学成绩好的同学，物理成绩往往也比较好，两者之间的确存在着比较密切的关系，但这种关系又难以用确定性的函数关系来表示，变量之间的这种非确定性关系在数理统计中称为相关关系。在客观世界中变量之间具有相关关系的情况比比皆是，如人的身高与体重之间的关系、人的血压与年龄之间的关系、某企业的利润水平与它的研发费用之间的关系、房产销量与新婚人数之间的关系等。如何刻画这种相关关系呢?回归分析就是一个比较有效的工具。

回归分析是在分析变量之间相关关系的基础上考察变量之间变化规律的方法，通常利用散点图选择一个拟合效果较好的回归模型，即建立变量之间的数学表达式，从而确定一个或多个变量的变化对另一个特定变量的影响程度，为人们的预测和控制提供依据。深入观察图 3.1.1 可以发现图中的点虽然杂乱无章，但是大体上呈现出一种直线趋势，用回归分析的方法可以找到一条较好的表示这些点走向的直线，该直线在一定程度上可以描述这批抽查数据遵从的规律，虽然不是十分准确，但非常有用。

回归分析涉及两类变量，一类是被解释变量，也称为因变量，记为 y；另一类是解释变量，也称为自变量，若自变量仅有一个，则记为 x，若自变量多于一个，则记为 x_1，x_2，…，x_n。在这我们主要讨论当自变量给定时因变量的变化规律，因此认为自变量是确定的变量，因变量是随机变量。回归分析的主要目的是建立因变量关于自变量变化规律的数学表达式，以此研究它们之间的统计规律或平均意义下因变量关于自变量的变化规律。下面给出回归分析的一般概念。

回归分析是指建立因变量 Y 关于自变量 x_1，x_2，…，x_n 的数学表达式：

$$Y = f(x_1, x_2, \cdots, x_n) + \varepsilon \tag{3.1.1}$$

其中，$f(x_1, x_2, \cdots, x_n)$是自变量的确定函数，ε是一个随机变量，它是由除自变量以外的其他多种因素造成的，称为随机误差，通常要求其均值为零，方差尽可能小（但未知），即：

$$E(\varepsilon) = 0, D(\varepsilon) = \sigma^2 > 0 \tag{3.1.2}$$

称式(3.1.1)与式(3.1.2)为Y关于$x_1, x_2, \cdots, x_n$的回归模型，称$f(x_1, x_2, \cdots, x_n)$为回归方程。若方程中只有一个自变量，则称为一元回归模型；若方程中有多个自变量，则称为多元回归模型。若方程中的函数$f(x_1, x_2, \cdots, x_n)$是线性函数，则称此回归模型为线性回归模型，否则称其为非线性回归模型。

在实际应用中，函数$f(x_1, x_2, \cdots, x_n)$一般是未知的。回归分析的基本任务就是根据自变量$x_1, x_2, \cdots, x_n$与因变量Y的观测值，运用数理统计的理论和方法，获得回归方程的估计形式$\hat{Y} = f(x_1, x_2, \cdots, x_n)$，由此对因变量$Y$进行合理的预测，并讨论与此有关的一些统计推断问题。线性回归分析是回归分析的最基本内容，而一元线性回归又是线性回归的基础，因此本章主要讨论一元线性回归。

二、一元线性回归

我们先看一个案例。

案例 3.1.2　为了研究某社区家庭月消费支出与家庭月可支配收入之间的关系，随机抽取并调查了12户家庭的数据如下：

家庭月可支配收入/元	800	1100	1400	1700	2000	2300	2600	2900	3200	3500
家庭月消费支出/元	594	638	1122	1155	1408	1595	1969	2078	2585	2530

根据家庭月可支配收入与家庭月消费支出数据，能否发现家庭月消费支出和家庭月可支配收入之间的数量关系？如果知道了家庭月可支配收入，那么能否预测家庭月消费支出水平呢？

根据上述数据，以家庭月可支配收入为自变量x，家庭月消费支出为因变量y，绘制支出与收入散点图（见图3.1.2）。

从图3.1.2可以看出，该社区居民的家庭月可支配收入与家庭月消费支出之间呈现较为明显的正线性相关关系，并且自变量只有一个，因此推测它们的关系可以用一元线性回归函数表示。那么该线性函数的具体形式是什么呢？这就需要用到一元线性回归分析。

一般地，假定我们要考察的自变量x与因变量Y之间存在相关关系，设Y是可观测的随机变量，x是一般变量，且：

$$Y = \beta_0 + \beta_1 x + \varepsilon \sim N(0, \sigma^2) \tag{3.1.3}$$

其中，参数β_0，β_1未知，σ^2不依赖于x，称ε为随机误差，线性函数

$$y = \mu(x) = \beta_0 + \beta_1 x \quad (3.1.4)$$

称为随机变量 Y 对 x 的线性回归，变量 x 称为回归变量，β_0 和 β_1 为回归系数。

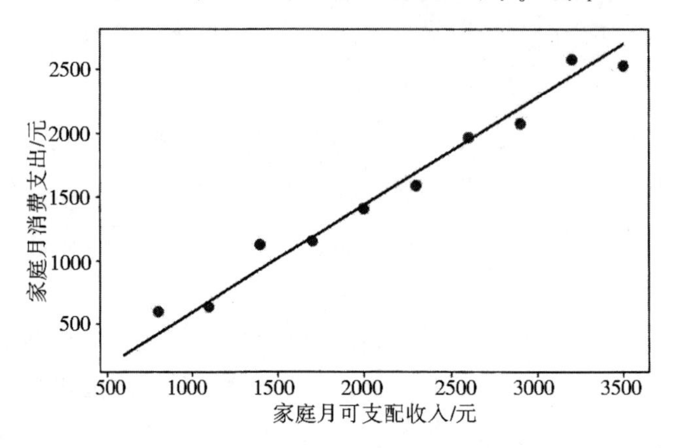

图 3.1.2　支出与收入散点图

由式(3.1.3)可知随机变量 Y 服从正态分布 $N(\beta_0+\beta_1 x,\ \sigma^2)$，它依赖于 x 的取值。假设 x 取 x_1，x_2，…，x_n 等任意 n 个不完全相同的值，对应 Y 的观测量为 Y_1，Y_2，…，Y_n，那么相应的观测的条件分布为：

$$Y_i \sim N(\beta_0 + \beta_1 x_i, \sigma^2), i = 1, \cdots, n \text{ 且相互独立}$$

由此可得：

$$Y_i = \beta_0 + \beta_1 x_i + \varepsilon, i = 1, \cdots, n \quad (3.1.5)$$

其中，ε_1，ε_i，…，ε_n 是独立同分布的随机变量且都服从 $N(0,\ \sigma^2)$，式(3.1.5)表示的数学模型称为一元线性回归模型。

线性回归的主要任务是根据观测后得到的样本数据(x_1，y_1)，(x_2，y_2)，…，(x_n，y_n)找到具体的回归函数：

$$y = \mu(x) = \beta_0 + \beta_1 x \quad (3.1.6)$$

因此，根据数据找到 β_0 和 β_1 合适的估计值 $\hat{\beta}_0$ 和 $\hat{\beta}_1$，代入式(3.1.6)中，得到上述回归函数的近似公式：

$$\hat{y} = \hat{\mu}(x) = \hat{\beta}_0 + \hat{\beta}_1 x \quad (3.1.7)$$

根据观测数据得到的自变量和因变量间的近似关系称为经验回归函数。系数 $\hat{\beta}_1$ 表示自变量 x 每增加一个单位，因变量 Y 平均增加 $\hat{\beta}_1$ 个单位。

三、参数估计的最小二乘法

1. β_0 和 β_1 的估计

如何根据样本数据(x_1，y_1)，(x_2，y_2)，…，(x_n，y_n)来估计 β_0 和 β_1 的值呢？如果

总体的回归函数是 $y=\mu(x)=\beta_0+\beta_1 x$，直观上，各个样本数据构成的点$(x_i,\ y_i)$与回归函数确定的直线 L 最接近。

样本点与直线 L 的接近程度可以表示为：

$$Q(\beta_0,\beta_1)=\sum_{i=1}^{n}[y_i-(\beta_0+\beta_1 x_i)]^2 \tag{3.1.8}$$

我们希望选取的估计值$\hat{\beta}_0$ 和$\hat{\beta}_1$ 可以使式(3.1.8)的值尽可能小，用该方法得到的 β_0 和 β_1 的估计值称为最小二乘估计，该估计方法称为最小二乘法。由：

$$\begin{aligned}\frac{\partial}{\partial\beta_0}Q(\beta_0,\beta_1)&=\sum_{i=1}^{n}(y_i-\beta_0-\beta_1 x_i)(-2)=0\\ \frac{\partial}{\partial\beta_1}Q(\beta_0,\beta_1)&=\sum_{i=1}^{n}(y_i-\beta_0-\beta_1 x_i)(-2x_i)=0\end{aligned} \tag{3.1.9}$$

得到方程组：

$$\begin{cases}n\beta_0+\left(\sum_{i=1}^{n}x_i\right)\beta_1=\sum_{i=1}^{n}y_i\\ \left(\sum_{i=1}^{n}x_i\right)\beta_0+\left(\sum_{i=1}^{n}x_i^2\right)\beta_1=\sum_{i=1}^{n}x_i y_i\end{cases} \tag{3.1.10}$$

式(3.1.10)称为正规方程组。

由于 x_1，x_2，…，x_n 小全为0，故方程组的系数行列式满足：

$$\begin{vmatrix}n & \sum_{i=1}^{n}x_i\\ \sum_{i=1}^{n}x_i & \sum_{i=1}^{n}x_i^2\end{vmatrix}=n\sum_{i=1}^{n}x_i^2-\left(\sum_{i=1}^{n}x_i\right)^2\neq 0$$

从而式(3.1.10)有唯一解。

$$\begin{cases}\hat{\beta}_1=\dfrac{n\sum_{i=1}^{n}x_i y_i-\left(\sum_{i=1}^{n}x_i\right)\left(\sum_{i=1}^{n}y_i\right)}{n\sum_{i=1}^{n}x_i^2-\left(\sum_{i=1}^{n}x_i\right)^2}=\dfrac{\sum_{i=1}^{n}(x_i-\bar{x})(y_i-\bar{y})}{\sum_{i=1}^{n}(x_i-\bar{x})^2}\\ \hat{\beta}_0=\bar{y}-\hat{\beta}_1\bar{x}\end{cases} \tag{3.1.11}$$

因为这是 β_0 和 β_1 的估计值，所以写成估计量的形式：

$$\begin{cases}\hat{\beta}_1=\dfrac{n\sum_{i=1}^{n}x_i y_i Y_i-\left(\sum_{i=1}^{n}x_i\right)\left(\sum_{i=1}^{n}Y_i\right)}{n\sum_{i=1}^{n}x_i^2-\left(\sum_{i=1}^{n}x_i\right)^2}=\dfrac{\sum_{i=1}^{n}(x_i-\bar{x})(Y_i-\bar{Y})}{\sum_{i=1}^{n}(x_i-\bar{x})^2}\\ \hat{\beta}_0=\bar{y}-\hat{\beta}_1\bar{x}\end{cases} \tag{3.1.12}$$

在得到β_0和β_1的估计式(3.1.12)后，代入经验回归函数式(3.1.7)，得到：

$$\hat{y}=\hat{\mu}(x)=\hat{\beta}_0+\hat{\beta}_1 x=\bar{y}-\hat{\beta}_1\bar{x}+\hat{\beta}_1 x=\bar{y}+\hat{\beta}_1(x-\bar{x}) \tag{3.1.13}$$

式(3.1.13)表明样本(x_1, y_1)，(x_2, y_2)，…，(x_n, y_n)确定的经验回归直线通过样本的几何中心$(\bar{x}, \bar{y})$。

例 3.1.1 为了研究弹簧悬挂不同重量x(单位：kg)时与长度y(单位：cm)的关系，通过试验得到如下一组数据：

x_i	5	10	15	20	25	30
y_i	7.25	8.12	8.95	9.90	10.90	11.80

求经验回归函数。

解：列出计算表格$(n=6)$：

i	1	2	3	4	5	6	Σ
x_i	5	10	15	20	25	30	105
y_i	7.25	8.12	8.95	9.90	10.90	11.80	56.92
x_i^2	25	100	225	400	625	900	2275
x_iy_i	36.25	81.20	134.25	198.00	272.50	354	1076.20

于是：

$$\bar{x}=17.5, \bar{y}=9.487$$

利用$\sum_{i=1}^{n}(x_i-\bar{x})(y_i-\bar{y})=\sum_{i=1}^{n}x_iy_i-\frac{1}{n}\sum_{i=1}^{n}x_i\sum_{i=1}^{n}y_i$得到：

$$\hat{\beta}_1=\frac{1076.20-\frac{1}{6}\times 105\times 56.92}{2275-\frac{1}{6}\times 105^2}=\frac{80.1}{437.5}\approx 0.183$$

$$\hat{\beta}_0=9.487-0.183\times 17.5\approx 6.28$$

求得经验回归函数为$\hat{y}=6.28+0.183x$。

2. β_0 和 β_1 的性质

在这里不加证明地给出式(3.1.12)估计量的统计性质。

定理 3.1.1 $\hat{\beta}_0$和$\hat{\beta}_1$分别是β_0和β_1的无偏估计，并且满足：

$$\hat{\beta}_0 \sim N\left(\beta_0, \frac{\sigma^2\sum_{i=1}^{n}x_i^2}{n\sum_{i=1}^{n}(x_i-\bar{x})^2}\right)$$

$$\hat{\beta}_1 \sim N\left(\beta_1, \frac{\sigma^2}{\sum_{i=1}^{n}(x_i - \bar{x})^2}\right)$$

上述定理虽然说明$\hat{\beta}_0$和$\hat{\beta}_1$分别是β_0和β_1的无偏估计，但是却没有说明如何使用这两个估计量来分别估计β_0和β_1的误差范围。这是因为总体中的方差σ^2在实际中是未知的，$\hat{\beta}_0$和$\hat{\beta}_1$的方差是未知的，因此有必要根据数据获得σ^2的估计。

3. σ^2 的估计

根据式(3.1.3)及对应的假设可知：

$$Y = \beta_0 + \beta_1 x + \varepsilon = \mu(x) + \varepsilon, \varepsilon \sim N(0, \sigma^2)$$

从而有：

$$E[Y - (\beta_0 + \beta_1 x)]^2 = E[Y - \mu(x)]^2 = E(\varepsilon^2) = D(\varepsilon) = \sigma^2 \qquad (3.1.14)$$

由定理3.1.1可知$\hat{\beta}_0$和$\hat{\beta}_1$分别是β_0和β_1的无偏估计，所以：

$$\hat{y} = \hat{\mu}(x) = \hat{\beta}_0 + \hat{\beta}_1 x = \overline{Y} - \hat{\beta}_1 \bar{x} + \hat{\beta}_1 x = \overline{Y} + \hat{\beta}_1(x - \bar{x}) \qquad (3.1.15)$$

是$\mu(X)$的一个无偏估计。对于样本(x_1, Y_1)，(x_2, Y_2)，…，(x_n, Y_n)，我们引入：

$$\hat{\varepsilon}_i = Y_i - \hat{\mu}(x) = Y_i - (\hat{\beta}_0 + \hat{\beta}_1 x_i), i = 1, 2, \cdots, n \qquad (3.1.16)$$

称上式为x_i处的残差。显然，$\hat{\varepsilon}_i$还具有以下两个重要性质。

定理3.1.2　式(3.1.16)定义的残差具有以下重要性质：

$$\sum_{i=1}^{n} \hat{\varepsilon}_i = 0 \qquad (3.1.17)$$

$$\sum_{i=1}^{n} x_i \hat{\varepsilon}_i = 0 \qquad (3.1.18)$$

证明：根据残差的定义：

$$\begin{aligned}\sum_{i=1}^{n} \hat{\varepsilon}_i &= \sum_{i=1}^{n} [Y_i - \hat{\mu}(x_i)] = \sum_{i=1}^{n} [Y_i - (\hat{\beta}_0 + \hat{\beta}_1 x_i)] \\ &= \sum_{i=1}^{n} [Y_i - (\overline{Y} + \hat{\beta}_1(x_i - \bar{x}))] \\ &= \sum_{i=1}^{n} Y_i - n\overline{Y} - \hat{\beta}_1 \sum_{i=1}^{n}(x_i - \bar{x}) = 0\end{aligned}$$

根据一阶导数条件式(3.1.9)，可得$\sum_{i=1}^{n} x_i \hat{\varepsilon}_i = 0$。

根据残差定义，式(3.1.3)又可以写作：

$$Y_i = \hat{\mu}(x_i) + \hat{\varepsilon}_i \qquad (3.1.19)$$

一般来说，随机误差ε_i是不可观察的，而残差$\hat{\varepsilon}_i$是可以由样本数据得到的。我们将：

$$
\begin{aligned}
S_e &= \sum_{i=1}^{n} \hat{\varepsilon}_i^2 = \sum_{i=1}^{n} (y_i - \hat{y}_i)^2 \\
&= \sum_{i=1}^{n} [y_i - (\hat{\beta}_0 + \hat{\beta}_1 x_i)]^2 \\
&= \sum_{i=1}^{n} \{y_i - [\bar{y} + \hat{\beta}_1 (x_i - \bar{x})]\}^2 \\
&= \sum_{i=1}^{n} [(y_i - \bar{y})^2 + \hat{\beta}_1^2 (x_i - \bar{x}) - 2\hat{\beta}_1 (y_i - \bar{y})(x_i - \bar{x})] \\
&= \sum_{i=1}^{n} (y_i - \bar{y})^2 + \hat{\beta}_1^2 \sum_{i=1}^{n} (x_i - \bar{x})^2 - 2\hat{\beta}_1 \sum_{i=1}^{n} (y_i - \bar{y})(x_i - \bar{x}) \\
&= \sum_{i=1}^{n} (y_i - \bar{y})^2 + \hat{\beta}_1 \frac{\sum_{i=1}^{n} (y_i - \bar{y})(x_i - \bar{x})}{\sum_{i=1}^{n} (x_i - \bar{x})^2} \sum_{i=1}^{n} (x_i - \bar{x})^2 - 2\hat{\beta}_1 \sum_{i=1}^{n} (y_i - \bar{y})(x_i - \bar{x}) \\
&= \sum_{i=1}^{n} (y_i - \bar{y})^2 - \hat{\beta}_1 \sum_{i=1}^{n} (x_i - \bar{x})(y_i - \bar{y}) \qquad (3.1.20)
\end{aligned}
$$

称为残差平方和。

根据残差平方和的定义及残差的性质，可以使用统计量 $\frac{S_e}{n} = \frac{\sum_{i=1}^{n} \hat{\varepsilon}_i^2}{n}$ 作为 $E(\varepsilon^2) = \sigma^2$ 的一个估计。然而，$\frac{S_e}{n}$不是 σ^2 的无偏估计，这是因为残差 $\hat{\varepsilon}_i$ 必须要满足定理 3.1.2 中两个性质，从而 S_e 的自由度是 $n-2$。因此，我们使用$\frac{S_e}{n-2}$作为 σ^2 的估计，下面的定理表明这个估计是 σ^2 的无偏估计。

定理 3.1.3 式(3.1.20)定义的残差平方和具有如下性质：

(1) $\frac{S_e}{\sigma^2} \sim \chi^2(n-2)$；

(2) $E\left(\frac{S_e}{n-2}\right) = \sigma^2$。

证明：略。

4. 模型的拟合优度

根据经验回归函数 $\hat{y} = \hat{\mu}(x) = \hat{\beta}_0 + \hat{\beta}_1 x$，可以用 x 的一个取值来预测因变量 Y，但是模型的预测精度是否取决于回归模拟对于观测数据的拟合程度，如何度量模型的拟合程度呢？评价拟合程度的一个重要统计量是可决系数。

为了定义可决系数，首先引入以下概念。

总平方和：

$$S_T = \sum_{i=1}^{n} (y_i - \bar{y})^2 \tag{3.1.21}$$

回归平方和：

$$S_R = \sum_{i=1}^{n} (\hat{y}_i - \bar{y})^2 \tag{3.1.22}$$

然后，根据总平方和、回归平方和、残差平方和的定义，以及定理 3.1.2 的结论，可以得到如下性质：

$$\sum_{i=1}^{n} (y_i - \hat{y}_i)(\hat{y}_i - \bar{y}) = \sum_{i=1}^{n} (y_i - \hat{y}_i)[\hat{\beta}_1(x_i - \bar{x})] = \hat{\beta}_1 \left[\sum_{i=1}^{n} \hat{\varepsilon}_i x_i - \bar{x} \sum_{i=1}^{n} \hat{\varepsilon}_i \right] = 0$$

从而有：

$$\begin{aligned} S_T &= \sum_{i=1}^{n} (y_i - \bar{y})^2 = \sum_{i=1}^{n} (y_i - \hat{y}_i + \hat{y}_i - \bar{y})^2 \\ &= \sum_{i=1}^{n} [(y_i - \hat{y}_i)^2 + (\hat{y}_i - \bar{y})^2 + 2(y_i - \hat{y}_i)(\hat{y}_i - \bar{y})] \\ &= \sum_{i=1}^{n} (y_i - \hat{y}_i)^2 + \sum_{i=1}^{n} (\hat{y}_i - \bar{y})^2 + 2\sum_{i=1}^{n} (y_i - \hat{y}_i)(\hat{y}_i - \bar{y}) \\ &= S_e + S_R \end{aligned} \tag{3.1.23}$$

根据图 3.1.3 的误差分解示意图，我们定义统计量 $R^2 = \frac{S_R}{S_T}$ 为模型的可决系数，表示回归平方和在总平方和里所占的比重。由定义可知，$R^2 \in [0, 1]$，R^2 的值越接近 1 表明拟合程度越好，模型的解释程度也越好。

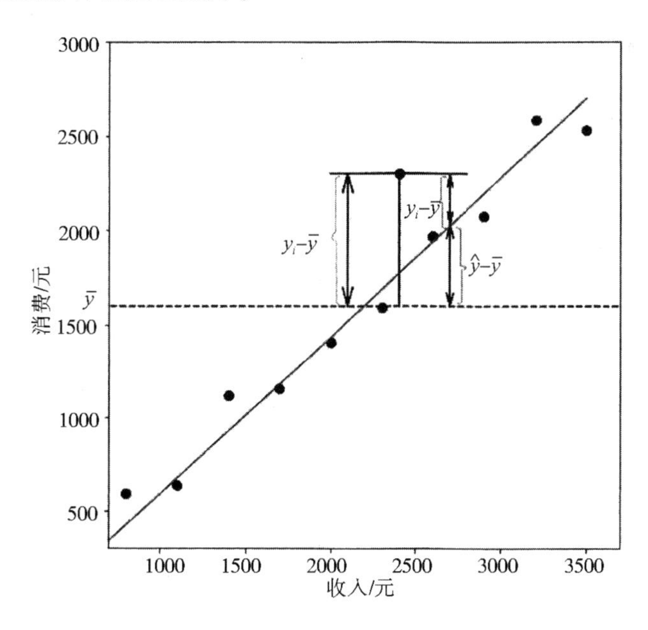

图 3.1.3　误差分解示意图

下面寻找例3.1.1和例3.1.2中的经验回归函数，在实际计算时通常需要一些简便的符号：

$$\begin{cases} S_{xx} = \sum_{i=1}^{n}(x_i - \bar{x})^2 = \sum_{i=1}^{n} x_i^2 - \frac{1}{n}\left(\sum_{i=1}^{n} x_i\right)^2 \\ S_{yy} = \sum_{i=1}^{n}(y_i - \bar{y})^2 = \sum_{i=1}^{n} y_i^2 - \frac{1}{n}\left(\sum_{i=1}^{n} y_i\right)^2 \\ S_{xy} = \sum_{i=1}^{n}(x_i - \bar{x})(y_i - \bar{y}) = \sum_{i=1}^{n} x_i y_i - \frac{1}{n}\sum_{i=1}^{n} x_i \sum_{i=1}^{n} y_i \end{cases} \tag{3.1.24}$$

例 3.1.2 使用案例3.1.2的家庭支出和家庭消费数据，求回归方程，并估计随机误差的方差，以及计算模型的可决系数。

解：根据案例3.1.2中的数据及式(3.1.20)，得到数据如下：

n	$\sum_{i=1}^{n} x_i$	$\frac{\sum_{i=1}^{n} x_i}{n}$	$\sum_{i=1}^{n} x_i^2$	$\sum_{i=1}^{n} y_i$	$\frac{\sum_{i=1}^{n} y_i}{n}$	$\sum_{i=1}^{n} y_i^2$	$\sum_{i=1}^{n} x_i y_i$
10	21500	2150	53650000	15674	1567.4	29157448	39468400

根据上述数据计算可得：

$$S_{xy} = 39468400 - \frac{21500 \times 15674}{10} = 5769300$$

$$S_{xx} = 53650000 - \frac{21500^2}{10} = 7425000$$

$$S_{yy} = 29157448 - \frac{15674^2}{10} = 4590020$$

由$\hat{\beta}_0$和$\hat{\beta}_1$的计算公式可知：

$$\hat{\beta}_1 = \frac{S_{xy}}{S_{xx}} = \frac{5769300}{7425000} = 0.7770101$$

$$\hat{\beta}_0 = \bar{y} - \hat{\beta}_1 \bar{x} = 1567.4 - 0.7770101 \times 2150 = -103.1717$$

从而求得经验回归函数为：

$$\hat{y} = \hat{\beta}_0 + \hat{\beta}_1 x = -103.1717 + 0.7770101x \tag{3.1.25}$$

根据式(3.1.20)可知：

$$S_e = S_{yy} - \hat{\beta}_1 S_{xy} = 4590020 - 0.7770101 \times 5769300 \approx 107215.6$$

由定理3.1.3可知，σ^2的一个点估计值为：

$$\hat{\sigma}^2 = \frac{S_e}{8} \approx 13401.95$$

由于$S_T = S_{yy}$，根据可决系数的定义可知：

$$R^2 = \frac{S_R}{S_T} = 1 - \frac{S_e}{S_{yy}} = 1 - \frac{107215.6}{4590020} \approx 0.9766416$$

表明上述回归模型具有较好的解释性。

四、回归方程的显著性检验

根据给定数据(x_1, y_1)，(x_2, y_2)，…，(x_n, y_n)的散点图，假定总体回归函数为线性形式$\mu(x) = \beta_0 + \beta_1 x$，并用最小二乘法得到经验回归函数$\hat{\mu}(x) = \hat{\beta}_0 + \hat{\beta}_1 x$。但是，这样得到的方程是否能反映真实情况呢？一般来说，若$\beta_0 = 0$，则不管自变量x取何值，$E(Y|x)$都不会发生变化，此时得到的方程是无意义的，我们也称回归方程不显著；反之，若$\beta_1 \neq 0$，则此时方程是有意义的，也称方程是显著的。

如何判断方程是否有意义？除了使用专业知识外，还需要使用假设检验的方法进行判断。我们需要检验假设：

$$H_0: \beta_1 = 0, \ H_0: \beta_1 \neq 0$$

拒绝H_0表示回归方程是显著的。在一元线性回归中，可以使用F检验、t检验、相关系数检验。这三种方法是等价的，本节主要介绍t检验。

由定理 3.1.1 可知$\hat{\beta}_1 \sim N\left(\beta_1, \frac{\sigma^2}{\sum_{i=1}^{n}(x_i - \bar{x})^2}\right)$，从而：

$$\frac{\hat{\beta}_1 - \beta_1}{\sqrt{\sigma^2 / S_{xx}}} \sim N(0,1)$$

由定理 3.1.3 可知：

$$\frac{S_e}{\sigma^2} \sim \chi^2(n-2)$$

由t分布的定义可知，式(3.1.24)中H_0为真时

$$T = \frac{\frac{\hat{\beta}_1 - \beta_1}{\sqrt{\sigma^2 / S_{xx}}}}{\sqrt{S_e / (n-2)\sigma^2}} = \frac{\hat{\beta}_1}{\hat{\sigma}} \sqrt{S_{xx}} \sim t(n-2) \tag{3.1.26}$$

使用T作为检验统计量，当H_0不成立时，$|T|$有变大的趋势，应取双侧拒绝域，显著性水平α下假设检验的拒绝域为：

$$W = \{ |T| \geqslant t_{\alpha/2}(n-2) \}$$

使用例 3.1.2 的数据代入式(3.1.25)，取$\alpha = 0.05$，查附表得到$t_{0.025}(8) = 2.306$，计算可得：

$$T = \frac{\hat{\beta}_1}{\hat{\sigma}} \sqrt{S_{xx}} = \frac{0.7770101}{115.7668} \times 2724.885 \approx 18.288 > 2.306$$

这表明线性回归方程(3.1.23)是显著的。

注：上述检验统计量也可以采用 F 检验，采用的统计量为：

$$F = T^2 = \frac{\hat{\beta}_1^2 S_{xx}}{S_e/(n-2)} \sim F(1,n-2)$$

代入例 3.1.2 的数据，取 $\alpha=0.05$，查附表得到 $F_{0.05}(1, 8)=5.318$，计算可得：

$$F = \frac{\hat{\beta}_1^2 S_{xx}}{S_e/(n-2)} \approx 334.451 > 5.318$$

这也表明线性回归方程(3.1.23)是显著的。

五、估计与预测

当回归方程经过显著性检验后，就可以根据建立的回归方程估计和预测给定的自变量值 x、因变量 Y。这是回归分析的一个主要任务，在这需要区分一下两个概念。

(1)当 $x=x_0$ 时，寻找 $E(Y|x_0)=\mu(x_0)=\beta_0+\beta_1 x_0$ 的点估计与区间估计，这是估计问题；

(2)当 $x=x_0$ 时，因变量 Y 是一个依赖于 x_0 的随机变量，服从一个条件分布，条件分布的期望为 $\mu(x_0)$，但 $\mu(x_0)$ 是不可观察的，我们只能根据经验回归函数 $\hat{y}_0=\hat{\mu}(x_0)=\hat{\beta}_0+\hat{\beta}_1 x_0$ 来估计 $\mu(x_0)$。我们一般求一个区间，使得 Y 落在这个区间的概率满足 $P\{|Y-\hat{y}_0|\leqslant\delta\}=1-\alpha$，区间 $[\hat{y}_0-\delta, \hat{y}_0+\delta]$ 称为预测区间，这是一个预测问题。

1. $\mu(x_0)$ 的估计问题

根据之前的分析，$\hat{y}_0=\hat{\mu}(x_0)=\hat{\beta}_0+\hat{\beta}_1 x_0$ 是 $\mu(x_0)$ 的一个无偏估计。下面讨论 $\mu(x_0)$ 的区间估计问题。根据定理 3.1.1，可以得到下面结论：

$$\hat{y}_0 = \hat{\beta}_0 + \hat{\beta}_1 x_0 \sim N\left(\beta_0+\beta_1 x_0, \left[\frac{1}{n}+\frac{(x_0-\bar{x})^2}{S_{xx}}\right]\sigma^2\right) \tag{3.1.27}$$

根据定理 3.1.3 及 t 统计量的定义，可以得到：

$$\frac{[\hat{y}_0-\mu(x_0)]\Big/\sqrt{\left[\frac{1}{n}+\frac{(x_0-\bar{x})^2}{S_{xx}}\right]\sigma^2}}{\sqrt{\frac{S_e}{\sigma^2}\times\frac{1}{n-2}}} = \frac{\hat{y}_0-\mu(x_0)}{\hat{\sigma}\sqrt{\frac{1}{n}+\frac{(x_0-\bar{x})^2}{S_{xx}}}} \sim t(n-2)$$

$\mu(x_0)$ 的置信度为 $(1-\alpha)$ 的置信区间为：

$$[\hat{y}_0-\delta_0, \hat{y}_0+\delta_0]$$

其中，

$$\delta_0 = t_{\alpha/2}\hat{\sigma}\sqrt{\frac{1}{n}+\frac{(x_0-\bar{x})^2}{S_{xx}}} \tag{3.1.28}$$

2. Y 的预测问题

为了求出 Y 的预测区间，我们需要使用以下结论：

$$Y-\hat{y}_0 \sim N\left(0,\left[1+\frac{1}{n}+\frac{(x_0-\bar{x})^2}{S_{xx}}\right]\sigma^2\right)$$

$$\frac{Y-\hat{y}_0}{\hat{\sigma}\sqrt{1+\frac{1}{n}+\frac{(x_0-\bar{x})^2}{S_{xx}}}} \sim t(n-2)$$

Y 的概率为 $1-\alpha$ 的预测区间为：

$$[\hat{y}_0-\delta,\hat{y}_0+\delta]$$

其中，

$$\delta=t_{\alpha/2}(n-2)\hat{\sigma}\sqrt{1+\frac{1}{n}+\frac{(x_0-\bar{x})^2}{S_{xx}}} \tag{3.1.29}$$

例 3.1.3　使用案例 3.1.2 中的家庭月可支配支出和家庭月消费数据，家庭月可支配收入 $x_0=4100$，求 $\mu(x_0)$ 的置信度为 0.95 的置信区间，以及因变量 Y 的概率为 0.95 的预测区间。

图 3.1.4 所示为家庭月消费的置信度为 0.95 的置信区间和预测区间，两条虚线之间部分表示家庭均月消费 $\mu(x_i)$ 的置信度为 0.95 的置信区间，两条点画线之间部分表示家庭月消费 Y_i 的概率为 0.95 的预测区间。

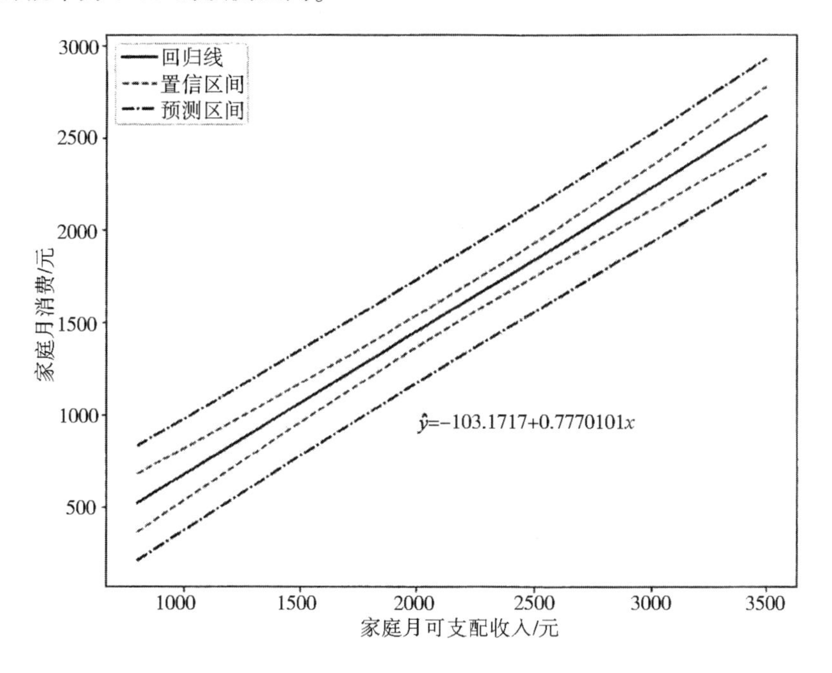

图 3.1.4　置信区间与预测区间示意图

解：根据题目得到经验回归函数：

$$\hat{y}=\hat{\beta}_0+\hat{\beta}_1 x=-103.1717+0.7770101x$$

将 $x_0=4100$ 代入上式，得到家庭月消费估计值：

$$\hat{y}=\hat{\beta}_0+\hat{\beta}_1 x=-103.1717+0.7770101\times 4100\approx 3082.57$$

将 $t_{0.025}(8)=2.306$ 代入式(3.1.25)，得到：

$$\begin{aligned}\delta_0&=t_{\alpha/2}(n-2)\hat{\sigma}\sqrt{\frac{1}{n}+\frac{(x_0-\bar{x})^2}{S_{xx}}}\\&=2.306\times 115.7668\sqrt{\frac{1}{10}+\frac{(4100-2150)^2}{7425000}}\\&\approx 208.8636\end{aligned}$$

则家庭月消费的置信度为 0.95 的置信区间为

$$[3082.57-208.8636,3082.57+208.8636],\text{即}[2873.706,3291.434]$$

将 $t_{0.025}(8)=2.306$ 代入式(3.1.26)，得到：

$$\begin{aligned}\delta&=t_{\alpha/2}(n-2)\hat{\sigma}\sqrt{1+\frac{1}{n}+\frac{(x_0-\bar{x})^2}{S_{xx}}}\\&=2.306\times 115.7668\sqrt{1+\frac{1}{10}+\frac{(4100-2150)^2}{7425000}}\\&\approx 338.9557\end{aligned}$$

则家庭月消费的概率为 0.95 的预测区间为：

$$[3082.57-338.9557,3082.57+338.9557],\text{即}[2743.614,3421.526]$$

第二节　单因素方差分析

如果考察医学检验中的对照组和处理组之间是否存在差异。在实际生活中我们经常会遇到多个总体均值相互比较的问题，处理这类问题需要使用方差分析法。方差分析的本质是一种均值的假设检验，通过对方差的来源进行分解，判别一个或者多个因素下各水平的因变量均值是否有明显差异。限于篇幅，本节只讨论有一个因素的情形。

一、方差分析问题

首先我们来考虑一个案例。

案例　某大学的经济管理学院有三个本科专业：工商管理(A_1)、国际贸易(A_2)、会计学(A_3)。为了比较这三个专业毕业生的薪酬情况，在每个专业的毕业生中调查20人，不同专业毕业生的月收入数据如表3.2.1所示。

表3.2.1　不同专业毕业生的月收入数据

专业	毕业生月收入/元									
工商管理(A_1)	3306	6496	3996	5572	4887	5084	6168	4740	4250	4031
	3955	5291	4995	4398	4392	3475	4643	5562	3159	4403
国际贸易(A_2)	4502	3222	3651	3189	4246	5004	4652	6058	2889	3567
	2409	3710	4681	4485	3441	3356	3922	4455	2790	4023
会计学(A_3)	3882	4663	2429	5399	5127	3896	4039	4576	4012	3214
	4525	4938	3716	4248	5318	2891	2737	3395	4053	6495

本例的目的是比较三个专业的毕业生月收入是否相同。我们关心的指标值是毕业生的月收入，将专业称为因素，记为A，三个不同的专业称为因素的三个水平，记为A_1、A_2、A_3。符号y_{ij}表示第i个专业、第j个毕业生的月收入，其中，$i=1$，2，3，$j=1$，2，…，20。试回答如下问题：

(1)因素A对于指标值有无显著影响?

(2)如果因素A对于指标值有显著影响，那么因素取何种水平时指标值最优?

为了回答上述问题，需要做一些基本假设，首先把研究问题归结为一个统计问题，然后用方差分析法进行分析。

二、单因素方差分析法

1. 单因素方差分析模型

案例中只考虑一个因素(专业)对于毕业生月收入的影响，因此称为单因素模型。在单因素模型里，一般记因素为A，假设其有r个水平，记为$A_1$4，A_2，…，A_r，我们关心的某个指标记为Y。在每个水平A_i下，指标都可以看作一个总体，现有r个水平，故有r个总体，记为$Y_i(i=1,2,\cdots,r)$。为了进行统计分析，现假设：

(1)每个总体均服从正态分布，记为$Y_i \sim N(\mu_i,\sigma_i^2)$，$i=1,2,\cdots,r$；

(2)各总体的方差相同，记为$\sigma_1^2=\sigma_2^2=\cdots\sigma_r^2$；

(3)从每个总体中抽取的样本是相互独立的，即所有试验结果y_{ij}相互独立。

根据上述假设，方差分析的任务是比较上述各总体的均值是否相同，即进行一个如下的假设检验问题：

$$H_0:\mu_1=\mu_2=\cdots=\mu_r,H_1:\mu_1,\mu_2,\cdots,\mu_r\text{不全相等} \tag{3.2.1}$$

为了检验上式，从每个总体 $Y_i \sim N(\mu_i, \sigma_i^2)$ 中抽取一个容量为 n_i 的样本 $(Y_{i1}, Y_{i2}, \cdots, Y_{in_i})$，$i=1, 2, \cdots, r$，具体的样本值为 $(y_{i1}, y_{i2}, \cdots, y_{in_i})$，$i=1, 2, \cdots, r$，记数据的总数为 $n = \sum_{i=1}^{r} n_i$。

单因素方差分析抽样数据如表 3.2.2 所示。

表 3.2.2 单因素方差分析抽样数据

因素水平	总体	样本容量	样本	样本值
A_1	$N(\mu_1, \sigma_1^2)$	n_1	$(Y_{11}, Y_{12}, \cdots, Y_{1n_1})$	$(y_{11}, y_{12}, \cdots, y_{1n_1})$
A_2	$N(\mu_2, \sigma_2^2)$	n_2	$(Y_{21}, Y_{22}, \cdots, Y_{2n_2})$	$(y_{21}, y_{22}, \cdots, y_{2n_2})$
…	…	…	…	…
A_r	$N(\mu_r, \sigma_r^2)$	n_r	$(Y_{r1}, Y_{r2}, \cdots, Y_{rn_r})$	$(y_{r1}, y_{r2}, \cdots, y_{rn_r})$

在水平 A_i 下，由于 $Y_i \sim N(\mu_i, \sigma_i^2)$，即 $Y_{ij} - \mu_i \sim N(0, \sigma_i^2)$，因此 $Y_{ij} - \mu_i$ 是一个随机误差，记 $\varepsilon_{ij} = Y_{ij} - \mu_i$，则上述三个假定可以写为

$$\begin{cases} Y_{ij} = \mu_i + \varepsilon_{ij} \\ \varepsilon_{ij} \sim (0, \sigma^2), \text{各 } \varepsilon_{ij} \text{ 相互独立}, i = 1,2,\cdots,r, j = 1,2,\cdots,n_i \end{cases} \tag{3.2.2}$$

其中，$\mu_1, \mu_2, \cdots, \mu_r, \sigma^2$ 均为未知参数，式(3.2.2)称为单因素方差分析的数学模型。

为了能够更好地分析问题，我们引入总均值和水平效应的概念：

$$\mu = \frac{1}{n} \sum_{i=1}^{r} n_i \mu_i \tag{3.2.3}$$

其中，μ 是各个水平均值 μ_i 的加权平均，称为总均值；$n = \sum_{i=1}^{r} n_i$。

第 i 个水平下的均值 μ_i 与总均值 μ 的差为：

$$\delta_i = \mu_i - \mu, i = 1,2,\cdots,r$$

称为因素 A 的第 i 个水平 A_i 的效应。显然，水平效应 $\delta_i (i=1, 2, \cdots, r)$ 具有如下性质：

$$n_1\delta_1 + n_2\delta_2 + \cdots + n_r\delta_r = 0 \tag{3.2.4}$$

利用这些记号，单因素方差分析模型(3.2.2)可以写成下面的形式：

$$\begin{cases} Y_{ij} = \mu + \delta_i + \varepsilon_{ij} \\ \varepsilon_{ij} \sim N(0, \sigma^2), \text{各 } \varepsilon_{ij} \text{ 相互独立}, i = 1,2,\cdots,r, j = 1,2,\cdots,n_i \\ n_1\delta_1 + n_2\delta_2 + \cdots + n_r\delta_r = 0 \end{cases} \tag{3.2.5}$$

因此检验式(3.2.1)等价于：

$$H_0: \delta_1 = \delta_2 = \cdots = \delta_r = 0, H_1: \delta_1, \delta_2, \cdots, \delta \text{ 不全为 } 0 \tag{3.2.6}$$

这是因为当且仅当 $\mu_1 = \mu_2 = \cdots = \mu_r$ 时，$\mu = \mu_i$，因此 $\delta_i = 0 (i=1, 2, \cdots, r)$。

2. 平方和分解

如何对式(3.2.6)中的假设问题进行检验呢？根据假设检验的思想，首先应该构造一个检验统计量，根据给定的显著性水平 α 确定一个拒绝域，然后将样本代入检验统计量。若计算所得值落在拒绝域内，则拒绝式(3.2.6)中的原假设 H_0。

那么如何构造检验统计量呢？为了构造合适的检验统计量，需要引入以下概念。

组内样本均值：

$$\overline{Y}_i = \frac{1}{n_i}\sum_{j=1}^{n_i} Y_{ij}, i = 1,2,\cdots,r \tag{3.2.7}$$

总样本均值：

$$\overline{Y} = \frac{1}{n}\sum_{i=1}^{r}\sum_{j=1}^{n_i} Y_{ij} = \frac{1}{n}\sum_{i=1}^{r} n_i \overline{Y}_i \tag{3.2.8}$$

总偏差平方和：

$$S_{\mathrm{T}} = \sum_{i=1}^{r}\sum_{j=1}^{n_i}(Y_{ij} - \overline{Y})^2 \tag{3.2.9}$$

因素偏差平方和：

$$S_{\mathrm{A}} = \sum_{i=1}^{r} n_i(\overline{Y}_i - \overline{Y})^2 \tag{3.2.10}$$

误差偏差平方和：

$$S_{\mathrm{E}} = \sum_{i=1}^{r}\sum_{j=1}^{n_i}(Y_{ij} - \overline{Y}_i)^2 \tag{3.2.11}$$

总偏差平方和 S_{T} 反映的是各数据 Y_{ij} 之间总的差异，因素偏差平方和 S_{A} 反映的是因素不同水平引起的数据差异，误差偏差平方和 S_{E} 反映的是随机因素引起的数据差异。

根据总样本均值和组内样本均值的定义，我们有以下性质：

$$\sum_{i=1}^{r}\sum_{j=1}^{n_i}(Y_{ij} - \overline{Y}) = 0 \tag{3.2.12}$$

$$\sum_{i=1}^{r} n_i(\overline{Y}_i - \overline{Y}) = 0 \tag{3.2.13}$$

$$\sum_{j=1}^{n_i}(Y_{ij} - \overline{Y}_i) = 0, i = 1,2,\cdots,r \tag{3.2.14}$$

在 S_{T} 中共有 n 项偏差，由于受到约束条件式(3.2.12)的限制，所以 S_{T} 中独立的偏差个数为 $n-1$，因此 S_{T} 的自由度为 $n-1$。在 S_{A} 中共有 r 项组间偏差，由于受到约束条件式(3.2.13)的限制，所以 S_{A} 的自由度为 $r-1$。在 S_{E} 的 n 项偏差中，受到式(3.2.14)中 r 个约束条件的限制，因此 S_{E} 的自由度为 $n-r$。关于 S_{T}、S_{A}、S_{E}，我们有以下重要性质。

定理 3.2.1 总偏差平方和 S_{T} 可以分解为因素偏差平方和 S_{A} 与误差偏差平方和 S_{E} 之和，其自由度也有相应的分解公式，具体为：

$$S_T = S_A + S_E, f_T = f_A + f_E \tag{3.2.15}$$

其中，f_T、f_A、f_E 分别为 S_T、S_A、S_E 的自由度，式(3.2.15)称为总偏差平方和分解式。

证明：根据总样本均值和组内样本均值的定义，有：

$$\sum_{i=1}^{r}\sum_{j=1}^{n_i}(Y_{ij}-\bar{Y}_i)(\bar{Y}_i-\bar{Y}) = \sum_{i=1}^{r}\left[(\bar{Y}_i-\bar{Y})\sum_{j=1}^{n_i}(Y_{ij}-\bar{Y}_i)\right] = 0$$

从而有：

$$S_T = \sum_{i=1}^{r}\sum_{j=1}^{n_i}(Y_{ij}-\bar{Y})^2 = \sum_{i=1}^{r}\sum_{j=1}^{n_i}\left[(Y_{ij}-\bar{Y}_i)+(\bar{Y}_i-\bar{Y})\right]^2$$

$$= E_E + S_A + 2\sum_{i=1}^{r}\sum_{j=1}^{n_i}(Y_{ij}-\bar{Y}_i)(\bar{Y}_i-\bar{Y}) = S_E + S_A$$

自由度等式的证明略。

3. 检验统计量

为了构造检验式(3.2.5)的检验统计量，我们需要进一步研究 S_E 和 S_A。

定理 3.2.2 根据单因素方差分析模型，即式(3.2.2)，以及前述概念，有：

(1) $\frac{S_E}{\sigma^2} \sim \chi^2(n-r)$，从而 $E(S_E) = (n-r)\sigma^2$；

(2) $E(S_A) = (r-1)\sigma^2 + \sum_{i=1}^{r} n_i\delta_i^2$；

(3) 若式(3.2.5)中的 H_0 成立，则有$\frac{S_A}{\sigma^2} \sim \chi^2(r-1)$；

(4) S_A 与 S_E 相互独立。

若式(3.2.6)中的 H_0 成立，则由定理 3.2.2 及 F 分布的定义可知：

$$F = \frac{(S_A/\sigma^2)/(r-1)}{(S_E/\sigma^2)/(n-4)} = \frac{S_A/(r-1)}{S_E/(n-r)} \sim F(r-1, n-r) \tag{3.2.16}$$

为了使上式的表示形式更为简洁，我们引入均方和的概念：

$$\mathrm{MS}_A = \frac{S_A}{r-1},\ \mathrm{MS}_E = \frac{S_E}{n-r} \tag{3.2.17}$$

均方和表示平均每个自由度上有多少偏差平方和，剔除的数据量对于偏差平方和的影响。

4. 假设检验问题的拒绝域

有了检验统计量后，我们来讨论式(3.2.6)中假设的拒绝域。当式(3.2.6)中的 H_0 为真时，由定理 3.2.2 可知：

$$E(\mathrm{MS}_A) = E\left(\frac{S_A}{r-1}\right) = \sigma^2,\ E(\mathrm{MS}_E) = E\left(\frac{S_E}{n-r}\right) = \sigma^2$$

这表明 MS_A 和 MS_E 都是方差 σ^2 的无偏估计，且式(3.2.16)成立。

当式(3.2.6)中的 H_1 为真，由定理2.1.2可知：

$$E(MS_A)=E\left(\frac{S_A}{r-1}\right)=\sigma^{+}\frac{\sum_{i=1}^{r}n_i\delta_i^2}{r-1}>\sigma^2$$

显然，H_0 不为真时，MS_A 值偏大，导致 F 值也偏大，因此给定显著性水平 α，式(3.2.6)中假设的拒绝域为

$$W=\left\{F\mid F=\frac{MS_A}{MS_E}\geqslant F_\alpha(r-1,n-r)\right\}\tag{3.2.18}$$

在进行方差分析时，通常将上述计算过程列为表格形式，称为方差分析表(见表3.2.3)。

表3.2.3　方差分析表

来源	平方和	自由度	均方	F
因素	S_A	$f_A=r-1$	$MS_A=\frac{S_A}{f_A}$	$F=\frac{MS_A}{MS_E}$
误差	S_E	$f_E=n-r$	$MS_E=\frac{S_E}{f_E}$	—
总和	S_T	$f_T=n-1$	—	—

对于给定的显著性水平 α，根据表3.2.3中的数据，对式(3.2.1)或式(3.2.6)中的假设可得到如下判断：

(1)当 $F\geqslant F_\alpha(r-1,\ n-r)$ 时，拒绝 H_0，表示因素 A 在各水平下的效应有显著差异；

(2)当 $F<F_\alpha(r-1,\ n-r)$ 时，接受 H_0，表示没有理由认为因素 A 在各水平下的效应有显著差异。

根据方差分析表，在进行方差分析时，首先要根据数据计算 S_A 和 S_E，为了简化两个平方和的计算，我们引入如下简便计算公式。

记 $T_i=\sum_{j=1}^{n_i}Y_{ij},i=1,2,\cdots,r,T=\sum_{i=1}^{r}\sum_{j=1}^{n_i}y_{ij}$，

$$\begin{cases}S_T=\sum_{i=1}^{r}\sum_{j=1}^{n_i}Y_{ij}^2-n\overline{Y}^2=\sum_{i=1}^{r}\sum_{j=1}^{n_i}Y_{ij}^2-\frac{T^2}{n}\\ S_A=\sum_{i=1}^{r}n_i\overline{Y}_i^2-n\overline{Y}^2=\sum_{i=1}^{r}\frac{T_i^2}{n_i}-\frac{T^2}{n}\\ S_E=S_T-S_A\end{cases}\tag{3.2.19}$$

例3.2.1　采用案例3.2.1的数据，检验假设($\alpha=0.05$)：

$$H_0:\mu_1=\mu_2=\mu_3,H_1:\mu_1,\mu_2,\mu_3\text{不全相等}$$

图 3. 2. 1 所示为某大学经济管理学院三个专业毕业生的月收入箱线图。其中，虚线是被调查的 60 名毕业生的平均月收入水平。

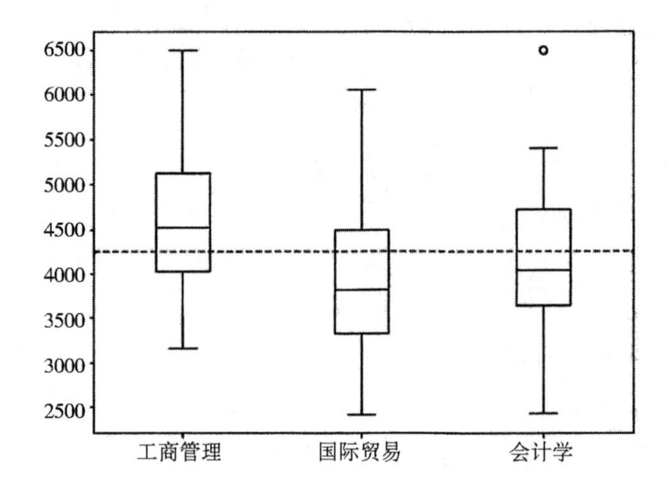

图 3. 2. 1　某大学经济管理学院三个专业毕业生的月收入箱线图

思考：首先根据图 3. 2. 1，直观判断某大学经济管理学院三个专业毕业生的月收入是否有显著差异？

解：本例中，$r=3$，$n_1=n_2=n_3=20$，$n=60$，根据式(3. 2. 19)计算 S_A 和 S_E

$$S_T = \sum_{i=1}^{r} \sum_{j=1}^{n_i} Y_{ij}^2 - \frac{T^2}{n}$$

$$= 1134360890 - \frac{254608^2}{60}$$

$$\approx 53940329$$

$$S_A = \sum_{i=1}^{r} \frac{T_i^2}{n_i} - \frac{T^2}{n}$$

$$= \frac{1}{20}(92803^2 + 78252^2 + 83553^2) - \frac{254608^2}{60}$$

$$\approx 5423245$$

$$S_E = S_T - S_A = 48517084$$

由以上数据可得到单因素方差分析表如下：

来源	平方和	自由度	均方	F
因素	5423245	2	2711623	3. 185734
误差	48517084	57	851176. 9	—
总和	53940329	59	—	—

查表得 $F_{0.05}(2, 57) = 3.1588 < 3.185734$，故在显著性水平 $\alpha = 0.05$ 下拒绝原假设 H_0，表明不同专业的毕业生月收入有显著差异。

例 3.2.2　为了分析小麦品种对产量的影响，一家研究机构首先挑选了 3 个小麦品种：品种 1、品种 2、品种 3，然后选择条件和面积相同的 30 块土地，每个品种在 10 块土地上试种。试验获得的 3 个小麦品种的产量数据如下：

小麦品种	不同小麦品种的产量/kg									
品种 1	81	82	79	81	78	89	92	87	85	86
品种 2	71	72	72	66	72	77	81	77	73	79
品种 3	76	79	77	76	78	89	87	84	87	87

试问在显著性水平 $\alpha = 0.05$ 下，根据数据判断各小麦品种的产量差异是否显著。

解：记 3 个小麦品种的均值分别为 μ_1、μ_2、μ_3，我们需要在显著性水平 $\alpha = 0.05$ 下假设检验：

$$H_0: \mu_1 = \mu_2 = \mu_3,\ H_1: \mu_1、\mu_2、\mu_3 \text{ 不全相等}$$

现令 $r = 3$、$n_1 = n_2 = n_3 = 10$、$n = 30$，根据式(3.2.19)计算 S_A 和 S_E

$$\begin{aligned} S_T &= \sum_{i=1}^{r} \sum_{j=1}^{n_i} Y_{ij}^2 - \frac{T^2}{n} \\ &= 193174 - \frac{2400^2}{30} \\ &= 1174 \\ S_A &= \sum_{i=1}^{r} \frac{T_i^2}{n_i} - \frac{T^2}{n} \\ &= \frac{1}{10}(840^2 + 740^2 + 820^2) - \frac{2400^2}{30} \\ &= 560 \end{aligned}$$

$$S_E = S_T - S_A = 614$$

由以上数据可得到单因素方差分析表如下：

来源	平方和	自由度	均方	F
因素	560	2	280	12.313
误差	614	27	22.741	—
总和	1174	29	—	—

查表得 $F_{0.05}(2, 27) = 3.3541 < 12.313$，故在显著性水平 $\alpha = 0.05$ 下拒绝原假设 H_0，表明小麦品种对小麦产量有显著影响。

第四章　参数估计方法研究

参数估计是统计推断的一类基本方式，是指根据总体中获取的样本，估计总体分布包含的未知参数、未知参数的函数或者总体的数字特征，如数学期望、方差和相关系数等。18 世纪末，德国数学家高斯(Gauss)首先提出参数估计的方法，并且用最小二乘法计算天体运行的轨道。20 世纪 60 年代以来，随着计算机的普及，参数估计更是获得了飞速的发展。从估计形式来看，参数估计可分为点估计和区间估计两类。

第一节　点估计

案例 4.1.1　回顾案例 3.1.1，假设研究人员已经发现某个特定职业的满意度得分符合下面的一般分布律($0<\theta<0.5$)：

X	0	1	3	5
p_i	θ^2	$1-\theta-2\theta^2$	θ	θ^2

我们知道每个从业者对职业的满意度评价不仅取决于对这个职业本身的认同度，还受到薪水待遇、对企业的归属感、主人翁意识等因素的影响，即使都满足上述一般分布律，但是对于具体的企业，参数 θ 也会有所不同。那么如何估计参数 θ 呢？统计学上常采用抽样的方法，某企业人力资源部随机抽查的 100 个该职业从业者的满意度得分如下：

5	1	1	5	0	3	1	0	5	3	0	3	5	3	1	0	3	5	1	1
5	1	0	3	5	0	5	5	3	1	0	1	1	5	1	3	3	1	1	3
0	3	1	5	0	3	1	3	1	0	5	5	1	5	3	3	3	1	1	3
3	3	5	0	3	1	3	3	3	1	5	1	3	3	0	3	1	3	3	3
0	3	0	3	3	3	0	3	1	1	3	0	3	0	0	3	3	0	3	3

可以用这些数据对参数 θ 进行估计吗？如何估计？依据什么原理？

案例 4.1.2 某地区公众健康研究机构调研了与高甘油三酯血症相关的两个指标：体质指数[体重(单位：kg)/身高(单位：m)的平方]和甘油三酯指标(单位：mmol/L)。假设该机构根据多年的研究经验发现该地区 25 ~ 30 岁成年男性群体的体质指数 X 和甘油三酯指标 Y 服从二维正态分布，即 $(X, Y) \sim N(\mu_1, \sigma_1^2; \mu_2, \sigma_2^2; \rho)$，从该群体中随机抽查的 120 份样本数据如下：

X	Y	X	Y	X	Y	X	Y	X	Y	X	Y	X	Y	X	Y	X	Y	X	Y
23.34	11.65	21.49	9.59	24.22	11.08	21.92	13.13	19.28	8.29	18.49	7.12	19.13	8.06	20.5	9.95	20.64	8.26	21.51	9.91
26.58	12.03	21.69	8.51	19.13	7.04	21.59	9.69	22.08	10.55	18.44	8.06	22.26	10.37	23.22	13.23	22.76	10.47	18.98	7.12
16.35	7.87	25.72	12.39	19.33	8.65	23.57	12.18	23.3 8	13.87	23.22	12	23.81	10.92	23.85	11.38	24.22	11.92	22.54	9.66
24.16	13.09	25.52	13.89	19.98	7.21	24.73	13.43	24.75	11.04	21.56	7.54	28.46	13.07	26.28	15.32	20.09	10.05	19.09	9.41
22.8	12.54	25.54	14.18	14.64	6.13	24.77	12.54	25.86	14.31	21.51	12.03	20.33	8.25	21.51	11.15	22.78	12.36	21.44	10.53
18.73	7.6	23.68	10.14	25.6	12.03	19.84	10.75	22.21	11.32	25.55	16.69	22.47	10.66	16.65	9.25	19.84	8.94	24.79	11
20.92	10.74	18.98	8.1	22.81	14.62	22.19	11.33	18.27	8.04	22.73	12.66	21.79	7.9	19.9	9.61	21.84	12.19	22.73	7.8
22.86	11.39	23.79	12.02	20.11	11.33	18.96	7.6	20.14	7.9	22.49	10.51	17.17	8.68	25.39	11.75	23.79	8.46	20.03	11.29
30.95	17.51	26.08	12.75	25.43	8.89	19.22	6.15	19.35	8.62	25.97	13.82	20.9	9.84	19.32	6.72	22.25	8.52	17.1	6.83
28.92	15.81	23.22	11.93	17.72	8.76	21.98	13.61	27.88	14.18	19.99	7.83	17.51	9.03	24.4	12.42	21.52	9.11	21.39	11.56
18.63	10.03	24.59	12.92	21.74	8.35	25.83	12.11	20.46	7.44	23.74	14.72	24.1	12.42	22.31	12.18	22.8	11.45	22.93	12.16
29.59	15.17	23.82	10.36	21.4	9.93	20.08	9.68	23.87	12.15	24.09	13.46	19.78	10.11	25.59	12.45	23.81	11.59	21.24	9.95

可以利用该样本数据估计参数 μ_1、σ_1^2、μ_2、σ_2^2、ρ 吗？

一般地，总体 X 的分布函数 $F(x, \theta_1, \theta_2, \cdots, \theta_k)$ 的形式已知，但存在未知参数 $\theta_1, \theta_2, \cdots, \theta_k$，可以利用如下估计参数的方法：首先设 $(X_1, X_2, \cdots, X_n)$ 是总体 X 的一个样本，根据一定原理，用 $(X_1, X_2, \cdots, X_n)$ 构造统计量 $\hat{\theta}_j = \hat{\theta}_j(X_1, X_2, \cdots, X_n)$，$j = 1, 2, \cdots, k$；然后代入样本数据 $(x_1, x_2, \cdots, x_n)$，估计未知参数 θ_j。这种用 $(X_1, X_2, \cdots, X_n)$ 构造统计量以估计未知参数的方法称为点估计法。下面介绍常用的点估计方法。

一、频率替代法

我们以案例 4.1.1 为例介绍参数估计的频率替代法，该分布中只有唯一的待估参数 θ。

案例 4.1.1 解(频率替代法)：

例如，我们发现 $P\{x=3\}=\theta$，同时从表中给出的样本数据可知，事件 $\{X=3\}$ 发生的频率为 $\frac{40}{100}=0.4$，由第五章的伯努利定理可知，这个频率比较接近概率，因此可以用频率代替概率，从而给出参数曰的一个估计值，记作 $\hat{\theta}=0.4$。

这样用频率代替概率以估计参数的方法称为频率替代法。

二、矩估计法

矩估计法，顾名思义，是用样本矩估计总体矩，从而得到总体分布中的参数的一种估计方法。它的实质是用样本的经验分布和样本矩去替换总体的理论分布和总体矩。矩估计法的优点是简单易行，不需要事先知道总体分布，但其缺点是当总体类型已知时，没有充分利用分布提供的信息。在一般情况下，矩估计量不具有唯一性。

我们以案例4.1.2为例介绍参数估计的矩估计法。下面仅给出参数μ_1的估计方法，其余参数的估计方法类似。

案例4.1.2 解(矩估计法)：

事实上，由二维正态分布的特点，案例中随机变量X也服从正态分布，即$X \sim N(\mu_1, \sigma_1^2)$，而且$E(X)=\mu_1$。如果$(X_1, X_2, \cdots, X_n)$是总体$X$的一个样本，由大数定律可知，当样本容量$n \to \infty$时，样本均值$\bar{X}=\frac{1}{n}\sum_{i=1}^{n}X_i$依概率收敛于$\mu_1$，根据这个原理，可以构造出统计量$\bar{X}$对$\mu_1$进行估计，即$\mu_1 \approx \bar{X}$。从案例4.1.2中的数据表中提取$X$的120份样本数据，并计算样本均值的观测值$\bar{x}=22.22$，由此得到$\mu_1$的估计值，记作$\hat{\mu}_1=22.22$。

这样由样本矩代替总体矩的估计方法称为矩估计法。一般地，设总体X的分布函数为$F(x, \theta_1, \theta_2, \cdots, \theta_k)$，其中待估计的参数为$\theta_1, \theta_2, \cdots, \theta_k$，并假设$k$阶原点矩存在，记作：

$$E(X_i) = \mu_i(\theta_1,\theta_2,\cdots,\theta_k), i = 1,2,\cdots,k$$

根据大数定律，列出如下方程：

$$\begin{cases} \mu_1(\theta_1,\theta_2,\cdots,\theta_k) \approx \frac{1}{n}\sum_{j=1}^{n}X_j \\ \mu_2(\theta_1,\theta_2,\cdots,\theta_k) \approx \frac{1}{n}\sum_{j=1}^{n}X_j^2 \\ \cdots \\ \mu_k(\theta_1,\theta_2,\cdots,\theta_k) \approx \frac{1}{n}\sum_{j=1}^{n}X_j^k \end{cases}$$

若方程组有解：

$$\hat{\theta}_1 = \hat{\theta}_1(X_1,X_2,\cdots,X_n)$$
$$\hat{\theta}_2 = \hat{\theta}_2(X_1,X_2,\cdots,X_n)$$
$$\cdots$$
$$\hat{\theta}_k = \hat{\theta}_k(X_1,X_2,\cdots,X_n)$$

则称为$\theta_1, \theta_2, \cdots, \theta_k$的矩估计量，代入样本值得到矩估计量的样本值：

$$\hat{\theta}_1 = \hat{\theta}_1(x_1, x_2, \cdots, x_n)$$
$$\hat{\theta}_2 = \hat{\theta}_2(x_1, x_2, \cdots, x_n)$$
$$\cdots$$
$$\hat{\theta}_k = \hat{\theta}_k(x_1, x_2, \cdots, x_n)$$

称为 θ_1，θ_2，…，θ_k 的矩估计值。

为了便于应用，下面给出常见的两个参数的矩估计。

例 4.1.1 设 X 是一个总体，且存在二阶矩，记 $E(X)=\mu$，$D(X)=\sigma^2$，但是 μ 和 σ^2 未知。$(X_1, X_2, \cdots, X_n)$ 是来自总体 X 的一个样本，求 μ 和 σ^2 的矩估计量与矩估计值。

解：显然：

$$E(X) = \mu$$
$$E(X^2) = \mu^2 + \sigma^2$$

由矩估计法原理，可得：

$$\mu \approx \overline{X}$$
$$\mu^2 + \sigma^2 \approx \frac{1}{n}\sum_{i=1}^{n} X_i^2$$

解得 μ 和 σ^2 的矩估计量为：

$$\hat{\mu} = \overline{X}$$
$$\hat{\sigma}^2 = \frac{1}{n}\sum_{i=1}^{n} X_i^2 - \overline{X}^2 = \frac{1}{n}\sum_{i=1}^{n}(X_i - \overline{X})^2$$

若 $(x_1, x_2, \cdots, x_n)$ 是样本 $(X_1, X_2, \cdots, X_n)$ 的一组样本值，则代入上式得到 μ 和 σ^2 的矩估计值为：

$$\hat{\mu} = \frac{1}{n}\sum_{i=1}^{n} x_i$$
$$\hat{\sigma}^2 = \frac{1}{n}\sum_{i=1}^{n}(x_i - \bar{x})^2$$

例 4.1.2 设灯泡制造公司的质量监控部门研究发现，该公司生产的某品牌灯泡的寿命服从参数为 λ 的指数分布，其概率密度为：

$$f(x,\lambda) = \begin{cases} \lambda e^{-\lambda x}, x > 0 \\ 0, x \leqslant 0 \end{cases}$$

其中，参数 λ 未知，对该品牌灯泡随机抽样测试得到 54 个观测值（单位：千小时）如下：

2	1.9	8.9	10.2	7.8	6.5	2	3.1	4.5	2.4	3.5	0.7	2.8	2.7	1.7	1.5	4.3	7
9.3	10.2	0.2	0.6	3.2	2.7	6.5	1	2	6.4	0.5	1.2	0	2	9.7	0.1	2.2	0.5
10.1	2.5	2.8	1.6	1.2	1	3.9	0.3	5.8	0.8	4.6	1.5	5	7	4.8	0.5	0.8	8.8

求 λ 的矩估计值。

解：易知，$E(X)=\frac{1}{\lambda}$，由矩估计原理，令 $\bar{X}\approx\frac{1}{\lambda}$，由此可得到 λ 的矩估计量 $\hat{\lambda}=\frac{1}{\bar{X}}$，代入样本数据得 $\bar{x}=3.61$，从而得到 λ 的矩估计值 $\hat{\lambda}=\frac{1}{\bar{x}}=\frac{1}{3.61}\approx 0.28$。

例 4.1.3　设总体 X 在 $[a,b]$ 上服从均匀分布，a 和 b 未知。$(X_1, X_2, \cdots, X_n)$ 是总体 X 的一个样本，试求 a 和 b 的矩估计量。

解：X 的概率密度为 $f(x; a, b)==\begin{cases}\frac{1}{b-a}, & a\leqslant x\leqslant b\\ 0, & \text{其他}\end{cases}$

由矩估计原理，得：

$$E(X)=\frac{a+b}{2}\approx\bar{X}$$

$$E(X^2)=D(X)+[E(X)]^2=\frac{(b-a)^2}{12}+\frac{(a+b)^2}{4}\approx\frac{1}{n}\sum_{i=1}^{n}X_i^2$$

故可得 a 和 b 的矩估计量分别为：

$$\hat{a}=\bar{X}-\sqrt{\frac{3}{n}\sum_{i=1}^{n}(X_i-\bar{X})^2}$$

$$\hat{b}=\bar{X}+\sqrt{\frac{3}{n}\sum_{i=1}^{n}(X_i-\bar{X})^2}$$

从上述例子可见，对于存在二阶矩的总体，都可以得到总体均值和方差的矩估计，并可以直接应用其结果。同时可见，矩估计法简便而直观，特别是当总体分布未知时，从总体中抽样后，就可以利用矩估计法对期望和方差进行估计。对任何总体，只要期望、方差存在，无论服从何种分布，得到的期望、方差的估计结果均相同，从这个角度来看，矩估计法没有充分利用总体分布提供的信息，这样的结果往往精度不高。另外，矩估计法还要求存在总体的原点矩，若不存在则无法使用。为此，下面将介绍另外一种常用方法——最大似然估计法。

三、最大似然估计法

最大似然估计法是未知参数点估计的另一种重要方法，其基本想法：随机事件的若干个可能结果 A，B，C，…，若在一次试验中，某结果出现了，如 A，则有理由认为试验条件有利于结果 A 的产生，换句话说，概率 $P(A)$ 最大，生活中也常用“概率最大的随机事件在一次试验中最可能发生”作为实际推断的依据，这也是最大似然估计法的理论依据。

回顾案例 4.1.1，以此为例说明最大似然估计法的原理。

案例 4.1.1　解(最大似然估计法)：

根据本案例中随机抽取的容量为100的样本数据，在满足总体分布的条件下，这些数据出现的概率为 $P(X_1=5, X_2=1, \cdots, X_{100}=3) \triangleq L(\theta)$（称为似然函数）。由于 $(X_1, X_2, \cdots, X_n)$ 是简单随机样本，所以：

$$L(\theta) = P(X_1=5)P(X_2=1)\cdots P(X_{100}=3)$$
$$= (\theta^2)^{19}(1-\theta-2\theta^2)^{25}\theta^{40}(\theta^2)^{16}$$

最大似然估计法认为，既然这些数据已经发生了. 就应该尊重数据，为此有理由要求 θ 可使 $L(\theta)$ 达到最大，这是因为概率最大的随机事件在一次试验中最有可能发生。由此，问题转化为求函数 $L(\theta)$ 的极大值点 $\hat{\theta}$，即令：

$$L(\hat{\theta}) = \max_{\theta} L(\theta)$$

这样估计参数 θ 的方法称为最大似然估计法，得到的估计称为最大似然估计。

一般来说，似然函数 $L(\theta)$ 是多个函数乘积的形式，取对数可以简化求极值时的导数运算，称 $\ln L(\theta)$ 为对数似然函数，常简称为似然函数。本例中，

$$\ln L(\theta) = 25\ln(1-\theta-\theta^2) + 110\ln\theta$$

求导数，并令：

$$\frac{dL(\theta)}{d\theta} = 25 \times \frac{-1-4\theta}{1-\theta-\theta^2} + 110 \times \frac{1}{\theta} = 0$$

解得 $\theta \approx 0.47$，如果该点能够取到似然函数的极大值，那么参数的估计值记作 $\hat{\theta}=0.47$。

一般地，设总体 X 的概率密度为：

$$f(x;\ \theta_1, \theta_2, \cdots, \theta_k), \quad \theta_1, \cdots, \theta_k \text{ 为未知参数}$$

$(X_1, X_2, \cdots, X_n)$ 是来自总体的样本，$(x_1, x_2, \cdots, x_n)$ 是该样本的一组观测值，则似然函数为：

$$L(\theta_1, \theta_2, \cdots, \theta_k) = \prod_{i=1}^{n} f(x_i; \theta_1, \theta_2, \cdots, \theta_k)$$

无论对离散型总体还是连续型总体，若一次试验就得到这组观测值，则认为取到该观测值或落在其附近的概率较大，所以求解 $L(\theta_1, \theta_2, \cdots, \theta_k)$ 的极大值点 $(\hat{\theta}_1, \hat{\theta}_2, \cdots, \hat{\theta}_k)$，即令：

$$L(\hat{\theta}_1, \hat{\theta}_2, \cdots, \hat{\theta}_k) = \max L(\theta_1, \theta_2, \cdots, \theta_k)$$

将 $\hat{\theta}_1, \hat{\theta}_2, \cdots, \hat{\theta}_k$ 作为未知参数 $\theta_1, \theta_2, \cdots, \theta_k$ 的估计，这种方法称为最大似然估计法。确定最大似然估计的问题就转化为微积分中求极值的问题，可通过：

$$\frac{\partial L(\theta_1, \theta_2, \cdots, \theta_k)}{\partial \theta_i} = 0, \quad i = 1, 2, \cdots, k$$

求解 $(\hat{\theta}_1, \hat{\theta}_2, \cdots, \hat{\theta}_k)$，上述方程组称为似然方程组。

由于最大似然估计关心的是 $L(\theta_1, \theta_2, \cdots, \theta_k)$ 的极大值点，而不是极大值本身。$L(\theta_1, \theta_2, \cdots, \theta_k)$ 与 $\ln L(\theta_1, \theta_2, \cdots, \theta_k)$ 在相同的点上取到极大值，为简化运算，常常求函数 $\ln L(\theta_1, \theta_2, \cdots, \theta_k)$ 的极大值点，称：

$$\frac{\partial \ln L(\theta_1, \theta_2, \cdots, \theta_k)}{\partial \theta_i} = 0, \ i = 1, 2, \cdots, k$$

为对数似然方程组，简称似然方程组。

最后通过求解似然方程组得到驻点，若能判断该点是极大值点，那么该点就是未知参数的最大似然估计。

求最大似然估计的一般步骤：

(1)写出似然函数 $L(\theta_1, \theta_2, \cdots, \theta_k)$ 或对数似然函数 $\ln L(\theta_1, \theta_2, \cdots, \theta_k)$。

(2)写出似然方程组：

$$\frac{\partial L(\theta_1, \theta_2, \cdots, \theta_k)}{\partial \theta_i} = 0 (i = 1, 2, \cdots, k) \text{ 或 } \frac{\partial \ln L(\theta_1, \theta_2, \cdots, \theta_k)}{\partial \theta_i} = 0 (i = 1, 2, \cdots, k)$$

(3)求解上述方程组得到 $\hat{\theta}_i = \hat{\theta}_i(x_1, x_2, \cdots, x_n)$，于是 $\hat{\theta}_i = \hat{\theta}_i(x_1, x_2, \cdots, x_n)$ 称为参数 $\theta_i(i=1, 2, \cdots, k)$ 的最大似然估计值，相应的统计量 $\hat{\theta}_i(X_1, X_2, \cdots, X_n)$ 称为参数 $\theta_i(i=1, 2, \cdots, k)$ 的最大似然估计量。

例 4.1.4 设 X 服从指数分布，概率密度为：

$$f(x;\lambda) = \begin{cases} \lambda e^{-\lambda x}, x > 0 \\ 0, x \leqslant 0 \end{cases}$$

$(x_1, x_2, \cdots, x_n)$ 为 X 的一组样本观测值，求参数 λ 的最大似然估计。

解：似然函数为：

$$L(x_1, x_2, \cdots, x_n; \lambda) = \prod_{i=1}^{n} \lambda e^{-\lambda x_i} = \lambda^n \exp\left(-\lambda \sum_{i=1}^{n} x_i\right)$$

$$\ln L = n\ln\lambda - \left(\sum_{i=1}^{n} x_i\right)\lambda = n(\ln\lambda - \bar{x}\lambda)$$

令 $\frac{d}{d\lambda}\ln L = 0$，解得 λ 的最大似然估计值为 $\hat{\lambda} = \frac{1}{\bar{x}} \approx \frac{n}{\sum_{i=1}^{n} x_i}$。

对应的最大似然估计量为 $\hat{\lambda} = \frac{n}{\sum_{i=1}^{n} X_i}$。

例 4.1.5 设 $(X_1, X_2, \cdots, X_n)$ 是正态总体 $N(\mu, \sigma^2)$ 的一个样本，求 μ 和 σ^2 的最大似然估计量。

解：由于 X 的概率密度 $f(x; \mu, \sigma^2) = \frac{1}{\sigma\sqrt{2\pi}}\exp\left[-\frac{1}{2\sigma^2}(x-\mu)^2\right]$

故似然函数为：

$$L = \prod_{i=1}^{n} \frac{1}{\sigma\sqrt{2\pi}} \exp\left[-\frac{1}{2\sigma^2}(x_i - \mu)^2 \right]$$

$$\ln L = -\frac{n}{2}\ln(2\pi\sigma^2) - \frac{1}{2\sigma^2}\sum_{i=1}^{n}(x_i - \mu)^2$$

似然方程组为：

$$\begin{cases} \dfrac{\partial}{\partial\mu}\ln L = \dfrac{1}{\sigma^2}\sum\limits_{i=1}^{n}(x_i - \mu) = 0 \\ \dfrac{\partial}{\partial\sigma^2}\ln L = -\dfrac{n}{2\sigma^2} + \dfrac{1}{2\sigma^4}\sum\limits_{i=1}^{n}(x_i - \mu)^2 = 0 \end{cases}$$

解得：

$$\hat{\mu} = \frac{1}{n}\sum_{i=1}^{n}x_i = \bar{x}$$

$$\hat{\sigma}^2 = \frac{1}{n}\sum_{i=1}^{n}(x_i - \bar{x})^2$$

因此 μ 和 σ^2 的最大似然估计量为：

$$\hat{\mu} = \frac{1}{n}\sum_{i=1}^{n}X_i = \overline{X}$$

$$\hat{\sigma}^2 = \frac{1}{n}\sum_{i=1}^{n}(X_i - \overline{X})^2$$

这个例子说明了正态分布的均值 μ 和方差 σ^2 的最大似然估计量分别是样本均值贾和样本二阶中心矩 B_2。

例 4.1.6 设总体 X 服从 0 – 1 分布（$0<p<1$），见下表：

X	0	1
p_i	$1-p$	p

求 p 的最大似然估计量。

解：由于 $P(X=1)=p$，$P(X=0)=1-p(0<p<1)$，即：

$$P(X=x)=p^x(1-p)^{1-x},\ x=0,\ 1$$

对于样本（X_1，X_2，…，X_n）的一组观测值（x_1，x_2，…，x_n）有：

$$P(X_i=x_i)=p^{x_i}(1-p)^{1-x_i}$$

其中 $x_i=0$，$1(i=1,\ 2,\ \cdots,\ n)$，故似然函数为：

$$L = \prod_{i=1}^{n}p^{x_i}(1-p)^{1-x_i} = p^{\sum_{i=1}^{n}x_i}(1-p)^{n-\sum_{i=1}^{n}x_i}$$

记 $\bar{x} = \frac{1}{n}\sum_{i=1}^{n} x_i$，取对数：

$$\ln L = n\bar{x}\ln p + n(1-\bar{x})\ln(1-p)$$

令：

$$\frac{\mathrm{d}}{\mathrm{d}p}\ln L = \frac{n\bar{x}}{p} + \frac{n(1-\bar{x})}{p-1} = \frac{n(p-\bar{x})}{p(p-1)} = 0$$

解得 p 的极大估计值为 $\hat{p} = \bar{x} = \frac{1}{n}\sum_{i=1}^{n} x_i$，即 0－1 分布的参数 p 的最大似然估计量为样本均值。

第二节　估计量的评价标准

通过上节，我们已经知道可以用不同的方法估计未知参数。一般来说，对同一未知参数曰，不同方法可能得到不同的估计。例如，案例 4.1.1 用频率替代法和最大似然估计法分别得到了 0.4 和 0.47 的估计值。那么究竟应采用何种方法，如何评价估计的优劣？由此，有必要讨论估计量的评价标准，直观的想法是希望未知参数 θ 的估计量 $\hat{\theta}$ 与 θ 在某种意义上越接近越好。这里介绍常用的三种评价标准：无偏性、有效性和一致性。

一、无偏性

引例　首先用一个简单、直观的例子介绍估计量的无偏性。

由上节的知识可知，对于正态总体 $X \sim N(\mu,\ 1)$，如果参数 μ 未知，那么无论矩估计法还是最大似然估计法，都是用样本均值 $\overline{X}$ 作为参数 μ 的估计量。先用计算机生成来自总体 $X \sim N(25,\ 1)$ 的容量是 10 的 12 组样本数据，再计算每组样本数据的均值，如下表所示：

组号	1	2	3	4	5	6	7	8	9	10	11	12
均值	25.07	25.42	24.31	24.85	25.18	25.38	24.93	24.70	25.31	25.14	24.73	—

可以看出样本均值 $\bar{x}$ 基本上在 $\mu = 25$ 附近波动，这并不是偶然规律，事实上，估计值 $\bar{x}$ 虽然与被估计的参数 $\mu = 25$ 有误差，但是始终不会偏离这个参数太大，这就是无偏性，更一般的定义如下：

定义 4.2.1　设未知参数 θ 的估计量 $\hat{\theta} = \hat{\theta}(X_1,\ X_2,\ \cdots,\ X_n)$，若满足：

$$E(\hat{\theta}) = \theta \tag{4.2.1}$$

则称 $\hat{\theta}$ 为 θ 的无偏估计量。如果 $\hat{\theta}$ 满足 $\lim\limits_{n\to\infty}E[\hat{\theta}(X_1, X_2, \cdots, X_n)]$，那么称 $\hat{\theta}$ 为 θ 的渐近无偏估计量。

对一个未知参数 θ 的估计量 $\hat{\theta}$ 来说，最基本的要求就是满足无偏性，它的重要意义在于评价估计量，不能仅根据某次的试验结果来衡量，而是希望在多次试验中 $\hat{\theta}$ 在未知参数 θ 附近波动。

例 4.2.1 设总体 X 的数学期望及方差均存在，并且 $E(X)=\mu$，$D(X)=\sigma^2>0$，$(X_1, X_2, \cdots, X_n)$ 是来自总体 X 的一个样本，则有

(1) 样本均值 $\overline{X}=\frac{1}{n}\sum\limits_{i=1}^{n}X_i$ 是 μ 的无偏估计量；

(2) 样本方差 $S^2=\frac{1}{n-1}\sum\limits_{i=1}^{n}(X_i-\overline{X})^2$ 是 σ^2 的无偏估计量；

(3) 二阶中心矩 $B_2=\frac{1}{n}\sum\limits_{i=1}^{n}(X_i-\overline{X})^2$ 不是 σ^2 的无偏估计量，请修正为无偏估计量。

证明：

(1)

$$E(\overline{X})=E\left(\frac{1}{n}\sum_{i=1}^{n}X_i\right)=\frac{1}{n}\sum_{i=1}^{n}E(X_i)=\mu$$

所以样本均值 $\overline{X}$ 是总体均值的一个无偏估计，但 $\overline{X}^2$ 不是 μ^2 的无偏估计，$E(\overline{X}^2)=D(\overline{X})=[E(\overline{X})]^2=\frac{\sigma^2}{n}+\mu^2$，而 $\sigma^2>0$，故用 $\overline{X}^2$ 估计 μ^2 不是无偏的；

(2)

$$\begin{aligned}
E(S^2)&=E\left[\frac{1}{n-1}\sum_{i=1}^{n}(X_i-\overline{X})^2\right]=\frac{1}{n-1}E\left[\sum_{i=1}^{n}(X_i-\overline{X})^2\right]\\
&=\frac{1}{n-1}E\left\{\sum_{i=1}^{n}[(X_i-\mu)-(\overline{X}-\mu)]^2\right\}\\
&=\frac{1}{n-1}E\left[\sum_{i=1}^{n}(X_i-\mu)^2-2\sum_{i=1}^{n}(X_i-\mu)(\overline{X}-\mu)+n(\overline{X}-\mu)^2\right]\\
&=\frac{1}{n-1}E\left[\sum_{i=1}^{n}(X_i-\mu)^2-n(\overline{X}-\mu)^2\right]\\
&=\frac{1}{n-1}\left[\sum_{i=1}^{n}E(X_i-\mu)^2-nE(\overline{X}-\mu)^2\right]\\
&=\frac{1}{n-1}\left(n\sigma^2-n\frac{\sigma^2}{n}\right)=\sigma^2
\end{aligned}$$

所以样本方差 S^2 是总体方差 σ^2 的无偏估计量。

（3）

$$E(B_2) = E\left(\frac{n-1}{n}S^2\right) = \frac{n-1}{n}E(S^2) = \frac{n-1}{n}\sigma^2 \neq \sigma^2$$

所以二阶中心矩 B_2 不是 σ^2 的无偏估计量，同时可知 B_2 的无偏修正就是样本方差 S^2。

一般地，如果 $E(\hat{\theta}) = k\theta + c \neq \theta(k \neq 0)$，那么$\frac{\hat{\theta}-c}{k}$必定是 θ 的无偏估计。所以例 4.2.1 提供了一种将不具有无偏性的估计修正为无偏估计的方法，样本方差 S^2 正是在样本的二阶中心矩 B_2 的基础上修正后得到的。

注：(1) 不论总体 X 服从何种分布，样本均值$\overline{X}$是总体 X 的均值 μ 的无偏估计量，样本方差 S^2 是总体 X 的方差 σ^2 的无偏估计量；

(2) 当 $g(\theta)$ 为 θ 的实值函数时，若 $\hat{\theta}$ 为 θ 的无偏估计，那么 $g(\hat{\theta})$ 不一定是 $g(\theta)$ 的无偏估计。

二、有效性

无偏性虽然是评价估计量的重要标准，然而有时一个未知参数可能有多个无偏估计量，如何判定哪个无偏估计量更好？评判标准是什么？为此介绍估计量的有效性。

定义 4.2.2　设 $\hat{\theta}_1 = \hat{\theta}_1(X_1, X_2, \cdots, X_n)$ 和 $\hat{\theta}_2 = \hat{\theta}_2(X_1, X_2, \cdots, X_n)$ 均是未知参数 θ 的无偏估计量，若

$$D(\hat{\theta}_1) < D(\hat{\theta}_2) \tag{4.2.2}$$

则称 $\hat{\theta}_1$ 比 $\hat{\theta}_2$ 有效。

注：在数理统计中常用到最小方差无偏估计，其定义如下：

设 $X_1, X_2, \cdots, X_n$ 是取自总体 X 的一个样本，$\hat{\theta}(X_1, X_2, \cdots, X_n)$ 是未知参数 θ 的一个估计量，若 $\hat{\theta}$ 满足：

(1) $E(\hat{\theta}) = 0$，即 $\hat{\theta}$ 为 θ 的无偏估计；

(2) $D(\hat{\theta}) \leqslant D(\hat{\theta}^*)$，$\hat{\theta}^*$ 是 θ 的任一无偏估计。

则称 $\hat{\theta}$ 为 θ 的最小方差无偏估计(也称最佳无偏估计)。

例 4.2.2　设($X_1, X_2, \cdots, X_n$)来自正态总体 $N(\mu, \sigma^2)$ 的一个样本，其中 $E(X) = \mu$ 未知($-\infty < \mu < +\infty$)，记：

$$\hat{\mu}_k = \frac{1}{k}\sum_{i=1}^{k} x_i,\ k = 1,2,\cdots,n$$

易见，这些 $\hat{\mu}_k$ 都是 μ 的无偏估计，因为 $E(\hat{\mu}_k) = \frac{1}{k}\sum_{i=1}^{k}E(X_i) = \frac{1}{k}k\mu = \mu$。

下面来比较它们的方差，由于 $D(\hat{\mu}_k) = \frac{1}{k^2}\sum_{i=1}^{k}D(X_i) = \frac{1}{k^2}k\sigma^2 = \frac{1}{k}\sigma^2$，因此 k 越大，

$D(\hat{\mu}_k)$越小，从而在这 n 个无偏估计中，$D(\hat{\mu}_n)=\overline{X}$最小，因此 $\hat{\mu}_n$ 最有效，这个结论与直观认识是一致的，因为当 $k<n$ 时，$\hat{\mu}_k$ 弃了部分样本提供的信息。

例 4.2.2 (续)对任意常数 c_1，c_2，…，c_n 记 $\hat{\mu}=\sum_{i=1}^{n}c_iX_i$ 。由于：

$$E(\hat{\mu})=\sum_{i=1}^{n}c_iE(X_i)=\mu\sum_{i=1}^{n}c_i$$

因此 $\hat{\mu}$ 成为 μ 的无偏估计的充分必要条件是 $\sum_{i=1}^{n}c_i=1$，且

$$D(\hat{\mu})=\sum_{i=1}^{n}c_iD(X_i)=\sum_{i=1}^{n}c_i^2$$

在约束条件 $\sum_{i=1}^{n}c_i=1$ (为了保证 $\hat{\mu}$ 具有无偏性)下，当且仅当 $c_i=\frac{1}{n}(i=1,\ 2,\ \cdots,\ n)$时，$\sum_{i=1}^{n}c_i^2$ 的值最小。这又一次验证了在形如 $\sum_{i=1}^{n}c_iX_i$ 的无偏估计中$\overline{X}$最有效。

例 4.2.3 设$(X_1,\ X_2,\ \cdots,\ X_n)$是取自正态总体 $N(0,\ \sigma^2)$的一个样本，其中 σ^2 未知，$\sigma^2>0$，σ^2 的最大似然估计 $\hat{\sigma}^2=\frac{1}{n}\sum_{i=1}^{n}X_i^2$ 具有无偏性，而样本方差 S^2 也是 σ^2 的无偏估计，下面比较它们方差的大小。因为：

$$\frac{1}{\sigma^2}\sum_{i=1}^{n}X_i^2\sim\chi^2(n),D\left(\frac{1}{\sigma^2}\sum_{i=1}^{n}X_i^2\right)=2n$$

因此：

$$D(\hat{\sigma}^2)=\frac{\sigma^4}{n^2}D\left(\frac{1}{\sigma^2}\sum_{i=1}^{n}X_i^2\right)=\frac{\sigma^4}{n^2}2n=\frac{2\sigma^4}{n}$$

由于：

$$\frac{1}{\sigma^2}\sum_{i=1}^{n}(X_i-\overline{X})^2=\frac{(n-1)S^2}{\sigma^2}\sim\chi^2(n-1)$$

因此：

$$D(S^2)=\frac{\sigma^4}{(n-1)^2}D\left(\frac{(n-1)S^2}{\sigma^2}\right)=\frac{\sigma^4}{(n-1)^2}2(n-1)=\frac{2\sigma^4}{n-1}$$

易见，$\hat{\sigma}^2=\frac{1}{n}\sum_{i=1}^{n}X_i^2$ 比 S^2 更有效。

三、一致性

我们注意到总体参数的估计量 $\hat{\theta}(X_1,\ X_2,\ \cdots,\ X_n)$依赖于容量为 n 的样本，因此 n 越大，用 $\hat{\theta}(X_1,\ X_2,\ \cdots,\ X_n)$去估计 θ 就越精确，由此引入一个评价估计量的标准——一致性。

定义 4.2.3　设 $\hat{\theta}_n = \hat{\theta}(X_1, X_2, \cdots, X_n)$ 为总体未知参数 θ 的估计量，若随机变量序列 $\{\hat{\theta}_n\}$ 依概率收敛于 θ，即 $\forall \varepsilon > 0$，则有：

$$\lim_{n\to\infty} P\{|\hat{\theta}_n - \theta| \geqslant \varepsilon\} = 0 \tag{4.2.3}$$

称 $\hat{\theta}_n$ 为 θ 的一致(相合)估计量。

例 4.2.4　设有一批产品，为估计其废品率 p，随机抽取一样本 $(X_1, X_2, \cdots, X_n)$，其中：

$$X_i = \begin{cases} 1, \text{取得废品} \\ 0, \text{取得合格品} \end{cases}, i = 1, 2, \cdots, n$$

令 $\hat{p} = \overline{X} = \dfrac{1}{n}\sum\limits_{i=1}^{n} X_i$ 为 p 的估计，问 $\hat{p} = \overline{X}$ 是否为废品率 p 的一致无偏估计量。

解：因为 $E(\hat{p}) = E(\overline{X}) = p$，所以 $\hat{p} = X$ 是废品率 p 的无偏估计量，又因为 X_1，X_2，$\cdots$，X_n 相互独立，且服从相同的分布，因此：

$$E(X_i) = p, D(X_i) = p(1-p), i = 1, 2, \cdots, n$$

所以由大数定律可知，$\hat{p} = \overline{X} = \dfrac{1}{n}\sum\limits_{i=1}^{n} X_i$ 依概率收敛于 p，所以 $\hat{p} = \overline{X}$ 是废品率 p 的一致无偏估计量。

例 4.2.5　设总体 X 的数学期望及方差均存在，并且 $E(X) = \mu$，$D(X) = \sigma^2 > 0$，$(X_1, X_2, \cdots, X_n)$ 是来自总体 X 的一个样本。证明样本均值 $\hat{\mu} = \overline{X}$ 是 μ 的一致估计量。

证明：由于总体 X 的数学期望和方差均存在，可知 $E(\overline{X}) = \mu$，$D(\overline{X}) = \sigma^2/n$。

根据切比雪夫不等式，即 $\forall \varepsilon > 0$，有：

$$P\{|\overline{X} - \mu| \geqslant \varepsilon\} = \frac{D(\overline{X})}{\varepsilon^2} = \frac{\sigma^2}{n\varepsilon^2}$$

显然：

$$\lim_{n\to\infty} P\{|\overline{X} - \mu| \geqslant \varepsilon\} = 0$$

所以样本均值 $\hat{\mu} = \overline{X}$ 是 μ 的一致估计量。

例 4.2.6　设 $(X_1, X_2, \cdots, X_n)$ 是来自总体 X 的一个样本，且 $E(X^k)$ 存在，k 为正整数，则 $\dfrac{1}{n}\sum\limits_{i=1}^{n} X_i^k$ 为 $E(X^k)$ 的一致估计量。

证明：对指定的 k，令 $Y = X^k$，$Y_i = X_i^k$，则 Y_1，Y_2，$\cdots$，Y_n 相互独立且与 Y 同分布，从而知 $E(Y_i) = E(Y) = E(X^k)$，由大数定律可知，对任意 $\varepsilon > 0$，有：

$$\lim_{n\to\infty} P\left\{\left|\frac{1}{n}\sum_{i=1}^{n} Y_i - E(Y)\right| \geqslant \varepsilon\right\} = \lim_{n\to\infty} P\left\{\left|\frac{1}{n}\sum_{i=1}^{n} X_i^k - E(X^k)\right| \geqslant \varepsilon\right\} = 0$$

从而 $\frac{1}{n}\sum_{i=1}^{n}X_i^k$ 为 $E(X^k)$ 的一致估计量。

一般地，样本矩为总体矩的一致估计量，未知参数的最大似然估计量也是未知参数的一致估计量。

第三节　区间估计

点估计就是用一个数去估计未知参数 θ，它给了一个明确的数量概念，非常直观且实用，但是点估计仅给出了 θ 的一个近似值，既没有提供这个近似值的置信度(可靠程度)，也不知道其误差范围。为了克服这些缺点，接下来将介绍区间估计。区间估计是指依据抽取的样本，按照一定的可信度的要求，构造出适当区间(这个区间称为置信区间)作为总体分布的未知参数或未知参数的函数真值所在范围的估计，人们常说的“有百分之几的把握保证得到的区间含有被估计的参数”就是一种区间估计。

一、区间估计的概念

案例 4.3.1　某大型连锁超市为合理地确定区域分店的商品进货量，需要了解商品销售量的分布，根据以往经验可知某商品每周的销售量服从正态分布 $N(\mu, \sigma^2)$，为了估计 μ，收集了最近 54 周该商品的销售量，如下表所示：

32	28	27	24	29	29	31	20	28	28	25	31	33	22	26	25	36	28
42	31	26	36	29	17	27	31	24	28	25	38	31	34	26	28	35	29
25	26	22	22	32	25	32	32	35	38	29	28	26	28	33	34	30	28

假设 $\sigma^2=25$，能否根据上述数据给出参数 μ 的估计区间，这个区间应达到要求的置信度。

分析：根据上节的内容，可用样本数据给出 μ 的估计值，$\hat{\mu}=\bar{x}=28.96$，这种估计值既没有误差范围，也没有置信度的信息。接下来介绍的区间估计可以较好地解决这个问题。

定义 4.3.1　设总体 X 的分布函数 $F(x, \theta)$，其中 θ 是未知参数，X_1，X_2，…，X_n 是来自总体 x 的一个样本。若 $\forall\alpha(0<\alpha<1)$，存在两个统计量 $\hat{\theta}_1(X_1, X_2, \cdots, X_n)$ 和 $\hat{\theta}_2(X_1, X_2, \cdots, X_n)$，使得 $P(\hat{\theta}_1<0<\hat{\theta}_2)\geqslant 1-\alpha$ 成立，则称$(\hat{\theta}_1, \hat{\theta}_2)$为秒的置信度为$(1-\alpha)$的置信区间，$\hat{\theta}_1$ 和 $\hat{\theta}_2$ 分别称为置信下限与置信上限。

注：置信区间$(\hat{\theta}_1, \hat{\theta}_2)$是一个随机区间，对于一次抽取的观测值$(x_1, x_2, \cdots, x_n)$，代入$\hat{\theta}_1$和$\hat{\theta}_2$后得到两个确定的数，由此得到一个确定区间$(\hat{\theta}_1, \hat{\theta}_2)$，这时只有两种可能：$\theta \in (\hat{\theta}_1, \hat{\theta}_2)$或$\theta \notin (\hat{\theta}_1, \hat{\theta}_2)$。置信度为$(1-\alpha)$的含义是在重复抽样下将得到不同区间$(\hat{\theta}_1, \hat{\theta}_2)$，其中大约有$100(1-\theta)\%$个区间包含未知参数$\theta$，这与频率的概念有些类似。例如，取$1-\theta=0.95$，若重复抽样100次，那么大约有95个置信区间包含未知参数θ。

案例4.3.1　解：

先构造一个样本函数：

$$U = \frac{\overline{X} - \mu}{\sigma / \sqrt{54}}$$

易知$U \sim N(0, 1)$，标准正态分布的双侧分位数如图4.3.1所示，根据标准正态分布概率密度的特点，易知：

$$P\{-\mu_{\alpha/2} < U < \mu_{\alpha/2}\} = 1 - \alpha$$

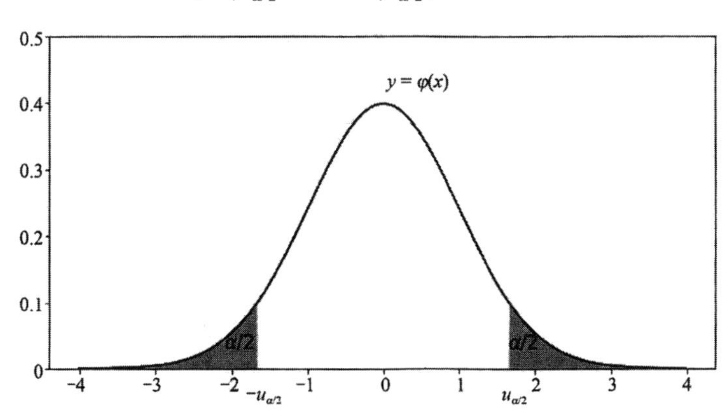

图4.3.1　标准正态分布的双侧分位数

即：

$$P\left\{-\mu_{\alpha/2} < \frac{\overline{X} - \mu}{\sigma / \sqrt{54}} < \mu_{\alpha/2}\right\} = 1 - \alpha$$

利用不等式变形，有：

$$P\left\{\overline{X} - \mu_{\alpha/2}\frac{\sigma}{\sqrt{54}} < \mu < \overline{X} + \mu_{\alpha/2}\frac{\sigma}{\sqrt{54}}\right\} = 1 - \alpha$$

即得到μ的置信度为$1-\alpha$的置信区间是：

$$\left(\overline{X} - \mu_{\alpha/2}\frac{\sigma}{\sqrt{54}}, \overline{X} + \mu_{\alpha/2}\frac{\sigma}{\sqrt{54}}\right)$$

由于在本案例中$\sigma^2=25$，从样本数据中可以算出$\bar{x}=28.96$。如果要求区间的置信度是0.95，即$1-\alpha=0.95$，解得$\alpha=0.05$，查标准正态分布函数表得$u_{0.025}=1.96$。可得μ

的置信度为 0.95 的置信区间为(27.63，30.29)。至此，不仅得到了估计区间，并且这个区间含有参数μ的置信度达到了 0.95。

从上述案例的求解过程可总结未知参数的置信区间的求解步骤如下：

(1)确定一个合适的样本函数：

$$U(X_1, X_2, \cdots, X_n; \theta)$$

使得 U 仅含待估参数 θ 而没有其他未知参数，U 的分布已知且不依赖于任何未知参数，称 U 为枢轴量。

(2)由给定的置信度 $1-\alpha$，确定满足

$$P\{a < U < b\} = 1 - \alpha$$

的 a 和 b，由于 U 的分布已知，可查表得到 a 和 b。

(3)利用不等式变形得：

$$P\{\hat{\theta}_1 < \theta < \hat{\theta}_2\} = 1 - \alpha$$

从而得到 θ 的置信度为 $1-\alpha$ 的置信区间$(\hat{\theta}_1, \hat{\theta}_2)$。

注：(1)置信区间不唯一，就案例 4.3.1 来说，对于给定的 α，标准正态分布的分位数如图 4.3.2 所示，也可以采用如下方式：

$$P\left\{-\mu_{\alpha/4} < \frac{\overline{X} - \mu}{\sigma/\sqrt{n}} < \mu_{3\alpha/4}\right\} = 1 - \alpha$$

得到 μ 的另一个置信度为 $1-\alpha$ 的置信区间：

$$\left(\overline{X} - \mu_{3\alpha/4}\frac{\sigma}{\sqrt{n}}, \overline{X} + \mu_{\alpha/4}\frac{\sigma}{\sqrt{n}}\right)$$

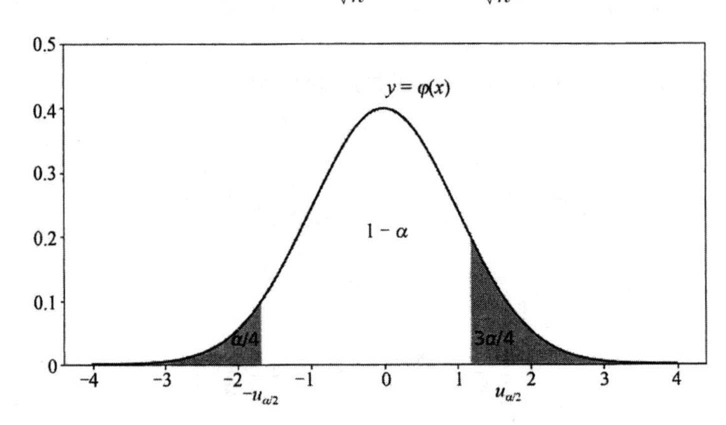

图 4.3.2　标准正态分布的分位数

求置信区间原则上是保证置信度的条件下，使得置信区间尽可能短，也就是提高精度。可以证明总体 X 的概率密度曲线对称时，在样本容量 n 固定的条件下，对 α 平分得到的置信区间最短。

(2)要求的置信度越大，置信区间一般也越长，也就是估计精度越低。以案例4.3.1中为例，若平分α，则得到的置信区间长度为：

$$L = \frac{2\sigma}{\sqrt{n}}\mu_{\alpha/2}$$

由此，可知置信度$1-\alpha$越大，α就越小，$\mu_{\alpha/2}$也越大，区间长度L也随之增大，即估计精度也会降低。另外，也可以发现L随n的增加而减小，因此一般来说增加样本容量可提高精度。

下面给出正态总体参数区间估计的结果。

二、单正态总体的置信区间

设总体$X\sim N(\mu,\ \sigma^2)$，$(X_1,\ X_2,\ \cdots,\ X_n)$是来自总体$X$的一个样本，样本均值和方差分别是$\overline{X}$和$S^2$，$1-\alpha$是给定的置信度。

1. 均值μ的置信区间

(1)方差σ^2已知。类似于案例4.3.1，令枢轴量$U=\frac{\overline{X}-\mu}{\sigma/\sqrt{n}}\sim N(0,\ 1)$，可得$\mu$的置信度为$1-\alpha$的置信区间是：

$$\left(\overline{X}-\mu_{\alpha/2}\frac{\sigma}{\sqrt{n}},\overline{X}+\mu_{\alpha/2}\frac{\sigma}{\sqrt{n}}\right)$$

(2)方差σ^2未知。此时$U=\frac{\overline{X}-\mu}{S/\sqrt{n}}$不能作为枢轴量，根据第3章定理3.3.1的推论，可用$S=\sqrt{S^2}$代替均方差σ，得到枢轴量$T=\frac{\overline{X}-\mu}{S/\sqrt{n}}\sim t(n-1)$，$t$分布的双侧分位数如图4.3.3所示，可得：

$$P\left\{-t_{\alpha/2}(n-1)<\frac{\overline{X}-\mu}{S/\sqrt{n}}<t_{\alpha/2}(n-1)\right\}=1-\alpha$$

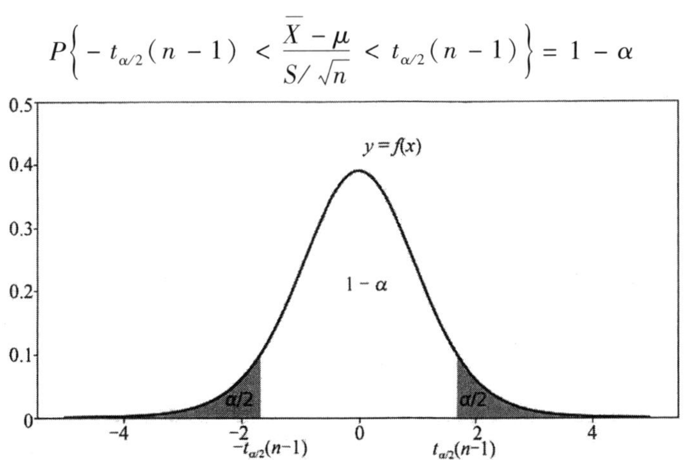

图4.3.3　t分布的双侧分位数

即：

$$P\left\{\overline{X}-t_{\alpha/2}(n-1)\frac{S}{\sqrt{n}}<\mu<\overline{X}+t_{\alpha/2}(n-1)\frac{S}{\sqrt{n}}\right\}=1-\alpha$$

由此得到 μ 的置信度为 $1-\alpha$ 的置信区间是：

$$\left(\overline{X}-t_{\alpha/2}(n-1)\frac{S}{\sqrt{n}},\overline{X}+t_{\alpha/2}(n-1)\frac{S}{\sqrt{n}}\right)$$

2. 方差 σ^2 的置信区间

(1)均值 μ 未知。根据定理 3.3.1，选取枢轴量 $\chi^2=\frac{(n-1)S^2}{\sigma^2}\sim\chi^2(n-1)$，$\chi^2$ 分布的分位数如图 4.3.4 所示，可得：

$$P\left\{\chi^2_{1-\alpha/2}(n-1)<\frac{(n-1)S^2}{\sigma^2}<\chi^2_{\alpha/2}(n-1)\right\}=1-\alpha$$

即：

$$P\left\{\frac{(n-1)S^2}{\chi^2_{\alpha/2}(n-1)}<\sigma^2<\frac{(n-1)S^2}{\chi^2_{1-\alpha/2}(n-1)}\right\}=1-\alpha$$

由此得到 σ^2 的置信度为 $1-\alpha$ 的置信区间是：

$$\left(\frac{(n-1)S^2}{\chi^2_{\alpha/2}(n-1)},\frac{(n-1)S^2}{\chi^2_{1-\alpha/2}(n-1)}\right)$$

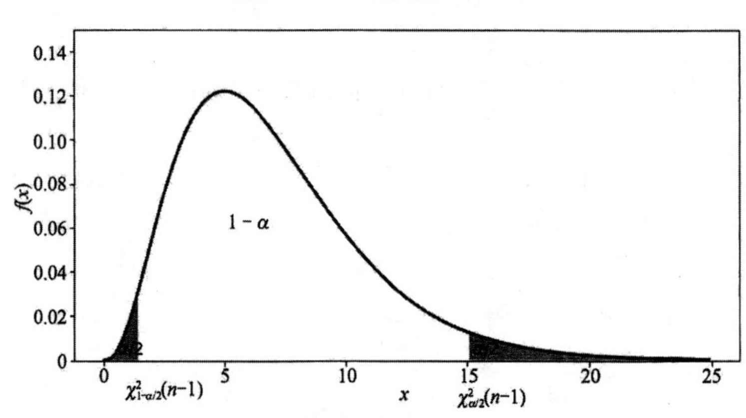

图 4.3.4　χ^2 分布的分位数

(2)均值 μ 已知。选取枢轴量 $\chi^2=\frac{1}{\sigma^2}\sum_{i=1}^{n}(X_i-\mu)^2\sim\chi^2(n)$，与上述推导类似，得到 σ^2 的置信度为 $1-\alpha$ 的置信区间是：

$$\left(\frac{\sum_{i=1}^{n}(X_i-\mu)^2}{\chi^2_{\alpha/2}(n)},\frac{\sum_{i=1}^{n}(X_i-\mu)^2}{\chi^2_{1-\alpha/2}(n)}\right)$$

案例 4.3.2 为了对某文字扫描识别软件的文字识别性能进行测试，我们从图书市场中随机抽取 20 本不同类别的图书，用该软件扫描进行文字识别的准确率数据如下：

95.37	92.24	94.00	94.21	96.38	92.32	91.45	97.68	93.51	93.80
96.12	91.25	92.35	93.55	94.67	97.23	94.31	95.12	94.01	96.20

假设识别准确率 $X \sim N(\mu, \sigma^2)$，请按以下条件估计参数的置信区间(置信度 $1-\alpha=0.95$)：

(1)已知方差 $\sigma^2=1.4^2$，求参数 μ 的置信区间；

(2)方差 σ^2 未知，求参数 μ 的置信区间；

(3)求参数 σ^2 的置信区间。

解：由样本数据容易计算得 $\bar{x}=94.29$，$s^2=3.38$。

(1)选取枢轴量 $U=\dfrac{\overline{X}-\mu}{\sigma/\sqrt{20}} \sim N(0, 1)$，则 μ 的一个置信度为 0.95 的置信区间是：

$$\left(\overline{X}-\mu_{\alpha/2}\frac{1.4}{\sqrt{20}}, \overline{X}+\mu_{\alpha/2}\frac{1.4}{\sqrt{20}}\right)$$

查表得 $u_{0.025}=1.96$，并代入 $\bar{x}=94.29$，得到置信区间是(93.68，94.90)。

(2)选取枢轴量 $T=\dfrac{\overline{X}-\mu}{S/\sqrt{n}} \sim t(19)$，则 μ 的一个置信度为 0.95 的置信区间是：

$$\left(\overline{X}-t_{0.025}(19)\frac{S}{\sqrt{20}}, \overline{X}+t_{0.025}(19)\frac{S}{\sqrt{20}}\right)$$

查表得 $t_{0.025}(19)=2.093$，并代入 $\bar{x}=94.29$，$s^2=3.38$，得到置信区间是(93.43，95.15)。

(3)选取枢轴量 $\chi^2=\dfrac{19S^2}{\sigma^2} \sim \chi^2(19)$，则 σ^2 的一个置信度为 0.95 的置信区间是：

$$\left(\frac{19S^2}{\chi^2_{0.025}(19)}, \frac{19S^2}{\chi^2_{0.975}(19)}\right)$$

查表得 $\chi^2_{0.025}(19)=32.8523$，$\chi^2_{0.975}(19)=8.9065$，并代入 $s^2=3.38$，得到置信区间是(1.95，7.21)。

案例 4.3.3 (续案例 4.3.1)如果案例 4.3.1 中的总体 X 服从正态分布，但参数 μ 和 σ^2 都未知，请根据最近 54 周的数据给出参数 μ 和 σ^2 的置信度为 0.95 的置信区间。

解：首先求 μ 的置信区间，这时选取枢轴量为：

$$T=\frac{\overline{X}-\mu}{S/\sqrt{54}} \sim t(53)$$

则得到 μ 的一个置信度为 0.95 的置信区间是：

$$\left(\overline{X}-t_{0.025}(53)\frac{S}{\sqrt{54}}, \overline{X}+t_{0.025}(53)\frac{S}{\sqrt{54}}\right)$$

通过 Excel 的函数 T. INV. 2T(0. 05，53)查到 $t_{0.025}(53)=2.0057$，根据样本数据，计算得到 $\bar{x}=28.96$，$s^2=22.7156$，代入得到置信区间是(27. 66，30. 26)。

下面求 σ^2 的置信区间，这时选取 $\chi^2=\dfrac{53S^2}{\sigma^2}\sim\chi^2(53)$，则 σ^2 的置信度为 0. 95 的置信区间是：

$$\left(\frac{53S^2}{\chi^2_{0.025}(53)},\frac{53S^2}{\chi^2_{0.975}(53)}\right)$$

通过 Excel 的函数 CHISQ. INV. RT(0. 025，53)查到 $\chi^2_{0.025}(53)=75.0019$，使用函数 CHISQ. INV. RT(0. 975，53)查到 $\chi^2_{0.975}=34.7763$，代入这些数据得到置信区间是(16. 05，34. 62)。

三、双正态总体的置信区间

在实际中常常会遇到这样的问题：某产品的质量指标，由于工艺改革、原材料变化、设备更新或者操作人员的技术水平变化等引起指标总体的参数发生变化。特别地，如果质量指标服从正态分布，那么总体均值或方差可能发生变化，为了评估这些变化的大小，可以估计两个正态总体的均值差或方差比。例如，在案例 3. 1. 2 中评估两学院学生成绩分布的差异时，可以通过估计两个正态总体的均值差或方差比。

案例 4. 3. 4(续案例 3. 1. 2)　假设学院Ⅰ和学院Ⅱ的高等数学成绩 X 和 Y 都服从正态分布，并记为 $X\sim N(\mu_1,\sigma_1^2)$，$Y\sim N(\mu_2,\sigma_2^2)$，通过一定的方法可知 $\sigma_1^2=17^2$，$\sigma_2^2=13^2$，请按照案例 3. 1. 2 的样本数据估计两个学院的高等数学平均成绩，并求两个学院高等数学成绩的均值差的置信度为 0. 95 的置信区间。

解： 这个问题涉及两个正态总体，关键在于寻找枢轴量。假设 X 和 Y 的样本均值分别记为 $\bar{X}$ 和 $\bar{Y}$，根据第六章正态总体抽样分布的结论可知 $\bar{X}\sim N(\mu_1,\sigma_1^2/n_1)$，$\bar{Y}\sim N(\mu_2,\sigma_2^2/n_2)$，并且由于抽样在不同学院独立完成，所以 $\bar{X}$ 和 $\bar{Y}$ 相互独立，因此：

$$\bar{X}-\bar{Y}\sim N(\mu_1-\mu_2,\sigma_1^2/n_1+\sigma_2^2/n_2)$$

经标准化变换后，可知：

$$U=\frac{(\bar{X}-\bar{Y})-(\mu_1-\mu_2)}{\sqrt{\sigma_1^2/n_1+\sigma_2^2/n_2}}\sim N(0,1)$$

上式左边的样本函数只含有两个学院的成绩差这个未知参数 $\mu_1-\mu_2$，因此可以作为估计 $\mu_1-\mu_2$ 的枢轴量，由：

$$P\left(-\mu_{\alpha/2}<\frac{(\bar{X}-\bar{Y})-(\mu_1-\mu_2)}{\sqrt{\sigma_1^2/n_1+\sigma_2^2/n_2}}<\mu_{\alpha/2}\right)=1-\alpha$$

得

$$P\left\{(\overline{X}-\overline{Y})-\mu_{\alpha/2}\sqrt{\frac{\sigma_1^2}{n_1}+\frac{\sigma_2^2}{n_2}}<\mu_1-\mu_2<(\overline{X}-\overline{Y})+\mu_{\alpha/2}\sqrt{\frac{\sigma_1^2}{n_1}+\frac{\sigma_2^2}{n_2}}\right\}=1-\alpha$$

从而得到$\mu_1-\mu_2$的置信区间为：

$$\left((\overline{X}-\overline{Y})-\mu_{\alpha/2}\sqrt{\frac{\sigma_1^2}{n_1}+\frac{\sigma_2^2}{n_2}},(\overline{X}-\overline{Y})+\mu_{\alpha/2}\sqrt{\frac{\sigma_1^2}{n_1}+\frac{\sigma_2^2}{n_2}}\right)$$

经样本数据计算可得$\bar{x}=67.6$，$\bar{y}=75.8$，另外，$n_1=60$，$n_2=55$，$\sigma_1^2=17^2$，$\sigma_2^2=13^2$，$u_{0.025}=1.96$，代入得到$\mu_1-\mu_2$的一个置信度为0.95的置信区间是$(-13.7,\ -2.69)$。

下面给出两个正态总体常用的置信区间。

设$X\sim N(\mu_1,\ \sigma_1^2)$，$Y\sim N(\mu_2,\ \sigma_2^2)$，并且$X$和$Y$相互独立，$(X_1,\ X_2,\ \cdots,\ X_{n_1})$和$(Y_1,\ Y_2,\ \cdots,\ Y_{n_2})$分别是来自正态总体$X$和$Y$的样本，总体$X$的样本均值和方差分别记为$\overline{X}$和$S_1^2$，总体$Y$的样本均值和方差分别记为$\overline{Y}$和$S_2^2$，设定置信度为$1-\alpha$。

1. 均值差$\mu_1-\mu_2$的置信区间

(1)σ_1^2与σ_2^2均已知。由于$\overline{X}\sim N(\mu_1,\ \sigma_1^2/n_1)$，$\overline{Y}\sim N(\mu_2,\ \sigma_2^2/n_2)$，且它们相互独立，因此选取枢轴量：

$$U=\frac{(\overline{X}-\overline{Y})-(\mu_1-\mu_2)}{\sqrt{\sigma_1^2/n_1+\sigma_2^2/n_2}}\sim N(0,1)$$

则$\mu_1-\mu_2$的一个置信度为$1-\alpha$的置信区间是：

$$\left((\overline{X}-\overline{Y})-\mu_{\alpha/2}\sqrt{\frac{\sigma_1^2}{n_1}+\frac{\sigma_2^2}{n_2}},(\overline{X}-\overline{Y})+\mu_{\alpha/2}\sqrt{\frac{\sigma_1^2}{n_1}+\frac{\sigma_2^2}{n_2}}\right)$$

(2)σ_1^2与σ_2^2均未知，但$\sigma_1^2=\sigma_2^2$。根据定理3.3.2，选取枢轴量：

$$T=\frac{(\overline{X}-\overline{Y})-(\mu_1-\mu_2)}{\sqrt{\frac{1}{n_1}+\frac{1}{n_2}}S_w}\sim t(n_1+n_2-2)$$

其中$S_w^2=\dfrac{(n_1-1)S_1^2+(n_2-1)S_2^2}{n_1+n_2-2}$，则$\mu_1-\mu_2$的一个置信度为$1-\alpha$的置信区间是：

$$\left((\overline{X}-\overline{Y})-t_{\alpha/2}(n_1+n_2-2)S_w\sqrt{\frac{1}{n_1}+\frac{1}{n_2}},(\overline{X}-\overline{Y})+t_{\alpha/2}(n_1+n_2-2)S_w\sqrt{\frac{1}{n_1}+\frac{1}{n_2}}\right)$$

(3)σ_1^2与σ_2^2均未知且不一定相等，但$n_1=n_2$。由于$n_1=n_2$，可采取配对抽样。令$Z_i=X_i-Y_i$，$i=1,\ 2,\ \cdots,\ n(n=n_1=n_2)$，则$Z_i\sim N(\mu_1-\mu_2,\ \sigma_1^2+\sigma_2^2)$。此时利用单个正态总体的区间估计法，选取枢轴量：

$$T=\frac{\overline{Z}-(\mu_1-\mu_2)}{S_Z/\sqrt{n}}\sim t(n-1)$$

其中，$\overline{Z}=\overline{X}-\overline{Y}$，$S_Z^2=\dfrac{1}{n-1}\sum\limits_{i=1}^{n}[(X_i-Y_i)-(\overline{X}-\overline{Y})]^2$，则$\mu_1-\mu_2$的一个置信度为$1-\alpha$

的置信区间是：

$$\left(\overline{Z}-t_{\alpha/2}(n-1)\frac{S_Z}{\sqrt{n}},\overline{Z}+t_{\alpha/2}(n-1)\frac{S_Z}{\sqrt{n}}\right)$$

(4) σ_1^2 与 σ_2^2 均未知，但 n_1 和 n_2 很大。虽然：

$$\frac{(\overline{X}-\overline{Y})-(\mu_1-\mu_2)}{\sqrt{\sigma_1^2/n_1+\sigma_2^2/n_2}}\sim N(0,1)$$

但是由于其中 σ_1^2 和 σ_2^2 均未知，上式左侧不能构成枢轴量，可用 S_1^2 和 S_2^2 代替 σ_1^2 和 σ_2^2，根据中心极限定理，当 n_1 和 n_2 很大(大于50)时：

$$U=\frac{(\overline{X}-\overline{Y})-(\mu_1-\mu_2)}{\sqrt{S_1^2/n_1+S_2^2/n_2}}\overset{\text{近似}}{\sim}N(0,1)$$

因此当 n_1 和 n_2 很大时，U 可近似为枢轴量，由此可得 $\mu_1-\mu_2$ 的一个置信度为 $1-\alpha$ 的近似置信区间是：

$$\left((\overline{X}-\overline{Y})-\mu_{\alpha/2}\sqrt{\frac{S_1^2}{n_1}+\frac{S_2^2}{n_2}},(\overline{X}-\overline{Y})+\mu_{\alpha/2}\sqrt{\frac{S_1^2}{n_1}+\frac{S_2^2}{n_2}}\right)$$

2. 方差比 $\frac{\sigma_1^2}{\sigma_2^2}$ 的置信区间

根据第六章的定理3.3.2，构造一个枢轴量：

$$F=\left(\frac{\sigma_2^2}{\sigma_1^2}\right)\left(\frac{S_1^2}{S_2^2}\right)=\frac{S_1^2/S_2^2}{\sigma_1^2/\sigma_2^2}\sim F(n_1-1,n_2-1)$$

则 $\frac{\sigma_1^2}{\sigma_2^2}$ 的一个置信度为 $1-\alpha$ 的置信区间是：

$$\left(\frac{S_1^2/S_2^2}{F_{\alpha/2}(n_1-1,n_2-1)},\frac{S_1^2/S_2^2}{F_{1-\alpha/2}(n_1-1,n_2-1)}\right)$$

案例4.3.5 某智能手机制造商对某款手机使用了自主研发的芯片，使用自主研发芯片的手机为型号Ⅰ，使用进口芯片的手机为型号Ⅱ，为了考察使用不同芯片手机的效果，对两种型号手机的综合性能指标(跑分)进行了随机检测，测得的跑分(单位：万分)如下：

型号Ⅰ	20.51	32.17	27.94	23.83	31.91	20.2	26.31	25.78	27.91	27.89	
型号Ⅱ	28.43	32.54	27.4	29.86	28.47	23.83	26.52	21.66	29.2	20.04	20.39

根据对各方面综合因素的评估，认为两种型号手机的跑分都服从正态分布，并且假设型号Ⅰ的跑分 $X\sim N(\mu_1,\ \sigma_1^2)$，型号Ⅱ的跑分 $Y\sim N(\mu_2,\ \sigma_2^2)$，请根据下列要求为该企业估计其中的参数。

(1)令 $\sigma_1^2=\sigma_2^2$，求两种型号手机的跑分均值差 $\mu_1-\mu_2$ 的一个置信度为0.95的置信区间；

(2)方差未知，求方差比$\frac{\sigma_1^2}{\sigma_2^2}$的一个置信度为0.95的置信区间。

解：由样本数据计算得型号Ⅰ的样本均值和样本方差为$\bar{x}=26.45$和$s_1^2=16.74$. 型号Ⅱ的样本均值和样本方差为$\bar{y}=26.21$和$s_2^2=17.22$。

(1)选取枢轴量：

$$T=\frac{(\bar{X}-\bar{Y})-(\mu_1-\mu_2)}{\sqrt{\frac{1}{10}+\frac{1}{11}}S_w}\sim t(19)$$

由：

$$P\left\{-t_{0.025}(19)<\frac{(\bar{X}-\bar{Y})-(\mu_1-\mu_2)}{\sqrt{\frac{1}{10}+\frac{1}{11}}S_w}<t_{0.025}(19)\right\}=0.95$$

得$\mu_1-\mu_2$的一个置信度为0.95的置信区间是：

$$\left((\bar{X}-\bar{Y})-t_{0.025}(19)S_w\sqrt{\frac{1}{10}+\frac{1}{11}},(\bar{X}-\bar{Y})+t_{0.025}(19)S_w\sqrt{\frac{1}{10}+\frac{1}{11}}\right)$$

查表$t_{0.025}(19)=2.093$，代入数据可得置信区间是$(-3.54,\ 4.00)$。

(2)选取枢轴量：

$$F=\left(\frac{\sigma_2^2}{\sigma_1^2}\right)\left(\frac{S_1^2}{S_2^2}\right)=\frac{S_1^2/S_2^2}{\sigma_1^2/\sigma_2^2}\sim F(9,10)$$

$$P\left\{F_{.975}(9,10)<\frac{S_1^2/S_2^2}{\sigma_1^2/\sigma_2^2}<F_{0.025}(9,10)\right\}=0.95$$

得$\frac{\sigma_1^2}{\sigma_2^2}$的一个置信度为0.95的置信区间是：

$$\left(\frac{S_1^2/S_2^2}{F_{0.025}(9,10)},\frac{S_1^2/S_2^2}{F_{0.975}(9,10)}\right)$$

由于$F_{0.975}(9,\ 10)=\frac{1}{F_{0.025}(10,\ 9)}$，查表得$F_{0.025}(10,\ 9)=3.96$，$F_{0.025}(9,\ 10)=3.78$，代入数据可得置信区间是$(0.26,\ 3.85)$。

四、单侧置信区间

前面采用区间估计得到的是总体分布中未知参数θ的形式为$(\hat{\theta}_1,\ \hat{\theta}_2)$的置信区间，称$(\hat{\theta}_1,\ \hat{\theta}_2)$为双侧置信区间。但是在许多实际问题中，如购买一批电子产品，显然平均寿命越长越好，因此采用的置信区间为$(\hat{\theta}_1,\ +\infty)$，只要关心$\hat{\theta}_1$即可。若要估计这批电子产品的次品率，当然次品率越小越好，采用的置信区间为$(0,\ \hat{\theta}_2)$，即只要关心$\hat{\theta}_2$即可。又如，在一些药物、医疗器械效果的测试中，有时候只关心指标的上限，有时候只关心指标的下限，因此需要讨论单侧置信区间。

定义 4.3.2 设总体 X 的分布函数为 $F(x;\theta)$，其中 θ 未知，$(X_1, X_2, \cdots, X_n)$是取自总体 X 的一个样本。对任意给定的 $\alpha(0<\alpha<1)$，若存在统计量 $\hat{\theta}_1=\hat{\theta}_1(X_1, X_2, \cdots, X_n)$满足：

$$P\{\theta>\hat{\theta}_1\}=1-\alpha$$

则称$(\hat{\theta}_1, +\infty)$为 θ 的置信度为 $1-\alpha$ 的单侧置信区间，$\hat{\theta}_1$ 称为单侧置信下限。若存在统计量 $\hat{\theta}_2=\hat{\theta}_2(X_1, X_2, \cdots, X_n)$满足：

$$P\{\theta<\hat{\theta}_2\}=1-\alpha$$

则称$(-\infty, \hat{\theta}_2)$为 θ 的置信度为 $1-\theta$ 的单侧置信区间，$\hat{\theta}_2$ 称为单侧置信上限。

案例 4.3.6 药物的半衰期是药物代谢动力学中十分重要且基本的参数，它表示药物在体内的时间与血药浓度之间的关系，它是决定给药剂量和次数的主要依据。现在假定某种药物在 65 岁以上的人群中的半衰期 X 服从 $X\sim N(\mu, \sigma^2)$，下面是 10 名 65 岁以上的患者的测试结果(单位：h)：

12.3	12.7	11.1	12.4	11.4	13.0	11.8	13.5	12.2	11.0

(1)请根据该抽样结果估计 μ 的置信度为 0.95 的单侧置信下限；

(2)请估计 σ^2 的置信度为 0.95 的单侧置信上限。

解：计算可得样本均值 $\bar{x}=12.14$，样本方差 $s^2=0.6716$。

(1)选取枢轴量 $T=\dfrac{\bar{X}-\mu}{S/\sqrt{10}}\sim t(9)$，查表得 $t_{0.05}(9)=1.8331$，故：

$$P\left\{\frac{\bar{X}-\mu}{S/\sqrt{10}}<1.8331\right\}=0.95$$

解得：

$$\mu>\bar{X}-1.8331\times\frac{S}{\sqrt{10}}$$

代入数据得 μ 的置信度为 0.95 的单侧置信下限是 11.67，单侧置信区间是(11.67, $+\infty$)。

(2)选取枢轴量 $\chi^2=\dfrac{9S^2}{\sigma^2}\sim\chi^2(9)$，查表得 $\chi^2_{0.95}(9)=3.325$，故：

$$P\left\{\frac{9S^2}{\sigma^2}>3.325\right\}=0.95$$

解得：

$$\sigma^2<\frac{9S^2}{3.325}$$

代入数据得 σ^2 的置信度为 0.95 的单侧置信上限是 1.82，单侧置信区间是($-\infty$, 1.82)。

五、非正态总体均值的置信区间

鉴于对非正态总体估计参数时，构造枢轴量比较困难，这里仅讨论大样本下均值的置信区间。设总体 X 的分布是任意的，$(X_1, X_2, \cdots, X_n)$ 是来自总体 X 的一个样本，利用该样本对总体中未知参数 $\mu = E(X)$ 进行区间估计。由中心极限定理，可知当 n 充分大时，

$$U = \frac{\overline{X} - \mu}{S/\sqrt{n}} \overset{\text{近似}}{\sim} N(0,1)$$

对给定的 $\alpha(0<\alpha<1)$，要使得：

$$P\{|U| < \mu_{\alpha/2}\} \approx 1 - \alpha$$

即：

$$P\left\{\overline{X} - \mu_{\alpha/2}\frac{S}{\sqrt{n}} < \mu < \overline{X} + \mu_{\alpha/2}\frac{S}{\sqrt{n}}\right\} \approx 1 - \alpha$$

于是 μ 的一个近似的置信度为 $1-\alpha$ 的置信区间是：

$$\left(\overline{X} - \mu_{\alpha/2}\frac{S}{\sqrt{n}}, \overline{X} + \mu_{\alpha/2}\frac{S}{\sqrt{n}}\right)$$

这里对 n 充分大的一般要求是 $n>50$，当然 n 越大，近似程度越高。

案例 4.3.7　酒店管理常常需要关注订单的取消数目，假设某五星级酒店每周订单取消的数目记为 X，根据以往经验，X 服从泊松分布，即 $X \sim P(\lambda)$，酒店客房部需要给出其中参数 λ 的估计，为此，他们翻阅了最近 100 周的订单取消记录，为 λ 的估计提供参照样本，下面是具体的样本数据：

2	4	2	6	5	5	1	5	4	4	3	1	3	6	2	1	2	1	0	7	7	9	3	4	4
4	4	2	4	3	1	4	4	5	4	9	6	4	3	4	4	8	3	7	10	3	5	4	5	3
4	1	4	3	4	4	1	5	4	2	4	5	6	2	2	6	4	6	2	5	2	6	2	2	10
3	7	2	0	3	1	4	5	7	7	2	2	9	6	3	2	4	2	5	3	1	4	1	3	8

请给出 λ 拘置信度为 0.95 的置信区间。

解：由数据计算得：

$$\bar{x} = 3.94,\ s^2 = 4.84$$

对 $X \sim P(\lambda)$ 来说，$E(X) = \lambda$，直接利用上述一般结果，可得 λ 的置信区间为：

$$\left(\overline{X} - \mu_{\alpha/2}\frac{S}{\sqrt{n}}, \overline{X} + \mu_{\alpha/2}\frac{S}{\sqrt{n}}\right)$$

查表得 $u_{0.025} = 1.96$，代入样本数据得到 λ 的一个近似的置信度为 0.95 的置信区间是(3.51, 4.37)。

第五章 模　　拟

第一节 引　　言

以 $\boldsymbol{X}=(X_1,\ \cdots,\ X_n)$ 记一个具有密度函数 $f(x_1,\ \cdots,\ x_n)$ 的随机向量，并且假设对于某个 n 维函数 g，我们想计算：

$$E[g(\boldsymbol{X})] = \iint\cdots\int g(x_1,\cdots,x_n)f(x_1,\cdots,x_n)\mathrm{d}x_1\mathrm{d}x_2\cdots\mathrm{d}x_n$$

例如，当 X 的值代表前 $[n/2]$ 个到达间隔和服务时间[1]时，g 可能代表在队列中前 $[n/2]$ 个顾客的总延迟时间，在许多情况下，我们不可能解析地准确计算上述的多重积分，甚至不可能在给定的精度之内用数值逼近。剩下的一种可能就是用模拟的手段逼近 $E[g(\boldsymbol{X})]$。

为了逼近 $E[g(\boldsymbol{X})]$，首先生成一个具有联合密度函数 $f(x_1,\ \cdots,\ x_n)$ 的随机向量 $\boldsymbol{X}^{(1)}=(X_1^{(1)},\ \cdots,\ X_n^{(1)})$，然后计算 $Y^{(1)}=g(\boldsymbol{X}^{(1)})$。再生成第二个随机向量(与第一个独立)$\boldsymbol{X}^{(2)}$，并计算 $Y^{(2)}=g(\boldsymbol{X}^{(2)})$。继续这样做，直至已经生成 r(一个固定的数)个独立同分布的随机变量 $Y^{(i)}=g(\boldsymbol{X}^{(i)})(i=1,\ \cdots,\ r)$ 为止。由强大数定律我们知道：

$$\lim_{r\to\infty}\frac{Y^{(1)}+\cdots+Y^{(r)}}{r}=E[Y^{(i)}]=E[g(\boldsymbol{X})]$$

从而我们可以用生成的 Y 的平均作为 $E[g(\boldsymbol{X})]$ 的一个估计。这种估计 $E[g(\boldsymbol{X})]$ 方法，称为蒙特卡罗模拟方法。

显然余下的问题是如何生成(即模拟)具有特定联合密度的随机向量。这样做的第一步

---

[1] 我们用记号 $[a]$ 表示小于或等于 a 的最大整数。

是能从(0, 1)上的均匀分布生成随机变量。一种方法是，取10个标号为0，1，…，9的相同纸片，将它们放在一个帽子中，然后从这个帽子中有放回地连续抽取 n 个纸片，得到的数字序列(在前面置一个十进制小数点)可以看成(0, 1)均匀随机变量舍入最近的 $\left(\frac{1}{10}\right)^n$ 的值。例如，如果抽取到的数字序列是3，8，7，2，1，那么，(0, 1)均匀随机变量的值是0. 387 21(在最近的0. 000 01 范围内)。(0, 1)均匀随机变量值的表，称为随机数表，它已经被大量出版(例如，见 RAND 公司的 *A Million Random Digits with* 100 000 *Normal Deviates*(New York，The FYee Press，1955))。表5. 1. 1 就是这样的表。

表 5. 1. 1　随机数表

04839	96423	24878	82651	66566	14778	76797	14780	13300	87074
68086	26432	46901	20848	89768	81536	86645	12659	92259	57102
39064	66432	84673	40027	32832	61362	98947	96067	64760	64584
25669	26422	44407	44048	37937	63904	45766	66134	75470	66520
64117	94305	26766	25940	39972	22209	71500	64568	91402	42416
87917	77341	42206	35126	74087	99547	81817	42607	43808	76655
62797	56170	86324	88072	76222	36086	84637	93161	76038	65855
95876	55293	18988	27354	26575	08625	40801	59920	29841	80150
29888	88604	67917	48708	18912	82271	65424	69774	33611	54262
73577	12908	30883	18317	28290	35797	05998	41688	34952	37888
27958	30134	04024	86385	29880	99730	55536	84855	29080	09250
90999	49127	20044	59931	06115	20542	18059	02008	73708	83517
18845	49618	02304	51038	20655	58727	28168	15475	56942	53389
94824	78171	84610	82834	09922	25417	44137	48413	25555	21246
35605	81263	39667	47358	56873	56307	61607	49518	89356	20103
33362	64270	01638	92477	66969	98420	04880	45585	46565	04102
88720	82765	34476	17032	87589	40836	32427	70002	70663	88863
39475	46473	23219	53416	94970	25832	69975	94884	19661	72828
06990	67245	68350	82948	11398	42878	80287	88267	47363	46634
40980	07391	58745	25774	22987	80059	39911	96189	41151	14222
83974	29992	65381	38857	50490	83765	55657	14361	31720	57375
33339	31926	14883	24413	59744	92351	97473	89286	35931	04110
31662	25388	61642	34072	81249	35648	56891	69352	48373	45578
93526	70765	10592	04542	76463	54328	02349	17247	28865	14777
20492	38391	91132	21999	59516	81652	27195	48223	46751	22923
04153	53381	79401	21438	83035	92350	36693	31238	59649	91754
05520	91962	04739	13092	97662	24822	94730	06496	35090	04822

续表

47498	87637	99016	71060	88824	71013	18735	20286	23153	72924
23167	49323	45021	33132	12544	41035	80780	45393	44812	12515
23792	14422	15059	45799	22716	19792	09983	74353	68668	30429
85900	98275	32388	52390	16815	69298	82732	38480	73817	32523
42559	78985	05300	22164	24369	54224	35083	19687	11062	91491
14349	82674	66523	44133	00697	35552	35970	19124	63318	29686
17403	53363	44167	64486	64758	75366	76554	31601	12614	33072
23632	27889	47914	02584	37680	20801	72152	39339	34806	08930

然而，这并不是在数字计算机上模拟(0，1)均匀随机变量的方法。在实践中，人们用伪随机数来代替真正的随机数。大多数随机数生成器由一个初值 X_0(称为种子)开始，然后用给定的正整数 a、c 和 m，再令：

$$X_{n+1}=(aX_n+c)\quad \bmod m, n\geqslant 0$$

递推地计算值，其中上式的含义是，把 aX_n+c 被 m 除的余数取为 X_{n+1}。于是，每个 X_n 是 0，1，…，$m-1$ 中的一个数，而量 X_n/m 就取为(0，1)均匀随机变量的近似值。可以证明，只要适当地选取 a、c、m，上面给出的一个数列看起来好像就是从独立的(0，1)均匀随机变量生成的。

在模拟一个任意分布的随机变量时，我们以假设能够模拟(0，1)均匀分布随机变量的值作为出发点，术语“随机数”表示由这个分布模拟的独立随机变量。在第二节和第三节中，我们将介绍模拟连续随机变量的一般技术和特殊技术；在第四节中，我们对离散随机变量作相同的讨论，在第五节中，我们讨论模拟给定联合分布的随机变量和随机过程，对于非时齐的泊松过程的模拟我们给予特别的重视，事实上，对此讨论了 3 种不同的方法。二维泊松过程的模拟在第五节中讨论。我们考虑为了达到要求水平的准确性所需要模拟运行次数的选取问题。但在开始讲述之前，我们先考虑两个在组合问题中模拟的应用。

例 5.1.1(生成随机排列) 假设我们生成数 1，2，…，n 的一个排列，就是使得所有的 $n!$ 个可能次序都是等可能的，其算法如下，首先通过在 1，…，n 中随机地选取一个数，将这个数放在位置 n；然后在余下的 $n-1$ 个数中随机地选取一个，将这个数放在位置 $n-1$；然后在余下的 $n-2$ 个数中随机地选取一个，将这个数放在位置 $n-2$；如此等等(其中随机地选取一个数，是指每一个余下的数都等可能地被选取)。然而，我们无需精确地考虑哪一个数尚待安置，方便而有效的方法是将这些数保持成有序的列表，然后随机地选取数的位置，而不是这个数本身。就是说，从任意的次序 p_1，p_2，…，p_n 开始，我们随机地选取位置 1，…，n 中的一个，而后将这个位置中的数与在位置 n 中的数对换，现在我们随机地选取位置 1，…，$n-1$ 中的一个，而后将这个位置中的数与在位置 $n-1$ 中的数对换，如此等等。

为了执行上面的程序，我们必须能够生成一个等可能地从1，2，…，k中的取任意值的一个随机变量。为此，以U记一个随机数[即U是在(0，1)上均匀分布的]且注意kU在(0，k)上是均匀的，所以：

$$P\{i-1<kU<i\}=\frac{1}{k},\quad i=1,\cdots,k$$

因此，如果随机变量$I=[kU]+1$将使：

$$P\{I=i\}=P\{[kU]=i-1\}=P\{i-1<kU<i\}=\frac{1}{k}$$

现在可以将前面生成随机变量的算法写出如下：

步骤1：令p_1，p_2，…，p_n是1，2，…，n的一个排列(例如，我们可以选取$p_j=j$，$j=1$，…，n)。

步骤2：置$k=n$。

步骤3：生成一个随机数U，且令$I=[kU]+1$。

步骤4：交换p_I与p_k的值。

步骤5：令$k=k-1$，并且如果$k>1$，则返回步骤3。

步骤6：p_1，p_2，…，p_n就是所要求的随机排列。

例如，假设$n=4$，且初始排列是1，2，3，4。如果I的第一个值(它等可能地是1，2，3，4)是$I=3$，那么新的排列是1，2，4，3。如果I的下一个值是$I=2$，那么新的排列是1，4，2，3。如果I的最后一个值是$I=2$，那么最后的排列是1，4，2，3，这就是随机排列的值。

上述算法的一个重要性质是，它也可以用来生成整数1，2，…，n的一个大小为r的随机子集。即只要遵循算法直到位置n，$n-1$，$n-r+1$都完成了更换。在这些位置的元素就构成随机子集。

例5.1.2(在很大的列表中不同条目个数的估计) 考虑有n个条目的一个列表，其中n非常大，假设我们有兴趣估计这个表中不同元素的个数d。如果将在位置i的元素在此列表中出现的次数记为m_i，那么我们可以将d表示为：

$$d=\sum_{i=1}^{n}\frac{1}{m_i}$$

为了估计d，假设我们生成了等可能地是1，2，…，n之一的一个随机值X(即我们取$X=[nU]+1$)，而后以$m(X)$记在位置X的元素在列表中出现的次数。那么：

$$E\left[\frac{1}{m(X)}\right]=\sum_{i=1}^{n}\frac{1}{m_i}\frac{1}{n}=\frac{d}{n}$$

因此，如果生成了k个这样的随机变量X_1，…，X_k，那么可以用

$$d \approx \frac{n \sum_{k=1}^{n} 1/m(X_i)}{k}$$

估计 d。

假设现在对于列表中的每个条目都有一个从属于它的值[第 i 个元素的值是 $v(i)$]。不同条目的值的和(记为 v)可以表示为:

$$v = \sum_{i=1}^{n} \frac{v(i)}{m(i)}$$

现在，如果 $X=[nU]+1$，其中 U 是一个随机数，那么:

$$E\left[\frac{v(X)}{m(X)}\right] = \sum_{i=1}^{n} \frac{v(i)}{m(i)} \frac{1}{n} = \frac{v}{n}$$

因此，我们可以通过生成 X_1，…，X_k 而后用

$$v \approx \frac{n}{k} \sum_{i=1}^{n} \frac{v(X_i)}{m(X_i)}$$

估计 v。

作为上面的一个重要的应用，以 $A_i=\{a_{i,1}, \cdots, a_{i,n_i}\}$，$i=1$，…，$s$ 记事件，且假设我们有兴趣估计 $P\left(\bigcup_{i=1}^{s} A_i\right)$。由于:

$$P\left(\bigcup_{i=1}^{s} A_i\right) = \sum_{a \in \cup A_i} P(a) = \sum_{i=1}^{s} \sum_{j=1}^{n_i} \frac{P(a_{i,j})}{m(a_{i,j})}$$

其中 $m(a_{i,j})$ 是点 $a_{i,j}$ 所属的事件的个数，上面的方法可以用来估计 $P(\bigcup_{i=1}^{s} A_i)$。

注意上面估计 v 的程序，在没有值集合 $\{v_i, \cdots, v_n\}$ 的先验知识时也可以是有效的。就是说，我们能够确定在一个特定位置的元素的值和这个元素在列表中出现的次数就足够了。当值的集合是先验已知时，我们有一个更为有效的方法。

第二节　模拟连续随机变量的一般方法

在本节中，我们介绍模拟连续随机变量的 3 种方法。

一、逆变换方法

模拟一个具有连续分布的随机变量的一般方法(称为逆变换方法)基于下述命题。

命题 5.2.1　令 U 是一个(0, 1)上的均匀随机变量。对于任意连续分布函数 F，如果

我们定义随机变量 X 为：

$$X = F^{-1}(U)$$

那么随机变量 X 有分布函数 $F[F^{-1}(u)$ 定义为使 $F(x) = u$ 的值 $x]$。

证明：

$$F_X(a) = P\{X \leqslant a\} = P\{F^{-1}(U) \leqslant a\} \tag{5.2.1}$$

现在，由于 $F(x)$ 是单调函数，由此推出 $F^{-1}(U) \leqslant a$ 当且仅当 $U \leqslant F(a)$。因此，由方程 (5.2.1) 我们看到：

$$F_X(a) = P\{U \leqslant F(a)\} = F(a)$$

因此，当 F^{-1} 可计算时，我们可以通过模拟一个随机数 U，然后置 $X = F^{-1}(U)$ 由一个连续分布 F 来模拟随机变量 X。

例 5.2.1（模拟指数随机变量） 如果 $F(x) = 1 - \mathrm{e}^{-x}$，那么 $F^{-1}(u)$ 是满足 $1 - \mathrm{e}^{-x} = u$ 或 $x = -\ln(1-u)$ 的值 x，因此，如果 U 是一个 $(0, 1)$ 均匀随机变量，那么：

$$F^{-1}(U) = -\ln(1-U)$$

是指数分布，具有均值 1。因为 $1-U$ 也在 $(0, 1)$ 上均匀分布，由此推出 $-\ln U$ 是均值为 1 的指数随机变量，由此推出 $-c\ln U$ 是均值为 c 的指数随机变量。

二、拒绝法

假设我们有办法模拟一个具有密度函数 $g(x)$ 的随机变量。对模拟出具有密度 $f(x)$ 的连续分布函数的随机变量，我们可以以此为基础，通过模拟出自 g 的随机变量 Y，然后以比例 $f(Y)/g(Y)$ 的概率接受这个模拟值。

特别地，令 c 是一个常数，使得：

$$\frac{f(y)}{g(y)} \leqslant c \quad \text{对于一切 } y$$

那么，我们用下述技术模拟出具有密度 f 的连续分布函数的随机变量。

步骤 1：模拟具有密度 g 的随机变量 Y，并且模拟一个随机数 U。

步骤 2：如果 $U \leqslant \dfrac{f(Y)}{cg(Y)}$，那么置 $X = Y$。否则返回步骤 1。

命题 5.2.2 由拒绝法生成的随机变量 X 具有密度 f。

证明 令 X 是得到的值，而以 N 记必需重复的次数。那么：

$$\begin{aligned}
P\{X \leqslant x\} &= P\{Y_N \leqslant x\} \\
&= P\{Y \leqslant x \mid U \leqslant f(Y)/cg(Y)\} \\
&= \frac{P\{Y \leqslant x, U \leqslant f(Y)/cg(Y)\}}{K}
\end{aligned}$$

$$= \frac{\int P\{Y \leqslant x, U \leqslant f(Y)/cg(Y) \mid Y = y\} g(y) \mathrm{d}y}{K}$$

$$= \frac{\int_{-\infty}^{x} [f(y)/cg(y)] g(y) \mathrm{d}y}{K}$$

$$= \frac{\int_{-\infty}^{x} f(y) \mathrm{d}y}{Kc}$$

其中 $K = P\{U \leqslant f(Y)/cg(Y)\}$。令 $x \to \infty$，表明 $K = 1/c$，故而完成了证明。

注：(1)上面的方法原先是由冯·诺伊曼在特殊情形下引入的，其中 g 只在某个有限区间(a, b)上为正，而 Y 则选取为在(a, b)上均匀的分布[即 $y + a + (b - a)U$]。

(2)注意我们"以概率 $f(Y)/cg(Y)$ 接受值 Y"的方式是：通过生成一个(0，1)上的均匀随机变量 U，然后，如果有 $U \leqslant f(Y)/cg(Y)$，就接受 Y。

(3)因为这个方法的每一次重复将独立地以概率 $P\{U \leqslant f(Y)/cg(Y)) = 1/c$ 接受一个值，由此推出重复的次数是均值为 c 的几何随机变量。

(4)实际上，当决定是否接受时，并没必要生成一个新的均匀随机变量，因为只要以某些附加计算的代价，在每一次重复时都对单个随机数作适当的修正，就可以应用始终。为了看到这是怎样进行的，注意 U 的实际值并没有用到[只用到是否有 $U \leqslant f(Y)/cg(Y)$]。因此，如果 Y 被拒绝，也就是 $U > f(Y)/cg(Y)$，我们可以利用对于给定的 Y，随机变量

$$\frac{U - f(Y)/cg(Y)}{1 - f(Y)/cg(Y)} = \frac{cUg(Y) - f(Y)}{cg(Y) - f(Y)}$$

在(0，1)上是均匀的这个事实。因此，它可以在下一次重复中用作均匀随机数。以上面的计算为代价节省生成一个随机数，是否是净节省，很大程度地依赖于用来生成随机数的方法。

例 5.2.2 我们利用拒绝法生成具有密度函数

$$f(x) = 20x(1 - x)^3, \quad 0 < x < 1$$

的随机变量。因为这个随机变量(它是参数 2，4 的贝塔分布)集中在区间(0，1)中，让我们考虑对

$$g(x) = 1, \quad 0 < x < 1$$

作拒绝法。为了确定 c 使 $f(x)/g(x) \leqslant c$，我们用微积分确定

$$\frac{f(x)}{g(x)} = 20x(1 - x)^3$$

的最大值，对此量求导得到：

$$\frac{\mathrm{d}}{\mathrm{d}x}\left[\frac{f(x)}{g(x)}\right] = 20[(1 - x)^3 - 3x(1 - x)^2]$$

令它等于0，表明最大值在 $x=1/4$ 处达到，于是：

$$\frac{f(x)}{g(x)} \leqslant 20\left(\frac{1}{4}\right)\left(\frac{3}{4}\right)^3 = \frac{135}{64} \equiv c$$

因此：

$$\frac{f(x)}{cg(x)} = \frac{256}{27}x(1-x)^3$$

这样拒绝程序的步骤如下：

步骤1：生成随机数 U_1 和 U_2。

步骤2：如果 $U_2 \frac{256}{27}U_1(1-U_1)^3$，则停止，并且置 $X=U_1$。否则返回第一步。执行步骤1的平均次数是 $c=\frac{135}{64}$。

例5.2.3(模拟正态随机变量)　为了模拟一个标准正态随机变量 Z(即均值为0和方差为1的正态随机变量)，首先注意 Z 的绝对值具有分布密度：

$$f(x) = \frac{2}{\sqrt{2\pi}}e^{-x^2/2}, \quad 0 < x < \infty \tag{5.2.2}$$

我们将通过拒绝法用：

$$g(x) = e^{-x}, \quad 0 < x < \infty$$

从模拟上述密度开始。现在注意：

$$\frac{f(x)}{g(x)} = \sqrt{2e/\pi}\ \exp\{-(x-1)^2/2\} \leqslant \sqrt{2e/\pi}$$

因此，用拒绝法我们可以由方程(5.2.2)模拟如下：

(a)生成随机数 Y 和 U，Y 是速率为1的指数随机变量，且 U 在(0，1)上均匀分布。

(b)如果 $U \leqslant \exp\{-(Y-1)^2/2\}$，或者等价地，如果：

$$-\ln U \geqslant (Y-1)^2/2$$

则取 $X=Y$。否则返回步骤(a)。

一旦模拟了具有密度函数(5.2.2)的随机变量 X，我们就可以通过令 Z 等可能地是 X，或者 $-X$，以生成一个标准正态随机变量。

为了改进上述方法，首先注意，从例5.1.3推出 $-\ln U$ 也是速率为1的指数随机变量。因此，步骤(a)和步骤(b)等价于下面的：

(a′)生成独立的速率为1的指数随机变量 Y_1 和 Y_2。

(b′)如果 $Y \geqslant (Y_1-1)^2/2$，则取 $X=Y_1$。否则返回步骤(a′)。

现在假设我们接受步骤(b′)。那么，由指数随机变量缺乏记忆性质推出，Y_2 超出 $(Y_1-1)^2/2$ 的数量也是速率为1的指数随机变量。

因此，概括起来，我们有生成一个速率为 1 的指数随机变量和一个独立的标准正态随机变量的如下算法。

步骤 1：生成一个速率为 1 的指数随机变量 Y_1。

步骤 2：生成一个速率为 1 的指数随机变量 Y_2。

步骤 3：如果 $Y_2-(Y_1-1)^2/2>0$，则取 $Y=Y_2-(Y_1-1)^2/2$，并且转向步骤 4。否则转向步骤 1。

步骤 4：生成一个随机数 U，并且取

$$\begin{cases} Y_1, & 若\ U\leqslant \dfrac{1}{2} \\ -Y_1, & 若\ U>\dfrac{1}{2} \end{cases}$$

上面生成的随机变量 Z 和 Y 是独立的，Z 是均值 0 和方差 1 的正态随机变量，Y 是速率为 1 的指数随机变量（如果我们需要正态随机变量有均值 μ 和方差 σ^2，只需取 $\sigma Z+\mu$）。

注：(1) 由于 $c=\sqrt{2e/\pi}\approx 1.32$，因此上面的步骤 2 要求一个具有均值为 1.32 的几何分布的重复次数。

(2) 步骤 4 最后的随机数不必另行模拟，更可取的是从前面使用的任意一个随机数的第一位数字得到，即假设我们生成一个随机数来模拟一个指数随机变量，则我们可以剥除这个随机数的初始数字，而只使用余下的数字（将十进小数点向右移一步）作为随机数，如果这个初始数字是 0、1、2、3、4（或者 0，如果计算机生成二进数字），那么，我们取 Z 的符号为正，而在其他情形取 Z 的符号为负。

(3) 如果我们要生成一系列标准正态随机变量，那么，我们可以用在步骤 3 中得到的指数随机变量作为步骤 1 中生成下一个正态随机变量需要的指数随机变量，因此，平均地，我们可以通过生成 1.64 个指数随机变量和计算 1.32 次平方，来模拟一个单位的标准正态随机变量。

三、风险率方法

令 F 是连续的分布函数且 $\bar{F}(0)=1$。由：

$$\lambda(t)=\frac{f(t)}{\bar{F}(t)},\quad t\geqslant 0$$

可以定义 F 的风险率函数 $\lambda(t)$（其中 $f(t)=F'(t)$ 是密度函数）。$\lambda(t)$ 表示，给定已经存活到时刻 t 的一个寿命分布为 F 的产品在时刻 t 失效的瞬时概率强度。

现在假设我们给定了一个有界函数 $\lambda(t)$，使得 $\int_0^\infty \lambda(t)\,dt=\infty$，我们要求模拟一个以 $\lambda(t)$ 为风险率函数的随机变量 S。

为此取λ使得：

$$\lambda(t) \leqslant \lambda, \text{ 对于一切 } t \geqslant 0$$

为了由 $\lambda(t)(t\geqslant 0)$ 模拟，我们将：

(1)模拟一个具有速率 λ 的泊松过程，我们将只“接受”或“计数”某种泊松事件。特别地，我们将

(2)独立于其他的一切，以概率 $\lambda(t)/\lambda$ 计数一个在 t 发生的事件。

现在我们有以下命题。

命题 5.2.3 第一个被计数的事件的时间(记为 S)是一个随机变量，其分布有风险率函数 $\lambda(t)$，$t\geqslant 0$。

证明：

$P\{t<S<t+\mathrm{d}t \mid S>t\}$

$=P\{$第一个被计数的事件在$(t,\ t+\mathrm{d}t)$中 $\mid$ 在 t 前没有事件被计数$\}$

$=P\{$泊松事件在$(t,\ t+\mathrm{d}t)$中，且被计数 $\mid$ 在 t 前没有事件被计数$\}$

$=P\{$泊松事件在$(t,\ t+\mathrm{d}t)$中，且被计数$\}$

$$=[\lambda \mathrm{d}t+o(\mathrm{d}t)]\frac{\lambda(t)}{\lambda}=\lambda(t)\mathrm{d}t+o(\mathrm{d}t)$$

这就完成了证明。注意倒数第二个等式得自泊松过程的独立增量性质。

因为速率为 λ 的泊松过程的到达间隔时间是速率为 λ 的指数随机变量。因此，从例 5.1.3 和上述命题推出，下面的算法将生成一个具有风险率函数 $\lambda(t)(t\geqslant 0)$ 的随机变量。

生成 S：$\lambda_S(t)=\lambda(t)$ 的风险率方法。取 λ 使得对于一切 $t\geqslant 0$ 有 $\lambda(t)\leqslant\lambda$。生成随机变量列对 U_i，X_i，$i\geqslant 1$，使得 X_i 是速率为 λ 的指数随机变量，而 U_i 是(0，1)均匀随机变量，停止在：

$$N=\min\left\{n: U_n \leqslant \lambda\left(\sum_{i=1}^{n} X_i\right)\Big/\lambda\right\}$$

置：

$$S=\sum_{i=1}^{N} X_i$$

为了计算 $E[N]$，我们需要一个以瓦尔德方程命名的结果，它叙述为，如果 X_1，X_2，…是独立同分布的随机变量，它们按序列地被观察直到一个随机时间 N，那么：

$$E\left[\sum_{i=1}^{N} X_i\right]=E[N]E[X]$$

更确切地说，令 X_1，X_2，…是独立同分布的随机变量，并且考虑下面的定义。

定义 5.2.1 一个整数值随机变量 N 称为对于 X_1，X_2，…的一个停时，如果对于一切 $n=1$，2，…，事件$\{N=n\}$独立于 X_{n+1}，X_{n+2}，…。

直观地，我们按 X_n 的次序序列地观察，且以 N 记在停止前的观察次数。对于一切$n=1$，2，…，如果 $N=n$，那么，在观察 X_1，…，X_n 之后，且在观察 X_{n+1}，X_{n+2}，…之前，我们已经停止了。

例 5.2.4 令 $X_n(n=1, 2, \cdots)$是独立的，而且：

$$P\{X_n = 0\} = P\{X_n = 1\} = \frac{1}{2}, n = 1,2,\cdots$$

如果我们令：

$$N = \min\{n: X_1 + \cdots + X_n = 10\}$$

那么 N 是一个停时。我们可以将 N 看成一个连续地抛掷一枚均匀硬币的试验，而且当正面的次数达到 10 时停止的停时。

命题 5.2.4(瓦尔德方程) 如果 X_1，X_2，…是具有有限期望的独立同分布的随机变量，且如果 N 是对于 X_1，X_2，…的一个停时使得 $E[N]<\infty$，那么：

$$E\left[\sum_{n=1}^{N} X_n\right] = E[N]E[X]$$

证明 令：

$$I_n = \begin{cases} 1, & 若 N \geqslant n \\ 0, & 若 N < n \end{cases}$$

我们有：

$$\sum_{n=1}^{N} X_n = \sum_{n=1}^{\infty} X_n I_n$$

因此：

$$E\left[\sum_{n=1}^{N} X_n\right] = E\left[\sum_{n=1}^{\infty} X_n I_n\right] = \sum_{n=1}^{\infty} E[X_n I_n] \tag{5.2.3}$$

然而，$I_n=1$ 当且仅当在我们连续地观察 X_1，…，X_{n-1}之后还没有停止。所以，I_n 由 X_1，…，X_{n-1}确定，故而独立于 X_n。于是由方程(5.2.3)我们得到：

$$\begin{aligned} E\left[\sum_{n=1}^{N} X_n\right] &= \sum_{n=1}^{\infty} E[X_n]E[I_n] \\ &= E[X]\sum_{n=1}^{\infty} E[I_n] \\ &= E[X]E\left[\sum_{n=1}^{\infty} I_n\right] \\ &= E[X]E[N] \end{aligned}$$

回到风险率方法，我们有：

$$S = \sum_{i=1}^{N} X_i$$

因为 $N = \min\{n: U_n \leqslant \lambda(\sum_{i=1}^{n} X_i)/\lambda\}$，由此推出事件 $N=n$ 独立于 X_{n+1}，X_{n+2}，…。因此，由瓦尔德方程，

$$E[S] = E[N]E[X_i] = \frac{E[N]}{\lambda}$$

从而：

$$E[N] = \lambda E[S]$$

其中 $E[S]$ 是所要的随机变量的均值。

第三节　模拟连续随机变量的特殊方法

各种特殊的方法被设计用于模拟来自大多数通常的连续分布的随机变量。现在我们介绍其中的一部分。

一、正态分布

以 X 和 Y 记独立的标准正态随机变量，因此有联合密度函数：

$$f(x,y) = \frac{1}{2\pi} e^{-(x^2+y^2)/2}, \quad -\infty < x < \infty, \ -\infty < y < \infty$$

现在考虑点 (X, Y) 的极坐标如图 5.3.1 所示。

$$R^2 = X^2 + Y^2, \ \Theta = \arctan Y/X$$

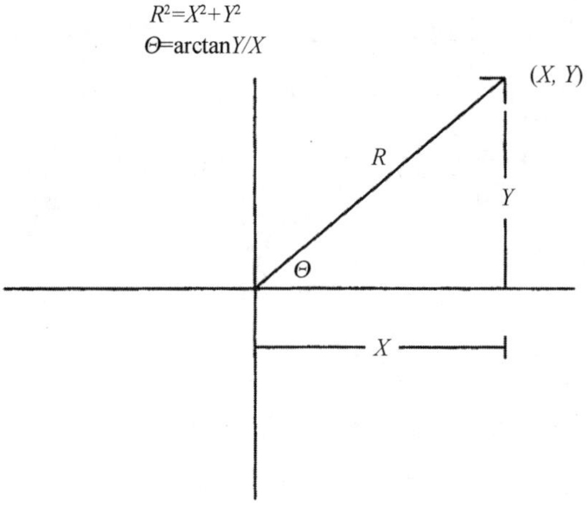

$R^2=X^2+Y^2$
$\Theta=\arctan Y/X$
(X, Y)
R
Y
Θ
X

图 5.3.1

为了得到 R^2 和 Θ 的联合密度，考虑变换：

$$d = x^2 + y^2, \quad \theta = \arctan y/x$$

这个变换的雅可比行列式是：

$$J = \begin{vmatrix} \frac{\partial d}{\partial x} & \frac{\partial d}{\partial y} \\ \frac{\partial \theta}{\partial x} & \frac{\partial \theta}{\partial y} \end{vmatrix} = \begin{vmatrix} 2x & 2y \\ \frac{1}{1+y^2/x^2}\left(\frac{-y}{x^2}\right) & \frac{1}{1+y^2/x^2}\left(\frac{1}{x}\right) \end{vmatrix}$$

$$= \begin{vmatrix} x & y \\ -\frac{y}{x^2+y^2} & \frac{x}{x^2+y^2} \end{vmatrix} = 2$$

因此，由前文可知，R^2 和 Θ 的联合密度由

$$f_{R^2,\Theta}(d,\theta) = \frac{1}{2\pi}e^{-d/2}\frac{1}{2} = \frac{1}{2}e^{-d/2}\frac{1}{2\pi}, 0 < d < \infty, 0 < \theta < 2\pi$$

给出。于是，我们可以得出，R^2 和 Θ 独立，且 R^2 有速率为$\frac{1}{2}$的指数分布和 Θ 是(0，2π)上的均匀分布。

现在让我们从极坐标反向地到直角坐标。从上面知如果我们以速率为 1/2 的指数随机变量 W(W 起 R^2 的作用)以及独立于 W 的(0，2π)上均匀随机变量 V(V 起 Θ 的作用)开始，那么 $X = \sqrt{W}\cos V$，$Y = \sqrt{W}\sin V$ 将是独立的标准正态随机变量。因此利用例 5.3 的结果，我们看到如果 U_1 和 U_2 是独立的(0，1)均匀随机变量，那么

$$\begin{aligned} X &= (-2\ln U_1)^{1/2}\cos(2\pi U_2) \\ Y &= (-2\ln U_1)^{1/2}\sin(2\pi U_2) \end{aligned} \tag{5.3.1}$$

是独立的标准正态随机变量。

注： $X^2 + Y^2$ 有速率为 1/2 的指数分布这个事实非常重要，因为由卡方分布的定义，$X^2 + Y^2$ 有 2 个自由度的卡方分布。因此，这两个分布是相同的。

上面生成标准正态随机变量的方法，称为博克斯—马勒方法。由于它需要计算上面的正弦值和余弦值而使它的有效性大大降低。然而，有一个绕过这种潜在的时耗困难的方法。作为开始，注意若 U 在(0，1)上均匀分布，则 $2U$ 在(0，2)上均匀分布，从而 $2U-1$ 在(−1，1)上均匀分布，于是，如果我们生成随机数 U_1 和 U_2，并且令：

$$V_1 = 2U_1 - 1, \quad V_2 = 2U_2 - 1$$

那么，(V_1，V_2)在以(0，0)为中心的面积为 4 的正方形上均匀分布(见图 5.3.2)。

现在假设我们连续的生成这样的(V_1，V_2)对，直到得到一对包含在以(0，0)为中心半径为 1 的圆内，即直到(V_1，V_2)使得 $V_1^2 + V_2^2 \leqslant 1$。于是这样的($V_1$，$V_2$)在圆内均匀分布。如果我们以 $\bar{R}$，$\bar{\Theta}$ 记这对的极坐标，那么容易验证 $\bar{R}$ 与 $\bar{\Theta}$ 独立，$\bar{R}^2$ 在(0，1)上均匀分布，

而 $\bar{\Theta}$ 在(0，2π)上均匀分布。

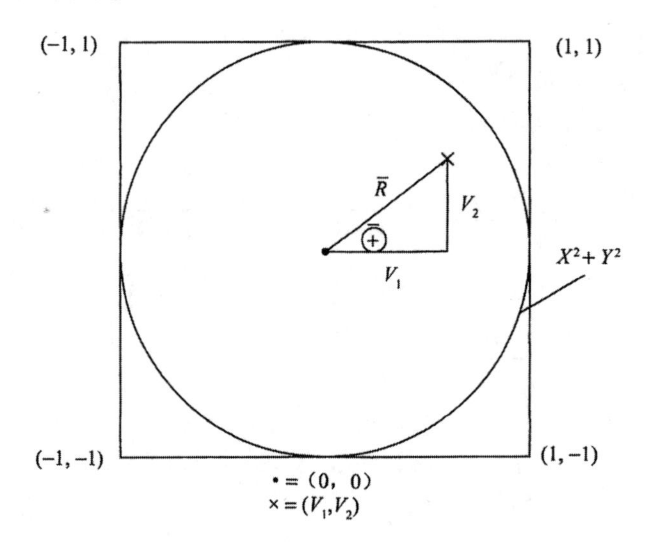

图 5.3.2

由于：

$$\sin\bar{\Theta} = V_2/\bar{R} = \frac{V_2}{\sqrt{V_1^2 + V_2^2}}, \quad \cos\bar{\Theta} = V_1/\bar{R} = \frac{V_1}{\sqrt{V_1^2 + V_2^2}}$$

因此由方程(5.3.1)推出，我们可以通过生成另一个随机数 U 以及令：

$$X = (-2\ln U)^{1/2} V_1/\bar{R}_1, \quad Y = (-2\ln U)^{1/2} V_2/\bar{R}$$

生成独立的标准正态随机变量 X 和 Y。

事实上，因为(取条件 $V_1^2 + V_2^2 \leqslant 1$) $\bar{R}^2$ 在(0，1)上均匀，且独立于 $\bar{\Theta}$，我们可以用它代替生成一个新的随机数 U，然后证明：

$$X = (-2\ln\bar{R}^2)^{1/2} V_1/\bar{R} = \sqrt{\frac{-2\ln S}{S}} V_1$$

$$Y = (-2\ln\bar{R}^2)^{1/2} V_2/\bar{R} = \sqrt{\frac{-2\ln S}{S}} V_2$$

是独立的标准正态随机变量，其中：

$$S = \bar{R}^2 = V_1^2 + V_2^2$$

总之，我们有生成一对独立的标准正态随机变量的以下方法。

步骤 1：生成随机数 U_1 和 U_2。

步骤 2：令 $V_1 = 2U_1 - 1$，$V_2 = 2U_2 - 1$，$S = V_1^2 + V_2^2$。

步骤 3：若 $S > 1$，则返回步骤 1。

步骤 4：得到独立标准正态随机变量：

$$X = \sqrt{\frac{-2\ln S}{S}}V_1,\quad Y = \sqrt{\frac{-2\ln S}{S}}V_2$$

上面的方法称为极坐标方法。由于在上面的正方形中的随机点落入单位圆中的概率等于 $\pi/4$(圆的面积除以正方形的面积)，因此，极坐标方法平均地需要重复 $4/\pi \approx 1.273$ 次步骤 1。因此，它生成两个独立的标准正态随机变量，平均地需要用 2.546 个随机数，取一次对数，求一次平方根，作一次除法，作 4.546 次乘法。

二、伽马分布

为了对参数为$(n,\ \lambda)$的伽马分布模拟，其中 n 是整数，我们利用 n 个速率为 λ 的独立整数随机变量的和也具有这样分布的事实。因此，若 U_1，…，U_n 是独立的(0，1)均匀随机变量，则：

$$X = -\frac{1}{\lambda}\sum_{i=1}^{n}\ln U_i = -\frac{1}{\lambda}\ln\left(\prod_{i=1}^{n}U_i\right)$$

具有所要的分布。

当 n 大时，有其他可行的技术而并不需要那么多的随机变量。一种可能是用拒绝法，且将 $g(x)$ 取为具有均值 n/λ (因为这是伽马分布的均值)的指数随机变量的密度。可以证明对于大的 n，拒绝算法需要的平均重复次数是 $\mathrm{e}[(n-1)/2\pi]^{1/2}$。另外，如果我们需要生成一系列伽马随机变量，那么正如例 5.4 那样，我们可以安排使得在接受时，不仅得到一个伽马随机变量，而且无代价地得到一个指数随机变量，它可以用于得到下一个伽马随机变量。

三、卡方分布

n 个自由度的卡方分布是$\chi_n^2 = Z_1^2 + \cdots + Z_n^2$ 的分布，其中 $Z_i(i=1,\ \cdots,\ n)$是独立的标准正态随机变量。利用在前文中所说明的事实，我们看到 $Z_1^2 + Z_2^2$ 有速率为 1/2 的指数分布。因此，当 n 是偶数时(例如 $n=2k$)χ_{2k}^2有参数$(k,\ 1/2)$的伽马分布。因此，$-2\ln\left(\sum_{i=1}^{k}U_i\right)$ 有自由度为 $2k$ 的卡方分布。我们可以通过模拟一个标准正态随机变量 Z，然后加 Z^2 到前述分布来模拟一个自由度为 $2k+1$ 的卡方随机变量。就是说：

$$\chi_{2k+1}^2 = Z^2 - 2\ln\left(\prod_{i=1}^{k}U_i\right)$$

其中 Z，U_1，…，U_n 都是独立的，Z 是标准正态随机变量，而其他的都是(0，1)均匀随机变量。

四、贝塔分布[$\boldsymbol{\beta}(\boldsymbol{n}, \boldsymbol{m})$分布]

随机变量 X 称为具有参数 n 和 m 的 β 分布，如果它的密度由

$$f(x)=\frac{(n+m-1)!}{(n-1)!(m-1)!}x^{n-1}(1-x)^{m-1},\quad 0<x<1$$

给出。模拟上述分布的一个方法是令 U_1，…，U_{n+m-1} 是独立的(0，1)均匀随机变量，而考虑这个集合中的第 n 最小值——记之为 $U_{(n)}$。现在 $U_{(n)}$ 将等于 x，如果在这 $n+m-1$ 个随机变量中有：

(1)$n-1$ 个小于 x；

(2)一个等于 x；

(3)$m-1$ 个大于 x。

因此，如果这 $n+m-1$ 个均匀随机变量分成为 3 个大小分别为 $n-1$、1、$m-1$ 的子集，那么第一个集合中的每个变量都小于 x、第二个集合中的变量等于 x 而且第三个集合中的每个变量都大于 x 的概率由

$$(P\{U<x\})^{n-1}f_U(x)(P\{U>x\})^{m-1}=x^{n-1}(1-x)^{m-1}$$

给出。因此，由于共有$(n+m-1)!/(n-1)!(m-1)!$ 种可能的分法，所以 $U_{(n)}$ 是参数为 n 和 m 的 β 随机变量。

于是，从 β 分布模拟的一种方法是，在 $n+m-1$ 个随机数中找出第 n 小的一个。然而，当 n 和 m 都大时，这种做法并不特别有效。

另一种方法是考虑一个速率为 1 的泊松过程，并且回忆到，给定第 $n+m$ 个事件到达的时刻 S_{n+m}，前 $n+m-1$ 个事件的时间的集合独立地在$(0, S_{n+m})$上均匀分布。因此，给定 S_{n+m}，前 $n+m-1$ 个事件的时间中的第 n 小的一个(就是 S_n)与 $n+m-1$ 个$(0, S_{n+m})$上均匀随机变量中的第 n 小的一个具有同样的分布。但是，从上面我们可以得出 S_n/S_{n+m} 有参数 n 和 m 的 β 分布的结论。所以，如果 U_1，…，U_{n+m}是随机数，$\dfrac{-\ln\prod_{i=1}^{n}U_i}{-\ln\prod_{i=1}^{m+n}U_i}$ 是参数为$(n, m,)$的贝塔随机变量。将上述写成：

$$\frac{-\ln\prod_{i=1}^{n}U_i}{-\ln\prod_{i=1}^{n}U_i-\ln\prod_{i=n+1}^{n+m}U_i}$$

我们看到它与 $X/(X+Y)$有相同的分布，其中 X 和 Y 分别是有参数$(n, 1)$和$(m, 1)$的伽马随机变量。因此，当 n 和 m 都大时，我们可以通过先模拟两个伽马随机变量来模拟一个贝塔随机变量。

五、指数分布——冯·诺伊曼算法

如我们看到的，速率为 1 的指数随机变量可以通过计算一个随机数的对数的负值来模拟。然而，多数计算机中计算一个对数的程序包含幂级数展开，所以如果存在计算上更容易的第二种方法将是有用的。我们现在介绍由冯·诺伊曼给出的方法。

作为开始，令 U_1，U_2，…是独立的(0，1)均匀随机变量，并且定义 $N(N \geqslant 2)$为：

$$N = \min\{n: U_1 \geqslant U_2 \geqslant \cdots \geqslant U_{n-1} < U_n\}$$

即 N 是首个比它前面大的随机数的下标，现在我们计算 N 和 U_1 的联合分布：

$$\begin{aligned} P\{N > n, U_1 \leqslant y\} &= \int_0^1 P\{N > n, U_1 \leqslant y \mid U_1 = x\} \mathrm{d}x \\ &= \int_0^y P\{N > n \mid U_1 = x\} \mathrm{d}x \end{aligned}$$

给定 $U_1 = x$，如果 $x \geqslant U_2 \cdots \geqslant U_n$，$N$ 将大于 n，或者等价地，如果：

(a)$U_i \leqslant x$，$i=1$，2，…，n

(b)$U_2 \geqslant \cdots \geqslant U_n$

N 将大于 n。现在，(a)以概率 x^{n-1} 发生，并且给定(a)时，因为 U_2，…，U_n 所有可能的 $(n-1)!$ 种排序是等可能的，所以(b)以概率 $\frac{1}{(n-1)!}$ 发生。因此：

$$P\{N > n \mid U_1 = x\} = \frac{x^{n-1}}{(n-1)!}$$

从而：

$$P\{N > n, U_1 \leqslant y\} = \int_0^y \frac{x^{n-1}}{(n-1)!} \mathrm{d}x = \frac{y^n}{n!}$$

所以：

$$\begin{aligned} P\{N = n, U_1 \leqslant y\} &= P\{N > n-1, U_1 \leqslant y\} - P\{N > n, U_1 \leqslant y\} \\ &= \frac{y^{n-1}}{(n-1)!} - \frac{y^n}{n!} \end{aligned}$$

在一切偶数上求和，我们看到：

$$P\{N \text{是偶数}, U_1 \leqslant y\} = y - \frac{y^2}{2!} + \frac{y^3}{3!} - \frac{y^4}{4!} - \cdots = 1 - \mathrm{e}^{-y} \tag{5.3.2}$$

现在我们已经对生成速率为 1 的指数随机变量的以下算法做好了准备。

步骤 1：生成均匀随机数 U_1，U_2，…，在 $N = \min\{n: U_1 \geqslant \cdots \geqslant U_{n-1} < U_n\}$ 停止。

步骤 2：如果 N 是偶数，则接受此次运行，并且转向步骤 3。如果 N 是奇数，则拒绝此次运行，并且返回步骤 1。

步骤 3：置 X 等于失败(即拒绝)的运行次数加上在成功(即接受)运行中的首个随

机数。

为了证明 X 是速率为 l 的指数随机变量，首先注意，由方程(5.3.2)中取 $y=1$ 知，一次成功的运行的概率是：

$$P\{N\text{是偶数}\}=1-e^{-1}$$

现在，为了 X 超过 x，前$[x]$次运行必须都没有成功，而且下一次运行必须，或者不成功，或者成功但是有 $U_1>x-[x]$(其中$[x]$是不超过 x 的最大整数)。因为：

$$\begin{aligned}P\{N\text{是偶数},U_1>y\}&=P\{N\text{是偶数}\}-P\{N\text{是偶数},U_1\leqslant y\}\\&=1-e^{-1}-(1-e^{-y})=e^{-y}-e^{-1}\end{aligned}$$

我们看到：

$$P\{X>x\}=e^{-[x]}[e^{-1}+e^{-(x-[x])}-e^{-1}]=e^{-x}$$

这就导出结论。

以 T 记生成一个成功运行所需的试验次数。因为每次试验以概率 $1-e^{-1}$ 为成功，由此推出 T 是均值为 $\frac{1}{1-e^{-1}}$ 的几何随机变量。如果我们以 N_i 记在第 i 次运行中所用的均匀随机数的个数，$i\geqslant1$，那么 T(是首个使 N_i 是偶数的 i)是这个序列的一个停时。因此由瓦尔德方程，这个算法需要的均匀随机数的平均个数由

$$E\left[\sum_{i=1}^{T}N_i\right]=E[N]E[T]$$

给出。现在：

$$\begin{aligned}E[N]&=\sum_{n=0}^{\infty}P\{N>n\}=1+\sum_{n=1}^{\infty}P\{U_1\geqslant\cdots\geqslant U_n\}\\&=1+\sum_{n=1}^{\infty}1/n!=e\end{aligned}$$

所以：

$$E\left[\sum_{i=1}^{T}N_i\right]=\frac{e}{1-e^{-1}}\approx4.3$$

因此，从计算方面说，这个算法非常容易施行，需要平均约 4.3 个随机数来完成。

第四节　离散分布的模拟

所有从连续分布模拟的一般方法在离散情形都有其对应的版本。例如，如果我们要模拟一个具有概率质量函数：

$$P\{X=x_j\}=P_j,\quad j=1,2,\cdots,\quad\sum_j P_j=1$$

的随机变量 X。我们可以用逆变换技术的如下的离散版本：

为了模拟具有 $P\{X=X_j\}=P_j$ 的 X 令 U 在(0，1)上均匀地分布，且令

$$X=\begin{cases} x_1, \text{若 } U<P_1 \\ x_2, \text{若 } P_1<U<P_1+P_2 \\ \vdots \\ x_j, \text{若 } \sum_{i=1}^{j-1} P_i < U < \sum_{i=1}^{j} P_i \\ \vdots \end{cases}$$

因为：

$$P\{X=x_j\}=P\left\{\sum_{i=1}^{j-1} P_i < U < \sum_{i=1}^{j} P_i\right\}=P_j$$

我们看到 X 有所要的分布。

例 5.4.1(几何分布)　假设我们要模拟 X，使得：

$$P\{X=i\}=p(1-p)^{i-1}, \quad i \geqslant 1$$

因为：

$$\sum_{i=1}^{j-1} P\{X=i\}=1-P\{X>j-1\}=1-(1-p)^{j-1}$$

我们可以模拟这样的随机变量，通过生成一个随机数 U，且令 X 等于这样的值 j 使：

$$1-(1-p)^{j-1}<U<1-(1-p)^j$$

或者，等价地使：

$$(1-p)^j<1-U<(1-p)^{j-1}$$

因为 $1-U$ 与 U 有相同的分布，于是我们可以定义 X 为：

$$X=\min\{j:(1-p)^j<U\}=\min\left\{j:j>\frac{\ln U}{\ln(1-p)}\right\}=1+\left[\frac{\ln U}{\ln(1-p)}\right]$$

正如在连续情形，对于更为常用的离散分布，已经发展了特殊的模拟技术。现在我们给出几个例子。

例 5.4.2(模拟二项随机变量)　二项(n, p)随机变量最容易模拟，只要回忆起它能够表示为 n 个独立的伯努利随机变量的和即可。就是说，若 U_1，…，U_n 是独立(0，1)均匀随机变量，则令：

$$X_i=\begin{cases} 1, & \text{若 } U_i<p \\ 0, & \text{其他} \end{cases}$$

由此推出 $X=\sum_{i=1}^{n} X_i$ 是以 n 和 p 为参数的二项随机变量。

这个程式的一个困难是需要生成 n 个随机数。为了显示怎样减少所需随机数的个数，

首先注意到这个程式并未用到一个随机数 U 的确切值，而只用到它是否超过 p。利用这一点与给定 $U<p$ 时 U 的条件分布在 $(0, p)$ 上均匀，以及给定 $U>p$ 时 U 的条件分布在 $(p, 1)$ 上均匀的结果，我们现在说明如何只用一个随机数来模拟一个二项 (n, p) 随机变量。

步骤 1：令 $\alpha=1/p$，$\beta=1/(1-p)$。

步骤 2：置 $k=0$。

步骤 3：生成一个均匀随机数 U。

步骤 4：若 $k=n$，则停止。否则重置 $k=k+1$。

步骤 5：若 $U\leqslant p$，则置 $X_k=1$，并且重置 $U=\alpha U$。若 $U>p$，则置 $X_k=0$，并且重置 $U=\beta(U-p)$。返回步骤 4。

整个程式生成 X_1，…，X_n，而 $X=\sum_{i=1}^{n} X_i$ 是所要的随机变量，它通过注意是 $U_k\leqslant p$，还是 $U_k>p$ 来工作；在前一种情形取 U_{k+1} 等于 U_k/p，而在后一种情形取 U_{k+1} 等于 $(U_k-p)/(1-p)$。[1]

例 5.4.3（模拟泊松随机变量） 为了模拟一个速率为 λ 的泊松随机变量，生成 $(0, 1)$ 均匀随机变量 U_1，U_2，…，停止在：

$$N+1=\min\left\{n:\prod_{i=1}^{n} U_i<\mathrm{e}^{-\lambda}\right\}$$

随机变量 N 有所要求的分布，这可以由注意到：

$$N=\max\left\{n:\sum_{i=1}^{n}-\ln U_i<\lambda\right\}$$

看出。但是 $-\ln U_i$ 是速率为 1 的指数随机变量，从而如果我们将 $-\ln U_i(i\geqslant1)$ 解释为一个速率为 1 的泊松过程的到达间隔时间，我们看到 $N=N(\lambda)$ 将等于在时刻 λ 前的事件个数。因此，N 是均值为 λ 的泊松随机变量。

当 λ 大时，上面模拟速率为 1 的泊松过程在时刻 λ 前的事件个数 $N(\lambda)$ 时，我们可以减少计算量，通过首先选取一个整数 m，并且模拟泊松过程的第 m 个事件的时间 S_m，然后按给定 S_m 时 $N(\lambda)$ 的条件分布模拟 $N(\lambda)$。现在给定 S_m 时 $N(\lambda)$ 的条件分布如下：

$$N(\lambda)\mid S_m=s\sim m+P(\lambda s),\quad \text{如果 } s<\lambda$$

$$N(\lambda)\mid S_m=s\sim B\left(m-1,\frac{\lambda}{s}\right),\quad \text{如果 } s>\lambda$$

其中 ~ 表示“与…有相同的分布”（$P(\lambda)$ 是参数为 λ 的泊松随机变量，$B(n, p)$ 是参数为 n 和 p 的二项随机变量）。这是由于如果第 m 个事件在时刻 s 发生，其中 $s<\lambda$，那么，直至时刻 λ 为止的事件数是 m 加上在 (s, λ) 中的事件数。另外，给定 $S_m=s$ 时前 $m-1$ 个事件

[1] 因为计算机的舍入误差，当 n 大时，单个随机数不应该持续地使用。

发生的时间的集合与 $m-1$ 个 $(0,\ s)$ 均匀随机变量的集合有相同的分布。因此，当 $\lambda<s$ 时，直至时刻 λ 为止的事件数是具有参数 $m-1$ 和 $\frac{\lambda}{s}$ 的二项随机变量。于是，我们可以模拟 $N(\lambda)$ 如下：通过首先模拟 S_m，然后或者当 $S_m<\lambda$ 时模拟均值为 $\lambda-S_m$ 的泊松随机变量 $P(\lambda-S_m)$，或者当 $S_m>\lambda$ 时模拟参数为 $m-1$ 和 $\frac{\lambda}{S_m}$ 的二项随机变量 $B(m-1,\ \lambda/S_m)$；并且置：

$$N(\lambda)=\begin{cases}m+P(\lambda-S_m), & \text{若 } S_m<\lambda\\ B(m-1,\lambda/S_m), & \text{若 } S_m>\lambda\end{cases}$$

在上面，我们发现令 m 近似于 $\frac{7}{8}\lambda$ 在计算中是有效的。当然，当 m 大时，S_m 可由一个计算快的模拟 $\Gamma(m,\ \lambda)$ 分布的方法模拟的。

离散分布也有拒绝法和风险率方法，我们把它留作练习。可是，我们有一种模拟有限离散随机变量的技术(称之为别名方法)，尽管建模需要一些时间，但是运行起来非常快。

量 $\boldsymbol{P}$、$\boldsymbol{P}^{(k)}$、$\boldsymbol{Q}^{(k)}$ $(k\leqslant n-1)$ 表示在整数 1，2，…，n 上的概率质量函数——它们是非负的且和为 1 的 n 维向量。另外，向量 $\boldsymbol{P}^{(k)}$ 至多有 k 个非零分量，且每一个 $\boldsymbol{Q}^{(k)}$ 至多有 2 个非零分量。我们证明任意一个概率质量函数 $\boldsymbol{P}$ 可以表示为相同权重的 $n-1$ 个概率质量函数 $\boldsymbol{Q}$(每一个至多有 2 个非零分量)的混合分布。就是说，我们证明对适当地定义的 $\boldsymbol{Q}^{(1)}$，…，$\boldsymbol{Q}^{(n-1)}$，$\boldsymbol{P}$ 可以表示为

$$\boldsymbol{P}=\frac{1}{n-1}\sum_{k=1}^{n-1}\boldsymbol{Q}^{(k)} \tag{5.4.1}$$

作为得到这个表达式的方法的一个介绍的前奏，我们需要下述简单的引理，它的证明留作一个习题。

引理 5.4.1　以 $\boldsymbol{P}=\{P_i,\ i=1,\ \cdots,\ n\}$ 记一个概率质量函数，则

(a)存在一个 i，$1\leqslant i\leqslant n$，使得 $P_i<1/(n-1)$。

(b)对于这个 i，存在一个 j，$j\neq i$，使得 $P_i+P_j\geqslant 1/(n-1)$。

在介绍得到式(5.4.1)的表示武之前，让我们通过一个例子来说明它。

例 5.4.4　考虑具有 $P_1=7/16$，$P_2=1/2$，$P_3=1/16$ 的 3 点分布 $\boldsymbol{P}$。我们由选取满足引理 5.5 条件的 i 和 j 开始。因为 $P_3<1/2$ 和 $P_3+P_2>1/2$，我们可以用 $i=3$ 和 $j=2$ 操作。我们定义一个 2 点质量函数 $\boldsymbol{Q}^{(1)}$ 将所有的权重都给予点 3 和点 2，而且使得 $\boldsymbol{P}$ 能够用相等的权重表示成 $\boldsymbol{Q}^{(1)}$ 与另一个 2 点质量函数 $\boldsymbol{Q}^{(2)}$ 的混合。其次，点 3 的所有质量都包含在 $\boldsymbol{Q}^{(1)}$ 中，因为我们有：

$$P_j=\frac{1}{2}\left(Q_j^{(1)}+Q_j^{(2)}\right),\quad j=1,2,3 \tag{5.4.2}$$

并且，由上面假设 $Q_3^{(2)}$ 等于0，所以我们必须取：

$$Q_3^{(1)} = 2P_3 = \frac{1}{8},\quad Q_2^{(1)} = 1 - Q_3^{(1)} = \frac{7}{8},\quad Q_1^{(1)} = 0$$

为了满足方程(5.4.2)，我们必须置：

$$Q_3^{(2)} = 0,\ Q_2^{(2)} = 2P_2 - \frac{7}{8} = \frac{1}{8},\ Q_1^{(2)} = 2P_1 = \frac{7}{8}$$

因此，在这种情形我们有所要的表示。现在假设原来的分布是4点质量函数：

$$P_1 = \frac{7}{16},\ P_2 = \frac{1}{4},\ P_3 = \frac{1}{8},\ P_4 = \frac{3}{16}$$

现在，$P_3 < 1/3$ 且 $P_3 + P_1 > 1/3$。因此我们的初始2点质量函数($\boldsymbol{Q}^{(1)}$)将集中在点3和1(不给点2和4以权重)。因为最后的表示将给 $\boldsymbol{Q}^{(1)}$ 权重1/3，而另外的 $\boldsymbol{Q}^{(j)}$ ($j=2,3$)将不给值3以任何质量，我们必须有：

$$\frac{1}{3}Q_3^{(1)} = P_3 = \frac{1}{8}$$

因此：

$$Q_3^{(1)} = \frac{3}{8},\ Q_1^{(1)} = 1 - \frac{3}{8} = \frac{5}{8}$$

同样，我们可以写出：

$$\boldsymbol{P} = \frac{1}{3}\boldsymbol{Q}^{(1)} + \frac{2}{3}\boldsymbol{P}^{(3)}$$

其中为了满足上式，$\boldsymbol{P}^{(3)}$ 必须是向量：

$$P_1^{(3)} = \frac{3}{2}\left(P_1 - \frac{1}{3}Q_3^{(1)}\right) = \frac{1}{3}\,\frac{1}{2},$$

$$P_2^{(3)} = \frac{3}{2}P_2 = \frac{3}{8},$$

$$P_3^{(3)} = 0,$$

$$P_4^{(3)} = \frac{3}{2}P_4 = \frac{9}{32}$$

注意 $\boldsymbol{P}^{(3)}$ 不给值3以任何质量，现在我们可以将质量函数 $\boldsymbol{P}^{(3)}$ 表示为2点质量函数 $\boldsymbol{Q}^{(2)}$ 和 $\boldsymbol{Q}^{(3)}$ 的相等权重的混合，且我们结束于：

$$\boldsymbol{P} = \frac{1}{3}\boldsymbol{Q}^{(1)} + \frac{2}{3}\left(\frac{1}{2}\boldsymbol{Q}^{(2)} + \frac{1}{2}\boldsymbol{Q}^{(3)}\right) = \frac{1}{3}(\boldsymbol{Q}^{(1)} + \boldsymbol{Q}^{(2)} + \boldsymbol{Q}^{(3)})$$

(我们将细节作为习题留给你)。

上面的例子概要地列出了对于点质量函数 $\boldsymbol{P}$ 写成形如方程(5.4.2)的一般程序，其中 $\boldsymbol{Q}^{(i)}$ 是质量函数，它所有的质量都给出在至多2个点上。作为开始，我们选取满足引理5.5的 i 和 j。我们现在定义 $\boldsymbol{Q}^{(1)}$ 集中在点 i 和 j，且包含点 i 的所有质量，注意到，在方程

(5.4.2)的表示中，对于 $k=2$，…，$n-1$ 有 $Q_i^{(k)}=0$，它导致：

$$Q_i^{(1)} = (n-1)P_i, \quad \text{所以 } Q_j^{(1)} = 1-(n-1)P_i$$

将它写成：

$$\boldsymbol{P} = \frac{1}{n-1}\boldsymbol{Q}^{(1)} + \frac{n-2}{n-1}\boldsymbol{P}^{(n-1)} \tag{5.4.3}$$

其中 $\boldsymbol{P}^{(n-1)}$ 表示余下的质量，我们看到：

$$P_i^{(n-1)} = 0,$$

$$P_j^{(n-1)} = \frac{n-1}{n-2}\left(P_j - \frac{1}{n-1}Q_j^{(1)}\right) = \frac{n-1}{n-2}\left(P_i + P_j - \frac{1}{n-1}\right),$$

$$P_k^{(n-1)} = \frac{n-1}{n-2}P_k, \quad k \neq i \text{ 或 } j$$

容易验证上式确实是一个概率质量函数——例如，$P_j^{(n-1)}$ 的非负性得自由 j 的选取使得 $P_i+P_j>1/(n-1)$ 的事实。

我们现在可以在 $n-1$ 点概率质量函数 $\boldsymbol{P}^{(n-1)}$ 上重复上面的程序得到：

$$\boldsymbol{P}^{(n-1)} = \frac{1}{n-2}\boldsymbol{Q}^{(2)} + \frac{n-3}{n-2}\boldsymbol{P}^{(n-2)}$$

而这样由方程(5.4.3)，我们有：

$$\boldsymbol{P} = \frac{1}{n-1}\boldsymbol{Q}^{(1)} + \frac{1}{n-1}\boldsymbol{Q}^{(2)} + \frac{n-3}{n-1}\boldsymbol{P}^{(n-2)}$$

我们现在对 $\boldsymbol{P}^{(n-2)}$ 重复这个程序，依此类推，直到我们最终得到：

$$\boldsymbol{P} = \frac{1}{n-1}(\boldsymbol{Q}^{(1)} + \cdots + \boldsymbol{Q}^{(n-1)})$$

用这样的方法，可以将 $\boldsymbol{P}$ 表示为具有相等权重的 $n-1$ 个 2 点分布的混合。我们现在能够容易地从 $\boldsymbol{P}$ 模拟：通过首先生成一个等可能地取 1，2，…，$n-1$ 中的一个值的随机变量 N。如果结果的值 N 使得 $\boldsymbol{Q}^{(N)}$ 在点 i_N 和 j_N 上设置正的权重，那么若第二个随机数小于 $Q_{i_N}^{(N)}$，我们可以置 X 等于 i_N，而在其他情形，置 X 等于 j_N。于是随机变量 X 就有概率质量函数 $\boldsymbol{P}$。就是说，我们有从 $\boldsymbol{P}$ 模拟的如下的程序。

步骤 1：生成 U_1，并且令 $N=1+[(n-1)U_1]$。

步骤 2：生成 U_2，并且令：

$$X = \begin{cases} i_N, & \text{若 } U_2 < Q_{i_N}^{(N)} \\ j_N, & \text{其他} \end{cases}$$

注：(1)上面的方法称为别名方法，因为经过对 $\boldsymbol{Q}$ 的重新编号，我们总可以安排得使对于每个 k 有 $Q_k^{(k)}>0$。(即我们可以安排得使第 k 个 2 点分布在值 k 上有正的权重)。因此，这个程序要求模拟等可能地取 1，2，…，$n-1$ 的 N，且如果 $N=k$，则或者接受 k 为

X 的值，或者接受 k 的“别名”为 X 的值(也就是，$\boldsymbol{Q}^{(k)}$ 给出正的权重的另一个值)。

(2)实际上，在步骤2中不必生成新的随机数。因为 $N-1$ 是 $(n-1)U_1$ 的整数部分，由此推出余下的部分 $(n-1)U_1-(N-1)$ 独立于 U_1，而且在(0，1)上均匀分布。因此，不用生成一个新的随机数 U_2，我们可以用 $(n-1)U_1-(N-1)=(n-1)U_1-[(n-1)U_1]$。

例5.4.5 让我们回到例5.2的问题，其中考虑含有 n 个未必不同的项目的列表。每个项目有一个值(记 $v(i)$ 为在位置 i 的项目的值)而我们有兴趣估计：

$$v=\sum_{i=1}^{n}v(i)/m(i)$$

其中 $m(i)$ 是在位置 i 的项目在列表中出现的次数，简言之，v 是在列表中的(不同的)项目的值的和。

为了估计 v，注意到如果 X 是一个随机变量使：

$$P\{X=i\}=v(i)\Big/\sum_{j=1}^{n}v(j),\quad i=1,\cdots,n$$

那么：

$$E[1/m(X)]=\frac{\sum_{i}v(i)/m(i)}{\sum_{j}v(j)}=v\Big/\sum_{j=1}^{n}v(j)$$

因此，我们可以用别名(或者任何其他的)方法生成与 X 同分布的随机变量 X_1，…，X_k，然后用：

$$v\approx\frac{1}{k}\sum_{j=1}^{n}v(j)\sum_{i=1}^{k}1/m(X_i)$$

估计 v。

第五节 随机过程

我们可以通过模拟一系列随机变量来模拟一个随机过程。例如模拟到达间隔分布 F 的一个更新过程的前 t 个时间单位，我们可以模拟具有分布 F 的随机变量 X_1，X_2，…，停止在：

$$N=\min\{n:X_1+\cdots+X_n>t\}$$

其中 $X_i(i\geqslant1)$ 表示更新过程的到达间隔时间，那么上面的模拟产生至 t 为止的 $N-1$ 个事件——发生在时刻 X_1，X_1+X_2，…，$X_1+\cdots+X_{N-1}$ 的事件。

实际上，存在另一种非常有效的模拟泊松过程的方法。假设我们要模拟速率为 λ 的泊松过程的前 t 个时间单位。为此我们可以首先模拟直至 t 为止的事件的个数 $N(t)$，然后利用在

给定 $N(t)$ 的值时 $N(t)$ 个事件的时间集合的分布正如 n 个独立的 $(0,\ t)$ 均匀随机变量的集合的结果。因此，我们从模拟一个均值为 λt 的泊松随机变量 $N(t)$ 开始(用例 5.9 中给出的任意一种方法)。于是，如果 $N(t)=n$，则生成 n 个随机数的一个新的集合(记为 $U_1,\ \cdots,\ U_n$)且 $\{tU_1,\ \cdots,\ tU_n\}$ 将表示 n 个事件的时间，如果我们能够在此停止，这将比模拟指数分布的到达间隔时间更为有效。然而，我们通常要求事件的时间具有增加的次序，例如，对于 $s<t$：

$$N(s) = U_i \text{ 的个数}: tU_i \leq s$$

从而在计算 $N(s)\ (s\leq t)$ 时，最好在乘 t 之前首先将 $U_1,\ \cdots,\ U_n$ 排序。然而，在这样做的时候，你不应该用通常的排序算法，如快速排序，而更合适的是考虑被排序的元素来自 $(0,\ 1)$ 均匀总体，这样的 n 个 $(0,\ 1)$ 均匀变量的一个排序算法如下：不用长度为 n 的单个列表的排序，我们将考虑 n 个有序的(或者相关联的)随机大小的列表。将值 U 放在列表 i，如果它的值在 $(i-1)/n$ 与 i/n 之间，即 U 放在列表 $[nU]+1$ 中。单个的列表就这样被排序，而所有列表的全部连接就是要求的次序。因为几乎所有 n 个列表都相对地小(例如，如果 $n=1000$，列表的大小大于 4 的平均数(用二项分布的泊松近似)近似等于 $1000\left(1-\frac{65}{24}e^{-1}\right)\approx 4$)，单个列表的排序是很快的，所以这个算法的运行时间与 n 成比例(比最好的通用排序算法的 $n\ln n$ 更好)。

建模中的一个极其重要的计数过程是非时齐的泊松过程，它放宽了泊松过程的平稳增量假定。这样允许到达率不是常数而可以随时间变化的可能性。然而，对于假定非时齐的泊松到达过程很少有分析研究，其简单的原因就是这样的模型常常在数学上不易处理。(例如，在一条单服务线假定有非时齐的泊松到达过程的指数服务时间的排队模型中，顾客平均延迟没有已知表达式。)[1]显然这样的模型是模拟研究的强势候选者。

一、模拟非时齐泊松过程

现在介绍模拟具有强度函数 $\lambda(t)\ (0\leq t<\infty)$ 的非时齐泊松过程的三种方法。

方法 1　抽样一个泊松过程

模拟强度函数 $\lambda(t)$ 的非时齐泊松过程的前 T 个时间单位。令 λ 使得：

$$\lambda(t)\leq\lambda, \quad \text{对于所有 } t\leq T$$

现在，这个强度函数 $\lambda(t)$ 的非时齐泊松过程可以由速率 λ 的泊松过程的事件时间，经过一个随机的选取生成。就是说，如果速率 λ 的泊松过程在时刻 t 发生的一个事件以概率 $\lambda(t)/\lambda$ 被计数，那么被计数的事件是一个强度函数为 $\lambda(t)\ (0\leq t\leq T)$ 的非时齐泊松过程。因此，通过模拟一个泊松过程，然后随机的计数这个事件，我们可以生成所要的非时齐泊

[1] 一个假定非时齐泊松到达过程而且在数学上易于处理的排队模型是无穷服务模型。

松过程。我们于是有下面的程序：

生成独立随机变量 X_1，U_1，X_2，U_2，…，其中 X_i 是速率 λ 的指数随机变量，而 U_i 是随机数，停止在：

$$N = \min\left\{n: \sum_{i=1}^{n} X_i > T\right\}$$

现在对于 $j=1$，…，$N-1$，令：

$$I_j = \begin{cases} 1, & 若\ U_j \leqslant \lambda\left(\sum_{i=1}^{j} X_i\right)/\lambda \\ 0, & 其他 \end{cases}$$

并且令：

$$J = \{j: I_j = 1\}$$

于是，在时间集合 $\{\sum_{i=1}^{j} X_i : j \in J\}$ 发生事件的这个计数过程构成所要的过程。

上面的程序被称为减弱算法(因为它“削薄了”时齐泊松过程的点)，当 $\lambda(t)$ 在整个区间上接近于 λ 时，显然在被拒绝的事件次数最少的意义下是最有效的。于是，一个明显的改进是将区间分割为子区间，然后在每个子区间上用这个程序。就是说，确定合适的值 k，$0<t_1<t_2<\cdots<t_k<T$，λ_1，…，λ_{k+1} 使得：

$$\lambda(s) \leqslant \lambda_i, \quad 当\ t_{i-1} \leqslant s < t_i, i = 1,\cdots,k+1(其中\ t_0 = 0, t_{k+1} = T) \tag{5.5.1}$$

现在，在区间 (t_{i-1}, t_i) 通过生成速率为 λ_i 的指数随机变量，并且以概率 $\lambda(s)/\lambda_i$ 接受在时刻 s，$s\in(t_{i-1}, t_i)$ 发生的事件以模拟非时齐泊松过程。因为指数随机变量的无记忆性质，以及一个指数随机变量的速率可以通过乘以一个常数改变，所以，从一个子区间到下一个子区间并没有损失有效性。换句话说，如果我们在 $t\in[t_{i-1}, t_i)$，并且生成一个速率为 λ_i 的指数随机变量 X 使得 $t+X>t_i$，那么我们可以用 $\lambda_i[X-(t_i\ t)]/\lambda_{i+1}$ 作为下一个速率为 λ_{i+1} 的指数随机变量。于是，当关系(5.5.1)满足时，我们有生成前 t 个单位时间的强度函数 $\lambda(s)$ 的非时齐泊松过程的下述算法。在此算法中，t 表示目前的时间，且 I 是目前的区间(即，当 $t_{i-1}\leqslant t<t_i$ 时，$I=i$)。

步骤1：$t=0$，$I=1$。

步骤2：生成一个速率为 λ_i 的指数随机变量 X。

步骤3：如果 $t+X<t_I$，重置 $t=t+X$，生成一个随机数 U。如果 $U\leqslant\lambda(t)/\lambda_I$，那么接受事件时间 t。返回步骤2。

步骤4：(在 $t+X\geqslant t_I$ 时到达的步骤)若 $I=k+1$，则停止。否则，重置 $X=[X-(t_I-t)]\lambda_I/\lambda_{I+1}$。重置 $t=t_I$ 和 $I=I+1$，转向步骤3。

现在假设在某个子区间 (t_{i-1}, t_i) 上有 $\lambda_i>0$，其中：

$$\lambda_i \equiv \inf\{\lambda(s): t_{i-1} \leqslant s < t_i\}$$

在这种情形，我们不应该直接用减弱算法，而更合适的是，在所要的区间上首先模拟速率为 λ_i 的泊松过程，然后当 $s \in (t_{i-1}, t_i)$ 模拟强度函数为 $\lambda(s)-\lambda_i$ 的非时齐泊松过程。(生成泊松过程中超出了边界的最后一个指数随机变量不必要浪费，它可以经适当的变换后再使用。)两个过程的叠加(或合并)就产生了在这个区间上所要的过程。这样做的原因是，对于平均事件数为 $\lambda_i(t_i-t_{i-1})$ 的泊松分布数，会节省必需的均匀随机变量。例如，考虑情形：

$$\lambda(s) = 10 + s, \quad 0 < s < 1$$

以 $\lambda=11$ 用减弱方法将生成期望数为 11 个事件，每一个需要一个随机数以决定是否接受它。另一方面，生成一个速率为 10 的泊松过程，然后合并一个速率为 $\lambda(s)=s$，$0<s<1$ 的非时齐泊松过程，将产生等分布的事件数，但是需要检查决定是否接受的期望次数等于 1。

另一种模拟非时齐泊松过程更加有效的途经是利用叠加。例如，考虑过程：

$$\lambda(t) = \begin{cases} \exp\{t^2\}, & 0 < t < 1.5 \\ \exp\{2.25\}, & 1.5 < t < 2.5 \\ \exp\{(4-t)^2\}, & 2.5 < t < 4 \end{cases}$$

在图 5.5.1 中给出了它的强度函数的图形。模拟直到时刻 4 为止的这个随机过程的一个途径是，首先在这个区间生成速率为 1 的泊松过程；然后在这个区间生成速率为 $e-1$ 的泊松过程，并且接受在(1，3)中的所有事件，而对于不在(1，3)中的时刻 t 的事件则以概率 $\frac{\lambda(t)-1}{e-1}$ 接受；然后在区间(1，3)上生成速率为 $e^{2.25}-e$ 的泊松过程，并且接受在 1.5 和 2.5 之间的所有事件，而对于不在这个区间的时刻 t 的事件则以概率 $\frac{\lambda(t)-e}{e^{2.25}-e}$ 接受。这些过程的叠加就是所要的非时齐泊松过程。换句话说，我们所做的事是将 $\lambda(t)$ 分解为以下的非负部分：

$$\lambda(t) = \lambda_1(t) + \lambda_2(t) + \lambda_3(t), \quad 0 < t < 4$$

其中：

$$\lambda_1(t) \equiv 1,$$

$$\lambda_2(t) = \begin{cases} \lambda(t)-1, & 0 < t < 1 \\ e-1, & 1 < t < 3 \\ \lambda(t)-1, & 3 < t < 4 \end{cases}$$

$$\lambda_3(t) = \begin{cases} \lambda(t)-e, & 1.5 < t < 2.5 \\ \lambda(t)-e, & 2.5 < t < 3 \\ 0, & 3 < t < 4 \end{cases}$$

其中减弱算法(在每种情形以单个区间减弱一次)应用于模拟组成的非齐次泊松过程。

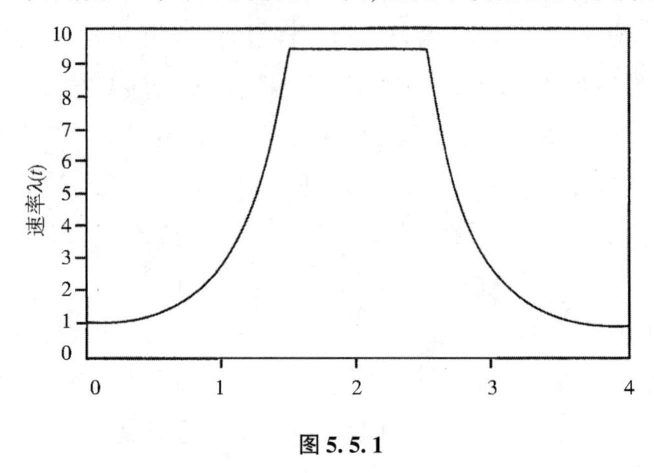

图 5.5.1

方法 2 到达时间的条件分布

回想一下速率为 λ 的泊松过程的结果，给定直到时刻 T 为止的事件数时，事件的时间集合是独立同分布的$(0,\ T)$上均匀随机变量。现在假设这些事件中在时刻 t 发生的每一个都以概率 $\lambda(t)/\lambda$ 计数，因此，在给定被计数的事件数时，推出这些被计数的事件时间是独立的，具有相同的分布 $F(s)$，其中：

$$\begin{aligned} F(s) &= P\{\text{时间} \leqslant s \mid \text{被计数}\} \\ &= \frac{P\{\text{时间} \leqslant s, \text{被计数}\}}{P\{\text{被计数}\}} \\ &= \frac{\int_0^T P\{\text{时间} \leqslant s, \text{被计数} \mid \text{时间} = x\}\,\mathrm{d}x/T}{P\{\text{被计数}\}} \\ &= \frac{\int_0^s \lambda(x)\,\mathrm{d}x}{\int_0^T \lambda(x)\,\mathrm{d}x} \end{aligned}$$

于是上面的推理(有一些直观)表明，给定非时齐泊松过程直到时刻 T 为止的 n 个事件，这 n 个事件的时间是独立的，具有相同的密度函数：

$$f(s) = \frac{\lambda(s)}{m(T)},\quad 0 < s < T,\quad m(t) = \int_0^T \lambda(s)\,\mathrm{d}s \tag{5.5.2}$$

由于直至时刻 T 为止事件数 $N(T)$ 是均值为 $m(T)$ 的泊松分布，我们模拟非时齐泊松过程可以通过首先模拟 $N(T)$，然后由密度(5.5.2)模拟 $N(T)$ 个随机变量。

例 5.5.1 若 $\lambda(s)=cs$，则可以模拟非时齐泊松过程的前 T 个时间单位，通过首先模拟有均值 $m(T) = \int_0^T cs\mathrm{d}s = cT^2/2$ 的泊松随机变量 $N(T)$，而后模拟具有分布

$$F(s) = \frac{s^2}{T^2}, \quad 0 < s < T$$

的 $N(T)$ 个随机变量。具有上面分布的随机变量可以用逆变换方法模拟［因为 $F^{-1}(U) = T\sqrt{U}$］，或者由注意到当 U_1 和 U_2 都是独立的随机数时，F 是 $\max(TU_1, TU_2)$ 的分布函数模拟。

如果由式(5.5.2)给出的分布函数并不容易求逆，我们总可以从式(5.5.2)利用拒绝法，我们或者接受或者拒绝(0，T)均匀分布的模拟值来模拟。就是说，令 $h(s) = 1/T$，$0<s<T$。那么：

$$\frac{f(s)}{h(s)} = \frac{T\lambda(s)}{m(T)} \leqslant \frac{\lambda T}{m(T)} \equiv C$$

其中 λ 是 $\lambda(s)(0 \leqslant s \leqslant T)$ 的一个界。因此，拒绝法是生成随机数 U_1 和 U_2，然后接受 TU_1，如果：

$$U_2 \leqslant \frac{f(TU_1)}{Ch(TU_1)}$$

或者，等价地，如果：

$$U_2 \leqslant \frac{\lambda(TU_1)}{\lambda}$$

方法 3　模拟事件的时间

我们介绍模拟具有强度函数 $\lambda(t)(t \geqslant 0)$ 非时齐泊松过程的第三种方法，这可能是最基本的方法，即模拟相继事件的时间。所以，将这样过程的相继事件时间记为 X_1，X_2，…，因为这些随机变量是相互依赖的，所以我们利用条件分布方法作模拟。因此，我们需要给定 X_1，…，X_{i-1} 时 X_i 的条件分布。

首先，注意，如果一个事件发生在时刻 x，那么独立于 x 之前发生了什么，直至下一个事件的时间有分布 F_x 给自由独立增量：

$$\begin{aligned}\bar{F}_x(t) &= P\{在(x, x+t)中有0个事件 \mid 有事件在x\} \\ &= P\{在(x, x+t)中有0个事件\} \\ &= \exp\left\{-\int_0^t \lambda(x+y)\mathrm{d}y\right\}\end{aligned}$$

求微商，得到对应于 F_x 的密度是：

$$f_x(t) = \lambda(x+t)\exp\left\{-\int_0^t \lambda(x+y)\mathrm{d}y\right\}$$

于是 F_x 的风险率函数是：

$$r_x(t) = \frac{f_x(t)}{\bar{F}_x(t)} = \lambda(x+t)$$

我们现在可以这样地模拟事件时间 X_1，X_2，…：通过从 F_0 模拟 X_1；如果 X_1 的模拟值是 x_1，用从 F_{x_1} 生成的一个值加上 x_1 模拟 X_2，且如果 X_2 的模拟值是 x_2，用从 F_{x_2} 生成的

一个值加上 x_2 模拟 X_3，如此等等。由这些分布用于模拟的方法，当然依赖于这些分布的形式。然而，有趣的是，如果 $\lambda(t)\leqslant\lambda$ 并且利用风险率方法模拟，那么我们可以用方法 1 完成(我们将这个事实的验证留作习题)。然而，有时分布 F_x 很容易地求逆，因此可以应用逆变换方法。

例 5.5.2 假设 $\lambda(x)=1/(x+a)$，$x\geqslant0$，那么：

$$\int_0^t \lambda(x+y)\mathrm{d}y = \ln\left(\frac{x+a+t}{x+a}\right)$$

因此：

$$F_x(t) = 1-\frac{x+a}{x+a+t} = \frac{t}{x+a+t}$$

从而：

$$F_x^{-1}(u) = (x+a)\frac{u}{1-u}$$

所以，可以通过生成 U_1，U_2，…，而后置：

$$X_1 = \frac{aU_1}{1-U_1},\quad X_2 = (X_1+a)\frac{U_2}{1-U_2}+X_1$$

而一般地：

$$X_j = (X_{j-1}+a)\frac{U_j}{1-U_j}+X_{j-1},\quad j\geqslant 2$$

以模拟相继事件的时间 X_1，X_2，…。

二、模拟二维泊松过程

一个由平面中随机发生的点组成的点过程，称为速率 λ 的二维泊松过程，如果

(a)在任意给定面积为 A 的区域中的点数是均值为 λA 的泊松分布；

(b)在不相交区域中的点数是独立的。

对于在平面中给定的固定的点 O，我们现在说明，如何模拟速率为 λ 的二维泊松过程在以 O 为中心 r 为半径的圆形区域中发生的事件。以 $R_i(i\geqslant1)$ 记 O 与第 i 个与它最近的泊松点的距离，而以 $C(a)$ 记以 O 为中心 a 为半径的圆。那么：

$$P\{\pi R_1^2 > b\} = P\{R_1 > \sqrt{b/\pi}\} = P\{\text{在 } C(\sqrt{b/\pi}\text{ 中无点}\} = \mathrm{e}^{-\lambda b}$$

同样，以 $C(a_2)-C(a_1)$ 记在 $C(a_2)$ 与 $C(a_1)$ 之间的区域：

$$\begin{aligned}
&P\{\pi R_2^2-\pi R_1^2 > b \mid R_1 = r\}\\
&= P\{R_2 > \sqrt{(b+\pi r^2)/\pi} \mid R_1 = r\}\\
&= P\{\text{在 } C(\sqrt{(b+\pi r^2)/\pi})-C(r)\text{ 中无点} \mid R_1 = r\}\\
&= \mathrm{e}^{-\lambda b}
\end{aligned}$$

事实上，可以重复同样的推理得到下面的命题。

命题 5.5.1　以 $R_0=0$，

$$\pi R_i^2-\pi R_{i-1}^2,\quad i\geqslant 1$$

是独立的速率为 λ 的指数随机变量。

换句话说，为了包围一个泊松点所需要穿过的面积的量，是速率为 λ 的指数随机变量。由于对称性，各个泊松点的角度是独立的(0，2π)上的均匀分布，于是我们有模拟以 $\boldsymbol{O}$ 为中心 r 为半径的圆形区域中泊松过程的如下算法。

步骤 1：生成独立的速率为 1 的指数随机变量 X_1，X_2，…，停止在：

$$N=\min\left\{n:\frac{X_1+\cdots+X_n}{\lambda\pi}>r^2\right\}$$

步骤 2：如果 $N=1$，则停止，在 $C(r)$ 中没有点，否则，对于 $i=1$，…，$N-1$ 令：

$$R_i=\sqrt{(X_1+\cdots+X_i)/\lambda\pi}$$

步骤 3：生成独立的(0，1)均匀随机变量 U_1，…，U_{N-1}。

步骤 4：返回在 $C(r)$ 中的 $N-1$ 个泊松点，它们的极坐标是：

$$(R_i,\ 2\pi U_i),\quad i=1,\ \cdots,\ N-1$$

上面的算法平均地要求 $1+\lambda\pi r^2$ 个指数随机变量和同样个数的均匀随机数。另一个模拟在 $C(r)$ 中的点的算法是，先模拟这些点的个数 N，然后利用给定 N 时这些点在 $C(r)$ 上均匀分布这个事实。后面的程序要求模拟一个均值为 $\lambda\pi r^2$ 的泊松随机变量 N；然后必须模拟 N 个在 $C(r)$ 上均匀的点，通过由分布 $F_R(a)=a^2/r^2$ 模拟 R 和由(0，2π)均匀分布模拟 θ，而且必须按 R 的递增次序给这 N 个均匀值排序。第一个程序的主要优点是它不需要排序。

上面的算法可以认为是以 O 为中心的圆的半径连续地从 0 到 r 成扇形散开。遇到泊松点的半径被相继地模拟，通过注意必须包围一个泊松点的附加面积总是独立于过去的速率为 λ 的指数随机变量。这个技术可以用于模拟这个过程在非圆形区域中的事件。例如，考虑一个非负函数 $g(x)$，并且假设我们有兴趣模拟在 x 从 0 到 T 的 x 轴与 g 之间的区域中(见图 5.5.2)的泊松点过程。为此我们可以从左手端通过考虑相继的面积 $\int_0^a g(x)\,\mathrm{d}x$ 垂直地散开开始。现在如果以 $X_1<X_2<\cdots$记泊松点在 x 轴上相继的投影，那么，类似于命题 5.1，推出当 $X_0=0$ 时 $\lambda\int_{X_{i-1}}^{X_i}g(x)\,\mathrm{d}x,(i\geqslant 1)$ 是独立的速率为 1 的指数随机变量。因此，我们应该模拟独立的速率为 1 的指数随机变量 ε_1，ε_2，…，模拟停止于：

$$N=\min\left\{n:\varepsilon_1+\cdots+\varepsilon_n>\lambda\int_0^T g(x)\,\mathrm{d}x\right\}$$

而且由：

$$\lambda\int_{0}^{X_1}g(x)\,\mathrm{d}x=\varepsilon_1,$$

$$\lambda\int_{X_1}^{X_2}g(x)\,\mathrm{d}x=\varepsilon_2,$$

$$\vdots$$

$$\lambda\int_{X_{N-2}}^{X_{N-1}}g(x)\,\mathrm{d}x=\varepsilon_{N-1},$$

确定 X_1，…，X_{N-1}。如果我们现在模拟独立的均匀(0，1)随机数 U_1，…，U_{N-1}，那么，因为 x 坐标为 X_i 的泊松点在 y 轴上的投影是在$[0, g(X_i)]$上的均匀随机变量，所以，在这个区间上模拟的泊松点是$[X_i, U_ig(X_i)]$，$i=1$，…，$N-1$。

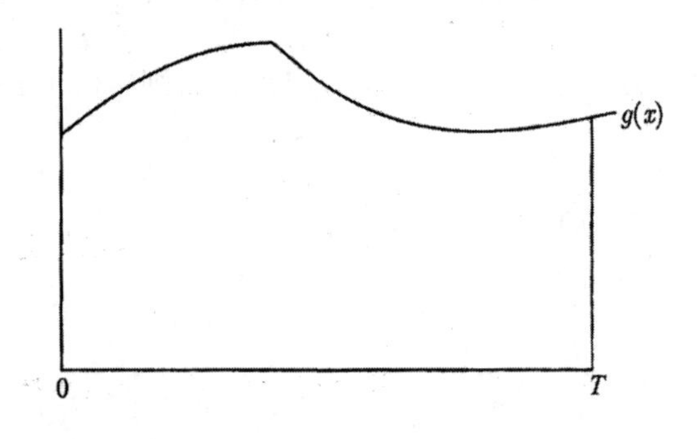

图 5.5.2

当然，在函数 g 足够正则以致于使得上面的方程可以解出 X_i 时，以上的技术最有用。例如，若 $g(x)=y$(从而感兴趣的区域是矩形)，那么：

$$X_i=\frac{\varepsilon_1+\cdots+\varepsilon_i}{\lambda y},\quad i=1,\cdots,N-1$$

且泊松点是：

$$(X_i,yU_i),\quad i=1,\cdots,N-1$$

第六章　观察值驱动的 NBRCINAR(1) 过程的统计推断

Zheng et al.(2007)提出了一类随机系数的整数值自回归[RCINAR(1)]过程。与经典的 INAR(1)过程(Al - Osh 和 Alzaid，1987)不同，该模型突破了自回归系数是固定常数的限制，而允许自回归系数是随机的且是独立同分布的随机变量。虽然该模型在实际背景下可以比较好的拟合一些整数值时间序列的变化趋势，但还是存在着其它的不足之处。例如，关于自回归系数是 i. i. d. 随机变量序列的假设不能给出自回归系数一个比较动态的描述，另外，基于二项稀疏算子的 RCINAR(1)模型并不适合描述诸如繁殖过程和传染病过程等的整数值时间序列。为了弥补 RCINAR(1)模型的不足，在本章中，我们基于负二项稀疏算子提出了一类观察值驱动的 NBRCINAR(1)过程，其中我们假设自回归系数是相依的随机变量序列且与前一时刻的观测值有关，我们采用条件最小二乘和经验似然的方法来估计模型的参数，并将提出的模型应用于美国宾州匹兹堡市的一组犯罪数据当中。

本章内容安排如下：在第一节中，我们给出了观察值驱动的 NBRCINAR(1)过程的定义和性质；在第二节中，我们讨论了该模型的参数估计问题；在第三节中，我们通过数值模拟比较了估计方法的表现；最后在第四节中，我们用所提出的模型拟合了一组犯罪数据。

第一节　模型的定义和基本性质

在本节中，我们提出一类观察值驱动的 NBRCINAR(1)过程，其定义如下：

定义 6.1.1　称$\{X_t\}$为观察值驱动的 NBRCINAR(1)过程，若它满足下面的回归方程

$$X_t = \phi_t * X_{t-1} + \varepsilon_t, \quad \log\frac{\phi_t}{1-\phi_t} = \nu(X_{t-1};\boldsymbol{\beta}), \quad t \geqslant 1 \tag{6.1.1}$$

其中

(i)“$*$”是由 Ristic 和 Bakouch(2009)定义的负二项稀疏算子。$\phi_t * X_{t-1} = \sum_{i=1}^{X_{t-1}} \omega_i^{(t)}$，给定 ϕ_t，$\{\omega_i^{(t)}\}$ 是一列 i. i. d. 服从几何分布的随机变量序列，其分布律为：

$$P[\omega_i^{(t)} = x] = \frac{\phi_t^x}{(1+\phi_t)^{1+x}}, \quad x = 0,1,\cdots$$

(ii)函数 $\nu(.\,;\,.)$属于一个特殊的含参数的函数族 $y_\theta = \{\nu(X_{t-1};\boldsymbol{\beta});\boldsymbol{\beta}\in Ⓗ\}$，$\boldsymbol{\beta}$ 是 ℓ 维的参数向量，Ⓗ是$\mathbb{R}^{\ell}$ 的一个开子集且 $\nu(x;\boldsymbol{\beta})$关于参数$\boldsymbol{\beta}$ 是三次连续可微的；

(iii)$\{\varepsilon_t\}$是一列 i. i. d. 非负整数值随机变量序列，其概率质量函数为$f_\varepsilon>0$，且对于任意的时刻 t，ε_t 独立于$\{X_s\}_{s<t}$。

注：(1)事实上，满足上面条件的函数 $\nu(X_{t-1};\boldsymbol{\beta})$有很多，其中最直接也是最简单的函数是线性函数 $\nu(X_{t-1};\boldsymbol{\beta}) = a + bX_{t-1}$，对于这个模型我们将在第三节数值模拟中给出具体的讨论。

(2)观察值驱动的 NBRCINAR(1)过程可以用来建模很多实际生活中的整数值时间序列数据集。例如，X_t 表示一个地区某物种第 t 年的数量，ϕ_t 表示第 t 年每个个体的平均繁殖数量，$\phi_t * X_{t-1}$表示的是第 $t-1$ 年的物种在第 t 年繁殖的后代总数(包含母体)，Z_t 表示第 t 年新进入该区域的物种数量。很显然，ϕ_t 会受到很多环境因素的影响，如生存的空间和食物的供给等，而这些因素又与上一年的物种数量 X_{t-1} 息息相关。因此，可以建立函数关系 $\log[\phi_t/(1-\phi_t)] = \nu(X_{t-1};\boldsymbol{\beta})$。

由定义 6.1.1 可以很容易得到观察值驱动的 NBRCINAR(1)过程$\{X_t\}$是一个状态空间为$\mathbb{N}_0$ 的 Markov 链，其转移概率为：

$$\begin{aligned} & P(X_t = x_t \mid X_{t-1} = x_{t-1}) \\ = & \sum_{k=0}^{x_t} \binom{k + x_{t-1} - 1}{k} f_\varepsilon(x_t - k) \frac{\mathrm{e}^{k\nu(x_{t-1};\beta)}(1+\mathrm{e}^{\nu(x_{t-1};\beta)})^{x_{t-1}}}{(1+2\mathrm{e}^{\nu(x_{t-1};\beta)})^{k+x_{t-1}}} \end{aligned} \tag{6.1.2}$$

令 $E(\varepsilon_t)=\lambda$，$\mathrm{Var}(\varepsilon_t)=\sigma_\varepsilon^2$。假定它们均是有限的。由于矩和条件矩是推导模型的参数估计方程的理论基础，下面的命题给出了观察值驱动的 NBRCINAR(1)过程的某些矩和条件矩。

命题 6.1.1 设序列$\{X_t\}$是由式(6.1.1)定义的过程，则对于 $t\geqslant 1$，有：

(i)$E(X_t \mid X_{t-1}) = \dfrac{\mathrm{e}^{\nu(X_{t-1};\boldsymbol{\beta})}}{1+\mathrm{e}^{\nu(X_{t-1};\boldsymbol{\beta})}}X_{t-1} + \lambda$；

(ii)$\mathrm{Var}(X_t \mid X_{t-1}) = \dfrac{\mathrm{e}^{\nu(X_{t-1};\boldsymbol{\beta})}}{1+\mathrm{e}^{\nu(X_{t-1};\boldsymbol{\beta})}}\left(1+\dfrac{\mathrm{e}^{\nu(X_{t-1};\boldsymbol{\beta})}}{1+\mathrm{e}^{\nu(X_{t-1};\boldsymbol{\beta})}}\right)X_{t-1} + \sigma_\varepsilon^2$；

(iii) $\mathrm{Cov}(X_t, X_{t-1}) = E\left(\frac{\mathrm{e}^{\nu(X_{t-1};\boldsymbol{\beta})}}{1+\mathrm{e}^{\nu(X_{t-1};\boldsymbol{\beta})}}X_{t-1}^2\right) - E\left(\frac{\mathrm{e}^{\nu(X_{t-1};\boldsymbol{\beta})}}{1+\mathrm{e}^{\nu(X_{t-1};\boldsymbol{\beta})}}X_{t-1}\right)E(X_{t-1})$。

过程的遍历性是一个很重要的统计性质，它对于获得估计量的渐近性质是至关重要的，下面的命题给出了观察值驱动的 NBRCINAR(1)过程具有遍历性的一个充分条件。

命题 6.1.2 若 $\sup_{x\in\mathbb{N}_0}\nu(x;\boldsymbol{\beta}) < +\infty$，$\beta\in\Theta$，则由(6.1.1)定义的过程$\{X_t\}$是一个遍历的马尔可夫链。

注：特别地，若 $\nu(X_{t-1};\boldsymbol{\beta}) = a + bX_{t-1}$，由命题 6.1.2，很容易得到只要 $b\leqslant 0$，过程$\{X_t\}$是一个遍历的马尔可夫链。否则，若 $b>0$，则有 $\phi_t = \frac{1}{1+\exp(-a-bX_{t-1})}$是 X_{t-1} 的增函数。这就意味着如果 X_{t-1} 比较大，ω_i 失败的概率$\frac{\phi_t}{1+\phi_t}$也会比较大，因此 X_t 也会比较大，过程将会增长迅速，遍历性将很难被保证。另外，由命题 6.1.1 中的(iii)，我们能够得到随着参数 a 和 b 的增加，一阶自相关系数会增加，过程的自相关结构也会变得更强。

第二节 参数估计

在本小节中，我们假设$\{X_t\}$是一个严平稳遍历过程，$\{X_t\}_{t=1}^n$是来自式(6.1.1)的一组观测序列，$\boldsymbol{\theta}_0 = (\boldsymbol{\beta}_0^{\mathrm{T}}, \lambda_0)^{\mathrm{T}}$ 是未知参数 $\boldsymbol{\theta} = (\boldsymbol{\beta}^{\mathrm{T}}, \lambda)^{\mathrm{T}}$ 的真值。我们分别用条件最小二乘(CLS)和经验似然(EL)两种方法来估计未知参数 $\boldsymbol{\theta}$。为了得到估计量及其渐近分布，关于函数 $\nu(x;\boldsymbol{\beta})$，我们引入下面的假设：

假设存在$\boldsymbol{\beta}_0$ 的一个邻域 $\mathscr{B}$ 和一个正的实值函数 $N(x)$，使得

(A1)对于 $1\leqslant i, j\leqslant \ell$，$|\partial\nu(x;\boldsymbol{\beta})/\partial\boldsymbol{\beta}_i|$ 和 $|\partial^2\nu(x;\boldsymbol{\beta})/\partial\boldsymbol{\beta}_i\partial\boldsymbol{\beta}_j|$ 在 $\mathscr{B}$ 中关于 $\boldsymbol{\beta}$ 是连续的且以 $N(x)$ 为界；

(A2)对于 $1\leqslant i, j, k\leqslant \ell$，$|\partial^3\nu(x;\beta)/\partial\boldsymbol{\beta}_i\partial\boldsymbol{\beta}_j\partial\boldsymbol{\beta}_k|$ 在 $\mathscr{B}$ 中关于 $\boldsymbol{\beta}$ 是连续的且以 $N(x)$ 为界；

(A3)对于某个 $\delta>0$，有 $E|X_t|^{6+\delta}<\infty$ 和 $E|N(X_t)|^{6+\delta}<\infty$ 成立；

(A4)$\boldsymbol{E}[\partial\nu(X_t;\boldsymbol{\beta}_0)/\partial\boldsymbol{\beta}\cdot\partial\nu(X_t;\boldsymbol{\beta}_0)/\partial\boldsymbol{\beta}^{\mathrm{T}}]$是满秩的；

(A5)函数 $\nu(X_t;\boldsymbol{\beta})$关于参数$\boldsymbol{\beta}$ 是可识别的，即，如果$\boldsymbol{\beta}\neq\boldsymbol{\beta}_0$，则有 $P_{\nu(X_t;\boldsymbol{\beta})}\neq P_{\nu(X_t;\boldsymbol{\beta}_0)}$，其中 $P_{\nu(X_t;\boldsymbol{\beta})}$ 表示的是 $\nu(X_t;\boldsymbol{\beta})$的边际分布律。

一、条件最小二乘估计

令：

$$S(\boldsymbol{\theta}) = \sum_{t=1}^{n}(X_t - E(X_t \mid X_{t-1}))^2 = \sum_{t=1}^{n}\left(X_t - \frac{e^{\nu(X_{t-1};\boldsymbol{\beta})}}{1+e^{\nu(X_{t-1};\boldsymbol{\beta})}}X_{t-1} - \lambda\right)^2$$

则参数 $\boldsymbol{\theta}$ 的 CLS 估计量定义为：

$$\hat{\boldsymbol{\theta}}_{\mathrm{CLS}} \triangleq \arg\min_{\boldsymbol{\theta}} S(\boldsymbol{\theta})$$

进一步地，令 $S_t(\boldsymbol{\theta}) = (X_t - E(X_t \mid X_{t-1}))^2$，则有：

$$-\frac{1}{2}\partial S_t(\boldsymbol{\theta})/\partial\boldsymbol{\theta} = M_t(\boldsymbol{\theta}) = (m_{t1}(\boldsymbol{\theta}), m_{t2}(\boldsymbol{\theta}), \cdots, m_{t(\ell+1)}(\boldsymbol{\theta}))^{\mathrm{T}}$$

其中：

$$m_{ti}(\boldsymbol{\theta}) = \left(X_t - \frac{e^{\nu(X_{t-1};\boldsymbol{\beta})}}{1+e^{\nu(X_{t-1};\boldsymbol{\beta})}}X_{t-1} - \lambda\right)\frac{e^{\nu(X_{t-1};\boldsymbol{\beta})}}{(1+e^{\nu(X_{t-1};\boldsymbol{\beta})})^2}\frac{\partial\nu(X_{t-1};\boldsymbol{\beta})}{\partial\boldsymbol{\beta}_i}X_{t-1}, 1 \leqslant i \leqslant \ell$$

$$m_{t(\ell+1)}(\boldsymbol{\theta}) = X_t - \frac{e^{\nu(X_{t-1};\boldsymbol{\beta})}}{1+e^{\nu(X_{t-1};\boldsymbol{\beta})}}X_{t-1} - \lambda$$

很显然，CLS 估计量 $\hat{\boldsymbol{\theta}}_{\mathrm{CLS}}$ 可以通过解方程组 $\partial S(\boldsymbol{\theta})/\partial\boldsymbol{\theta} = (-2)\sum_{t=1}^{n} M_t(\boldsymbol{\theta}) = 0$ 得到。下面的定理给出了 CLS 估计量的极限分布。

定理 6.2.1 在假设(A1)~(A4)成立的条件下，CLS 估计量 $\hat{\boldsymbol{\theta}}_{\mathrm{CLS}}$ 是相合的并有如下的渐近分布：

$$\sqrt{n}(\hat{\boldsymbol{\theta}}_{\mathrm{CLS}} - \boldsymbol{\theta}_0) \xrightarrow{L} N(0, V^{-1}(\boldsymbol{\theta}_0)W(\boldsymbol{\theta}_0)V^{-1}(\boldsymbol{\theta}_0))$$

其中 $\boldsymbol{W}(\boldsymbol{\theta}_0) = \boldsymbol{E}[M_t(\boldsymbol{\theta}_0)\boldsymbol{M}_t^{\mathrm{T}}(\boldsymbol{\theta}_0)]$，$u_t(\boldsymbol{\theta}_0) = X_t - \boldsymbol{E}(X_t \mid X_{t-1})$，

$$V(\boldsymbol{\theta}_0) = \boldsymbol{E}\left(\frac{\partial E(X_t \mid X_{t-1})}{\partial\theta_i}\cdot\frac{\partial E(X_t \mid X_{t-1})}{\partial\theta_j}\right)_{1\leqslant i,j\leqslant \ell+1} - \boldsymbol{E}\left[u_t(\boldsymbol{\theta}_0)\frac{\partial^2 E(X_t \mid X_{t-1})}{\partial\theta_i\partial\theta_j}\right]_{1\leqslant i,j\leqslant \ell+1}$$

为了构造参数 $\boldsymbol{\theta}$ 的 CLS 置信域，我们首先需要估计矩阵 $W(\boldsymbol{\theta}_0)$ 和 $V(\boldsymbol{\theta}_0)$。根据过程的平稳遍历性可得 $W(\boldsymbol{\theta}_0)$ 和 $V(\boldsymbol{\theta}_0)$ 的相合估计分别为 $G_n(\hat{\boldsymbol{\theta}}_{\mathrm{CLS}})$ 和 $H_n(\hat{\boldsymbol{\theta}}_{\mathrm{CLS}})$，其中：

$$G_n(\boldsymbol{\theta}) = \frac{1}{n}\sum_{t=1}^{n} M_t(\boldsymbol{\theta})\boldsymbol{M}_t^{\mathrm{T}}(\boldsymbol{\theta}),$$

$$H_n(\boldsymbol{\theta}) = \frac{1}{n}\sum_{t=1}^{n}\left(\frac{\partial E(X_t \mid X_{t-1})}{\partial\theta_i}\cdot\frac{\partial E(X_t \mid X_{t-1})}{\partial\theta_j}\right)_{1\leqslant i,j\leqslant \ell+1} - \frac{1}{n}\sum_{t=1}^{n}\left(u_t(\boldsymbol{\theta})\frac{\partial^2 E(X_t \mid X_{t-1})}{\partial\theta_i\partial\theta_j}\right)_{1\leqslant i,j\leqslant \ell+1}$$

则参数 $\boldsymbol{\theta}$ 的一个 CLS 置信域被构造如下：

$$I_{\mathrm{CLS}} = \{\boldsymbol{\theta} \mid n(\hat{\boldsymbol{\theta}}_{\mathrm{CLS}} - \boldsymbol{\theta})^{\mathrm{T}}\boldsymbol{H}_n^{\mathrm{T}}(\hat{\boldsymbol{\theta}}_{\mathrm{CLS}})G_n^{-1}(\hat{\boldsymbol{\theta}}_{\mathrm{CLS}})H_n(\hat{\boldsymbol{\theta}}_{\mathrm{CLS}})(\hat{\boldsymbol{\theta}}_{\mathrm{CLS}} - \boldsymbol{\theta}) \leqslant c_\alpha\}$$

其中 $0<\alpha<1$，c_α 满足 $P(\chi^2_{\ell+1}\leqslant c_\alpha)=\alpha$。

二、经验似然估计

EL 最初是由 Owen(1988)提出的一种非参数的统计推断方法。由于通过 EL 方法得到的置信域没有预定的对称性且它的形状和方向完全由数据决定，因此它可以更好地描绘分布的真实形状。另外，EL 检验统计量的渐近分布是不含参数的。因此，EL 方法已被推广并应用于包括整数值时间序列的许多领域。例如，Wu and Cao(2011)推广了 Kitamura(1997)的分块 EL 方法并对非平稳的计数时间序列进行了回归分析；Zhang et al.(2011a, b)分别研究了 RCINAR(1)和 RCINAR(p)过程的经验似然推断；Zhu et al.(2015)利用 EL 方法研究了线性的和对数线性的 INGARCH 模型；Ding et al.(2016)给出了带有随机解释变量的 INAR(1)模型的经验似然推断；Yang et al.(2018b, c)基于 EL 方法研究了两类门限模型的参数估计和假设检验问题。在本小节中，我们利用 Mykland(1995)提出的对偶似然的方法给出了一个对数经验似然比(ELR)统计量，并证明了该统计量的渐近分布是卡方分布。在此基础上，我们得到了参数 $\boldsymbol{\theta}$ 的极大经验似然(MEL)估计量、置信域和 EL 检验。

首先，我们考虑 CLS 的得分函数 $M_t(\boldsymbol{\theta})$，有下面的结论成立。

引理 6.2.1　在假设(A1)和(A3)成立的条件下，当 $n\to\infty$，有：

$$\frac{1}{n}\sum_{t=1}^{n}M_t(\boldsymbol{\theta})\boldsymbol{M}_t^{\mathrm{T}}(\boldsymbol{\theta})\xrightarrow{\text{a. s.}}\boldsymbol{W}(\boldsymbol{\theta}),\frac{1}{\sqrt{n}}\sum_{t=1}^{n}M_t(\boldsymbol{\theta})\xrightarrow{L}N(0,\boldsymbol{W}(\boldsymbol{\theta}))$$

其中 $\boldsymbol{W}(\boldsymbol{\theta})=E(M_t(\boldsymbol{\theta})\boldsymbol{M}_t^{\mathrm{T}}(\boldsymbol{\theta}))$。

然后，基于得分函数 $M_t(\boldsymbol{\theta})$，将截面 ELR 函数构造如下：

$$R(\boldsymbol{\theta})=\sup\left\{\prod_{t=1}^{n}np_t\ \middle|\ \sum_{t=1}^{n}p_t=1,\sum_{t=1}^{n}p_tM_t(\boldsymbol{\theta})=0,p_t\geqslant 0\right\}$$

通过 Lagrange 乘子法，我们可以得到 p_t 的最大值。令：

$$\mathcal{H}(\boldsymbol{\theta})=\sum_{t=1}^{n}\log(np_t)-\boldsymbol{\gamma}^{\mathrm{T}}n\sum_{t=1}^{n}p_tM_t(\boldsymbol{\theta})-\kappa(\sum_{t=1}^{n}p_t-1)$$

其中 $\boldsymbol{\gamma}\in\mathbb{R}^{\ell+1}$和 κ 是 Lagrange 乘子。令$\mathcal{H}(\boldsymbol{\theta})$关于 p_t 的偏导等于0，我们有：

$$n=\kappa,\ p_t(\boldsymbol{\theta})=\frac{1}{n}\frac{1}{1+\boldsymbol{\gamma}^{\mathrm{T}}(\boldsymbol{\theta})M_t(\boldsymbol{\theta})},t=1,2,\cdots,n$$

其中 $\gamma(\boldsymbol{\theta})$满足：

$$\frac{1}{n}\sum_{t=1}^{n}\frac{M_t(\boldsymbol{\theta})}{1+\boldsymbol{\gamma}^{\mathrm{T}}(\boldsymbol{\theta})M_t(\boldsymbol{\theta})}=0\tag{6.2.1}$$

因此，对数 ELR 函数为：

$$\mathcal{L}(\boldsymbol{\theta})=-\log R(\boldsymbol{\theta})=\sum_{t=1}^{n}\log[1+\boldsymbol{\gamma}^{\mathrm{T}}(\boldsymbol{\theta})M_t(\boldsymbol{\theta})]$$

为了推导$\mathcal{L}(\boldsymbol{\theta}_0)$的渐近分布，我们先给出如下的几个引理。

引理 6.2.2 在假设(A1)和(A3)成立的条件下，我们有：

(i) $Z_n = \max_{1 \leqslant t \leqslant n} \| M_t(\boldsymbol{\theta}) \| = o_p(\sqrt{n})$；

(ii) $\frac{1}{n} \sum_{t=1}^{n} \| M_t(\boldsymbol{\theta}) \|^3 = o_p(\sqrt{n})$；

(iii) $\| \gamma(\boldsymbol{\theta}) \| = o_p\left(\frac{1}{\sqrt{n}}\right)$。

定理 6.2.2 在假设(A1)、(A3)和(A4)成立的条件下，当$n \to \infty$，有：

$$2\,\mathcal{L}(\boldsymbol{\theta}_0) \xrightarrow{L} \chi^2(\ell + 1)$$

根据定理6.2.2，可以构造一个参数$\boldsymbol{\theta}$的EL置信域，具体形式如下：

$$I_{\mathrm{EL}} = \{\boldsymbol{\theta} \mid 2\,\mathcal{L}(\boldsymbol{\theta}) \leqslant c_\alpha\}$$

其中$0<\alpha<1$，c_α满足$P(\chi^2_{\ell+1} \leqslant c_\alpha) = \alpha$。此外，通过极小化对数ELR函数$\mathcal{L}(\boldsymbol{\theta})$，或等价地极大化ELR函数$R(\boldsymbol{\theta})$，我们能够得到MEL估计量$\hat{\boldsymbol{\theta}}_{\mathrm{MEL}}$。为了研究$\hat{\boldsymbol{\theta}}_{\mathrm{MEL}}$的极限性质，我们需要如下的引理。

引理 6.2.3 在假设(A1)、(A3)和(A4)成立的条件下，我们有：

(i) $\overline{M}_n(\boldsymbol{\theta}_0) = O_p(n^{-\frac{1}{2}}(\log_2 n)^{\frac{1}{2}})$ a. s.；

(ii) $\sup_{\boldsymbol{\theta} \in B_n} \| W_n(\boldsymbol{\theta}) - W(\boldsymbol{\theta}_0) \| = o_p(1)$，$\sup_{\boldsymbol{\theta} \in B_n} \| W_n^{-1}(\boldsymbol{\theta}) - W^{-1}(\boldsymbol{\theta}_0) \| = o_p(1)$；

(iii) $\sup_{\boldsymbol{\theta} \in B_n} \| \overline{M}_n(\boldsymbol{\theta}) \| = O_p(n^{-\frac{1}{3}})$；

(iv) $\max_{1 \leqslant t \leqslant n} \sup_{\boldsymbol{\theta} \in B_n} \| M_t(\boldsymbol{\theta}) \| = o_p(n^{\frac{1}{3}})$；

(v) $\sup_{\boldsymbol{\theta} \in B_n} \| \gamma(\boldsymbol{\theta}) \| = O_p(n^{-\frac{1}{3}})$；

(vi) $\sup_{\boldsymbol{\theta} \in B_n} \| \gamma(\boldsymbol{\theta}) - W_n^{-1}(\boldsymbol{\theta}) \overline{M}_n(\boldsymbol{\theta}) \| = o_p(n^{-\frac{1}{3}})$，

其中$B_n = \{\boldsymbol{\theta} \mid \|\boldsymbol{\theta} - \boldsymbol{\theta}_0\| < n^{-\frac{1}{3}}\}$。

定理 6.2.3 在假设(A1)~(A4)成立的条件下，MEL估计量$\hat{\boldsymbol{\theta}}_{\mathrm{MEL}}$是相合的并且有如下的渐近分布：

$$\sqrt{n}(\hat{\boldsymbol{\theta}}_{\mathrm{MEL}} - \boldsymbol{\theta}_0) \xrightarrow{L} N\{0, [\boldsymbol{U}^{\mathrm{T}}(\boldsymbol{\theta}_0) W^{-1}(\boldsymbol{\theta}_0) U(\boldsymbol{\theta}_0)]^{-1}\}$$

其中$W(\boldsymbol{\theta}_0) = E[M_t(\boldsymbol{\theta}_0)\boldsymbol{M}_t^{\mathrm{T}}(\boldsymbol{\theta}_0)]$，$U(\boldsymbol{\theta}_0) = E(\partial M_t(\boldsymbol{\theta}_0)/\partial \boldsymbol{\theta}^{\mathrm{T}})$。

在实践中，我们可能更加关心的是参数$\boldsymbol{\theta}$的检验问题。考虑如下的检验问题：

$$H_0: \boldsymbol{\theta} = \boldsymbol{\theta}_0 \leftrightarrow H_1: \boldsymbol{\theta} \neq \boldsymbol{\theta}_0$$

其中$\boldsymbol{\theta}_0$是$\boldsymbol{\theta}$的真值。与独立数据的情况一样，我们仍然可以使用如下定义的ELR检验统计量：

$$Q(\boldsymbol{\theta}_0) = 2\mathcal{L}(\boldsymbol{\theta}_0) - 2\mathcal{L}(\hat{\boldsymbol{\theta}}_{\mathrm{MEL}})$$

根据定理6.2.2和定理6.2.3，关于ELR检验统计量，很容易得到下面的定理。

定理6.2.4　在假设(A1)~(A4)成立的条件下，若原假设 H_0 是真的，则有：

$$Q(\boldsymbol{\theta}_0) \xrightarrow{L} \chi^2(\ell + 1)$$

第三节　模拟研究

在本节的数值模拟中，我们令函数 $\nu(X_{t-1};\beta)$ 为一个线性函数，并且考虑如下的模型：

$$X_t = \phi_t * X_{t-1} + \varepsilon_t,\ \log\frac{\phi_t}{1-\phi_t} = a + bX_{t-1},\ t \geqslant 1 \tag{6.3.1}$$

其中 $\{\varepsilon_t\}$ 是一列 i. i. d. 均值为λ的泊松序列。在下面的模拟研究中，我们最主要关心三个方面的问题：参数的点估计、置信域的覆盖率和EL检验。

一、点估计

在本小节中，我们分别利用CLS，MEL和条件极大似然(CML)三种方法来估计未知参数 $\boldsymbol{\theta} = (a,\ b,\ \lambda)^{\mathrm{T}}$，这里CML估计被当作是一个基准。对于模型(6.3.1)，根据转移概率(6.1.2)，很容易得到下面的对数似然函数：

$$\begin{aligned}\log L(\boldsymbol{\theta}) &= \sum_{t=1}^{n}\log P(X_t = x_t \mid X_{t-1} = x_{t-1}) \\ &= -n\lambda + \sum_{t=1}^{n}\log\sum_{k=0}^{x_t}\frac{\lambda^{x_t-k}}{(x_t-k)!}\binom{k+x_{t-1}-1}{k}\frac{\mathrm{e}^{k(a+bx_{t-1})}(1+\mathrm{e}^{a+bx_{t-1}})^{x_{t-1}}}{(1+2\mathrm{e}^{a+bx_{t-1}})^{k+x_{t-1}}}\end{aligned}$$

通过极大化上面的对数似然函数，我们能够得到CML的估计量 $\hat{\boldsymbol{\theta}}_{\mathrm{CML}}$。在具体模拟中，我们借助R软件中的optim函数来实现最大化运算，并且通过合适的参数变换来实现对参数的约束。各种参数的选择如下：

序列A. $(a,\ b,\ \lambda) = (1.4,\ -0.7,\ 1)$；　　序列B. $(a,\ b,\ \lambda) = (1,\ -0.6,\ 1)$；

序列C. $(a,\ b,\ \lambda) = (2,\ -0.7,\ 2)$；　　序列D. $(a,\ b,\ \lambda) = (0.2,\ -0.2,\ 1)$。

为了衡量估计量的表现，在R软件的帮助下，我们基于1000次重复试验，分别计算了估计量的经验偏差(Bias)，均方误差(MSE)和平均绝对离差误差(MADE)。样本量分别选为100、300、500和1000，相应的模拟的结果总结在表6.3.1和表6.3.2中。

表 6.3.1　序列 A 和 B 不同样本下的模拟结果(CLS、MEL 和 CML)

序列	n	参数	CLS			MEL			CML		
			Bias	MSE	MADE	Bias	MSE	MADE	Bias	MSE	MADE
A	100	$a=1.4$	0.107	0.565	0.598	0.096	0.561	0.594	0.084	0.469	0.561
		$b=-0.7$	-0.067	0.079	0.208	-0.060	0.072	0.198	-0.046	0.054	0.184
		$\lambda=1$	0.012	0.022	0.116	0.008	0.019	0.118	0.006	0.015	0.100
	300	$a=1.4$	0.086	0.446	0.532	0.078	0.443	0.530	0.063	0.370	0.486
		$b=-0.7$	-0.053	0.057	0.184	-0.051	0.052	0.178	-0.028	0.041	0.158
		$\lambda=1$	0.007	0.015	0.093	0.009	0.014	0.092	0.005	0.010	0.079
	500	$a=1.4$	0.052	0.311	0.441	0.051	0.309	0.437	0.039	0.256	0.401
		$b=-0.7$	-0.036	0.035	0.139	-0.037	0.033	0.135	-0.020	0.026	0.125
		$\lambda=1$	0.004	0.009	0.074	0.004	0.008	0.072	0.003	0.006	0.062
	1000	$a=1.4$	0.037	0.152	0.310	0.037	0.151	0.310	0.034	0.137	0.279
		$b=-0.7$	-0.020	0.014	0.092	-0.019	0.013	0.092	-0.009	0.012	0.087
		$\lambda=1$	0.003	0.004	0.051	0.003	0.004	0.050	0.000	0.003	0.042
B	100	$a=1$	0.101	0.536	0.589	0.092	0.532	0.581	0.089	0.416	0.515
		$b=-0.6$	-0.082	0.115	0.231	-0.077	0.102	0.232	-0.048	0.070	0.201
		$\lambda=1$	0.008	0.022	0.115	0.007	0.020	0.113	-0.006	0.015	0.097
	300	$a=1$	0.089	0.426	0.531	0.081	0.424	0.528	0.073	0.350	0.466
		$b=-0.6$	-0.047	0.053	0.175	-0.043	0.049	0.167	-0.041	0.039	0.149
		$\lambda=1$	0.005	0.014	0.096	-0.004	0.012	0.089	-0.006	0.010	0.080
	500	$a=1$	0.045	0.304	0.436	0.043	0.302	0.434	0.031	0.225	0.375
		$b=-0.6$	-0.031	0.029	0.132	-0.029	0.030	0.135	-0.025	0.024	0.119
		$\lambda=1$	0.004	0.008	0.073	0.003	0.008	0.071	-0.002	0.006	0.063
	1000	$a=1$	0.021	0.132	0.298	0.021	0.131	0.296	0.015	0.124	0.252
		$b=-0.6$	-0.015	0.013	0.089	-0.013	0.013	0.089	-0.007	0.011	0.084
		$\lambda=1$	0.001	0.004	0.051	0.002	0.004	0.050	-0.001	0.003	0.044

表 6.3.2　序列 C 和 D 不同样本下的模拟结果(CLS、MEL 和 CML)

序列	n	参数	CLS			MEL			CML		
			Bias	MSE	MADE	Bias	MSE	MADE	Bias	MSE	MADE
C	100	$a=2$	0.144	0.669	0.731	0.131	0.661	0.725	0.098	0.496	0.586
		$b=-0.7$	-0.065	0.050	0.167	-0.059	0.048	0.169	-0.039	0.033	0.137
		$\lambda=2$	0.022	0.079	0.221	0.019	0.069	0.196	-0.012	0.046	0.152
	300	$a=2$	0.119	0.543	0.578	0.113	0.539	0.565	0.081	0.403	0.537
		$b=-0.7$	-0.044	0.038	0.142	-0.035	0.034	0.138	-0.016	0.019	0.109
		$\lambda=2$	0.015	0.043	0.170	0.009	0.039	0.164	-0.007	0.033	0.145
	500	$a=2$	0.066	0.372	0.476	0.064	0.371	0.475	0.053	0.320	0.394
		$b=-0.7$	-0.021	0.019	0.099	-0.019	0.019	0.096	-0.004	0.012	0.089
		$\lambda=2$	0.011	0.030	0.138	0.007	0.030	0.137	-0.005	0.021	0.115
	1000	$a=2$	0.043	0.167	0.326	0.042	0.166	0.325	0.038	0.154	0.306
		$b=-0.7$	-0.012	0.008	0.071	-0.010	0.008	0.070	-0.001	0.006	0.065
		$\lambda=2$	0.004	0.014	0.095	0.003	0.014	0.095	-0.001	0.011	0.082

续表

序列	n	参数	CLS			MEL			CML		
			Bias	MSE	MADE	Bias	MSE	MADE	Bias	MSE	MADE
D	100	$a=0.2$	0.039	0.048	0.192	0.037	0.045	0.189	0.031	0.042	0.186
		$b=-0.2$	-0.032	0.038	0.141	-0.031	0.037	0.138	-0.030	0.026	0.124
		$\lambda=1$	0.009	0.023	0.120	0.007	0.023	0.119	-0.003	0.017	0.104
	300	$a=0.2$	0.031	0.031	0.152	0.028	0.029	0.148	0.027	0.028	0.142
		$b=-0.2$	-0.019	0.022	0.111	-0.015	0.020	0.109	-0.015	0.017	0.099
		$\lambda=1$	0.006	0.015	0.098	0.004	0.015	0.096	-0.001	0.011	0.082
	500	$a=0.2$	0.025	0.028	0.143	0.024	0.028	0.143	0.019	0.021	0.130
		$b=-0.2$	-0.014	0.012	0.083	-0.012	0.011	0.080	-0.010	0.008	0.072
		$\lambda=1$	0.003	0.008	0.073	0.003	0.009	0.074	0.001	0.006	0.060
	1000	$a=0.2$	0.006	0.013	0.099	0.006	0.012	0.099	0.005	0.011	0.089
		$b=-0.2$	-0.004	0.005	0.058	-0.003	0.005	0.058	-0.004	0.005	0.054
		$\lambda=1$	0.002	0.005	0.054	0.001	0.004	0.054	0.000	0.003	0.045

首先，从表 6.3.1 和表 6.3.2 中可以看出，所有的 Bias，MSE 和 MADE 均随着样本量 n 的增加而减少，这说明了所有的估计量都是相合的。其次，我们发现 CLS 和 MEL 方法能够产生好的估计量，特别是对于大样本量的情况，其 Bias，MSE 和 MADE 总体上与基准 CML 方法相当。当样本量比较小的时候，这是毫无疑问的，在正确的参数模型下，CML 估计作为参数方法肯定具有最佳的估计效果。但是，作为非参数方法，CLS 和 MEL 的估计值也是可以接受的。总的来说，MEL 估计具有比 CLS 估计更小的 Bias。因此，根据模拟结果，我们得出结论，MEL 估计量略好于 CLS 估计量。

此外，为了说明 CLS 和 MEL 方法的稳健性，我们考虑以下的混合模型：

$$\varepsilon_t = \delta_t \varepsilon_{1t} + (1-\delta_t)\varepsilon_{2t} \tag{6.3.2}$$

其中 ε_{1t}服从均值为 λ 的泊松分布，ε_{2t}服从几何分布，其概率质量函数为

$$P(\varepsilon_{2t}=x) = \lambda^x/(1+\lambda)^{x+1}, x=0,1,2,\cdots$$

而 δ_t 服从 Bernoulli 分布，概率质量函数为 $P(\delta_t=1)=1-P(\delta_t=0)=r$。这个混合模型的含义是指 ε_{1t}以概率 $1-r$ 被 ε_{2t}污染。很容易计算出 $E(\varepsilon_t)=\lambda$ 和 $\mathrm{Var}(\varepsilon_t)=\lambda^2(1-r)+\lambda$。令模型(6.3.1)中的新息过程$\{\varepsilon_t\}$服从上面的混合分布，其中系数 r 取值为 0.90。然后我们仍然用 CLS，MEL 和 CML 方法去估计参数 $\boldsymbol{\theta}$ 并且比较三种估计方法的表现。相应的模拟结果总结在表 6.3.3 和表 6.3.4 中。

从表 6.3.3 和表 6.3.4 中可以看出，当样本被污染时，CML 估计量的 Bias 明显高于 CLS 估计量和 MEL 估计量的 Bias。这表明 CLS 和 MEL 方法比 CML 方法更稳健。

表 6.3.3　污染样本下序列 A 和 B 的模拟结果(CLS、MEL 和 CML)

序列	n	参数	CLS			MEL			CML		
			Bias	MSE	MADE	Bias	MSE	MADE	Bias	MSE	MADE
A	100	$a=1.4$	0.122	0.627	0.611	0.117	0.622	0.607	0.247	0.532	0.566
		$b=-0.7$	-0.086	0.137	0.255	-0.082	0.134	0.251	-0.100	0.126	0.209
		$\lambda=1$	0.003	0.024	0.120	0.002	0.022	0.118	-0.018	0.017	0.102
	300	$a=1.4$	0.095	0.469	0.533	0.089	0.466	0.530	0.150	0.402	0.491
		$b=-0.7$	-0.057	0.063	0.185	-0.053	0.061	0.184	-0.063	0.054	0.176
		$\lambda=1$	-0.003	0.015	0.095	-0.002	0.014	0.094	-0.015	0.010	0.081
	500	$a=1.4$	0.062	0.358	0.471	0.061	0.354	0.469	0.114	0.304	0.432
		$b=-0.7$	-0.043	0.036	0.138	-0.043	0.033	0.138	-0.046	0.032	0.136
		$\lambda=1$	-0.004	0.008	0.072	-0.003	0.008	0.072	-0.019	0.006	0.064
	1000	$a=1.4$	0.049	0.154	0.308	0.048	0.154	0.307	0.112	0.141	0.292
		$b=-0.7$	-0.018	0.013	0.090	-0.018	0.013	0.090	-0.026	0.012	0.087
		$\lambda=1$	-0.001	0.004	0.051	-0.001	0.004	0.051	-0.017	0.003	0.046
B	100	$a=1$	0.110	0.584	0.613	0.105	0.576	0.601	0.196	0.513	0.570
		$b=-0.6$	-0.090	0.122	0.268	-0.088	0.119	0.259	-0.095	0.105	0.223
		$\lambda=1$	0.007	0.024	0.121	0.005	0.022	0.119	-0.015	0.016	0.101
	300	$a=1$	0.091	0.455	0.525	0.088	0.451	0.516	0.183	0.416	0.542
		$b=-0.6$	-0.061	0.064	0.191	-0.059	0.061	0.185	-0.070	0.054	0.176
		$\lambda=1$	-0.005	0.014	0.096	-0.004	0.012	0.089	-0.006	0.010	0.080
	500	$a=1$	0.069	0.357	0.462	0.069	0.356	0.456	0.147	0.297	0.429
		$b=-0.6$	-0.028	0.036	0.136	-0.026	0.034	0.132	-0.035	0.029	0.132
		$\lambda=1$	0.001	0.008	0.073	0.001	0.008	0.072	-0.017	0.006	0.065
	1000	$a=1$	0.018	0.157	0.318	0.017	0.157	0.317	0.106	0.138	0.294
		$b=-0.6$	-0.011	0.014	0.092	-0.011	0.014	0.092	-0.022	0.013	0.088
		$\lambda=1$	0.001	0.004	0.052	0.001	0.004	0.052	-0.018	0.003	0.047

表 6.3.4　污染样本下序列 C 和 D 的模拟结果(CLS、MEL 和 CML)

序列	n	参数	CLS			MEL			CML		
			Bias	MSE	MADE	Bias	MSE	MADE	Bias	MSE	MADE
C	100	$a=2$	0.153	0.669	0.752	0.144	0.663	0.744	0.339	0.622	0.685
		$b=-0.7$	-0.105	0.101	0.219	-0.098	0.094	0.209	-0.099	0.082	0.196
		$\lambda=2$	0.019	0.080	0.224	0.017	0.079	0.222	-0.106	0.059	0.195
	300	$a=2$	0.131	0.572	0.615	0.127	0.569	0.613	0.313	0.513	0.565
		$b=-0.7$	-0.057	0.061	0.159	-0.057	0.058	0.152	-0.067	0.039	0.139
		$\lambda=2$	0.017	0.052	0.183	0.013	0.052	0.179	-0.095	0.035	0.155
	500	$a=2$	0.080	0.436	0.513	0.079	0.434	0.510	0.298	0.385	0.438
		$b=-0.7$	-0.036	0.022	0.114	-0.036	0.021	0.113	-0.045	0.020	0.111
		$\lambda=2$	-0.014	0.032	0.141	-0.013	0.031	0.141	-0.083	0.028	0.135
	1000	$a=2$	0.062	0.201	0.351	0.061	0.201	0.351	0.256	0.218	0.378
		$b=-0.7$	-0.020	0.010	0.077	-0.020	0.010	0.077	-0.030	0.009	0.075
		$\lambda=2$	0.006	0.015	0.098	0.006	0.015	0.098	-0.080	0.016	0.105

续表

序列	n	参数	CLS			MEL			CML		
			Bias	MSE	MADE	Bias	MSE	MADE	Bias	MSE	MADE
D	100	$a=0.2$	0.046	0.053	0.212	0.044	0.048	0.213	0.128	0.054	0.208
		$b=-0.2$	−0.031	0.031	0.141	−0.029	0.031	0.137	−0.040	0.025	0.123
		$\lambda=1$	−0.004	0.026	0.125	−0.003	0.024	0.123	−0.024	0.017	0.104
	300	$a=0.2$	0.035	0.041	0.178	0.032	0.039	0.172	0.113	0.034	0.166
		$b=-0.2$	−0.021	0.022	0.110	−0.019	0.020	0.109	−0.035	0.017	0.100
		$\lambda=1$	0.005	0.016	0.102	0.002	0.015	0.098	−0.021	0.011	0.086
	500	$a=0.2$	0.021	0.033	0.151	0.020	0.033	0.150	0.083	0.029	0.139
		$b=-0.2$	−0.009	0.011	0.083	−0.009	0.011	0.083	−0.021	0.010	0.077
		$\lambda=1$	0.004	0.009	0.076	0.003	0.009	0.076	−0.015	0.007	0.066
	1000	$a=0.2$	0.009	0.019	0.118	0.009	0.019	0.118	0.079	0.017	0.112
		$b=-0.2$	−0.003	0.005	0.059	−0.003	0.005	0.058	−0.014	0.004	0.054
		$\lambda=1$	0.000	0.005	0.055	0.001	0.005	0.055	−0.016	0.004	0.049

二、置信域的覆盖率

在本小节中，我们以 CML 方法的覆盖率作为基准比较了三种方法在置信域的覆盖率方面的表现。样本量 n 选择为 100、300、500 和 1000。置信水平选择为 0.90 和 0.95。参数的选择和相应的模拟结果总结在表 6.3.5 中。从表 6.3.5 可以看出，三种方法的置信域的覆盖率都随着样本量 n 的增加而增加，并且趋近于相应的置信水平，特别是对于小样本量，EL 置信域的覆盖率显示出了比 CLS 置信域的覆盖率更大的优势，甚至可以与 CML 置信域的覆盖率相当。由于在大多数情况下，CML 和 EL 的置信域的覆盖率趋近于置信水平的速度更快，所以我们得出结论，CML 和 EL 的置信区域具有比 CLS 的置信区域更准确的覆盖率。

三、EL 检验

在本小节中，我们利用之前提出的 EL 检验来构建一个非常有用的检验。对于模型(6.3.1)，在实际应用中，我们经常关心的是参数 b 是否为零，因为如果 $b=0$，模型(6.3.1)将退化为常系数的 NBINAR(1)模型：

$$X_t = \phi * X_{t-1} + \varepsilon_t$$

因此，我们考虑如下的假设检验问题：

$$H_0: b = 0 \leftrightarrow H_1: b \neq 0$$

表 6.3.5　序列 A－D 中参数 θ 置信域的覆盖率(CLS、EL 和 CML)

置信水平	参数	$n=100$			$n=300$			$n=500$			$n=1000$		
		CLS	EL	CML	CLS	EL	CML	CLS	EL	CML	CLS	EL	CML
0.9	(1.4,－0.7,1)	0.863	0.878	0.879	0.881	0.887	0.889	0.891	0.895	0.897	0.896	0.898	0.899
	(1,－0.6,1)	0.846	0.867	0.870	0.871	0.885	0.887	0.889	0.891	0.891	0.895	0.899	0.898
	(2,－0.7,2)	0.838	0.862	0.865	0.852	0.873	0.876	0.878	0.884	0.887	0.891	0.895	0.895
	(0.2,－0.2,1)	0.869	0.881	0.880	0.880	0.889	0.890	0.889	0.896	0.895	0.906	0.903	0.902
	(1.3,－0.8,1)	0.854	0.869	0.872	0.873	0.882	0.884	0.884	0.890	0.891	0.904	0.902	0.903
	(3,－0.8,1)	0.858	0.881	0.885	0.884	0.889	0.891	0.893	0.897	0.897	0.902	0.901	0.901
0.95	(1.4,－0.7,1)	0.907	0.930	0.935	0.931	0.939	0.939	0.938	0.946	0.945	0.948	0.949	0.950
	(1,－0.6,1)	0.889	0.921	0.927	0.922	0.932	0.933	0.932	0.942	0.942	0.946	0.947	0.946
	(2,－0.7,2)	0.877	0.919	0.924	0.915	0.931	0.932	0.927	0.939	0.941	0.944	0.948	0.948
	(0.2,－0.2,1)	0.911	0.935	0.934	0.933	0.940	0.938	0.942	0.946	0.946	0.953	0.951	0.952
	(1.3,－0.8,1)	0.903	0.928	0.932	0.928	0.938	0.940	0.939	0.942	0.944	0.947	0.949	0.951
	(3,－0.8,1)	0.910	0.937	0.941	0.938	0.943	0.945	0.944	0.945	0.946	0.948	0.950	0.950

为了衡量上面提出的 EL 检验的效果，我们分别研究了 EL 检验的检验水平(Size)和检验势(Power)。对于 Power 的研究，我们基于模型(6.3.1)来生成仿真序列，并在原假设成立的条件下估计参数，即通过限制 $b=0$ 来估计其它两个参数。通过比较经验似然比统计量与临界值的大小，我们可以得到拒绝原假设的百分比。样本量 n 分别选为 100，300，500，800 和 1000。显着性水平选择为 0.10 和 0.05。参数的选择和相应的模拟结果总结在表 6.3.6 和表 6.3.7 中。另外，我们将检验的 Power 看作是显着性水平 α 的函数并绘制了其函数图 6.3.1。

表 6.3.6　在显著性水平 0.10 和 0.05 下 EL 检验的经验 Sizes

显著性水平	参数	$n=100$	$n=300$	$n=500$	$n=800$	$n=1000$
0.1	(1.4,0,1)	0.114	0.110	0.104	0.098	0.094
	(1,0,1)	0.112	0.106	0.102	0.100	0.096
	(2,0,2)	0.118	0.114	0.105	0.099	0.101
	(0.2,0,1)	0.110	0.102	0.100	0.098	0.097
	(3,0,1)	0.126	0.120	0.112	0.104	0.098
	(0.5,0,1)	0.108	0.104	0.102	0.096	0.092
0.05	(1.4,0,1)	0.060	0.058	0.054	0.048	0.046
	(1,0,1)	0.058	0.056	0.052	0.050	0.048
	(2,0,2)	0.057	0.054	0.051	0.048	0.043
	(0.2,0,1)	0.056	0.052	0.050	0.049	0.044
	(3,0,1)	0.078	0.068	0.058	0.052	0.048
	(0.5,0,1)	0.060	0.056	0.054	0.050	0.046

表 6.3.7　在显著性水平 0.10 和 0.05 下 EL 检验的经验 Powers

显著性水平	参数	$n=100$	$n=300$	$n=500$	$n=800$	$n=1000$
0.1	(1.4, −0.7,1)	0.658	0.872	0.983	0.995	1.000
	(1, −0.6,1)	0.544	0.774	0.960	0.992	0.999
	(2, −0.7,2)	0.433	0.568	0.685	0.804	0.875
	(0.2, −0.2,1)	0.209	0.384	0.516	0.710	0.803
	(3, −0.8,1)	0.885	0.975	0.995	0.999	1.000
	(0.5, −0.4,1)	0.386	0.591	0.872	0.938	0.985
0.05	(1.4, −0.7,1)	0.491	0.740	0.945	0.993	0.997
	(1, −0.6,1)	0.359	0.601	0.894	0.987	0.994
	(2, −0.7,2)	0.390	0.503	0.643	0.802	0.869
	(0.2, −0.2,1)	0.148	0.261	0.389	0.665	0.785
	(3, −0.8,1)	0.734	0.914	0.976	0.998	1.000
	(0.5, −0.4,1)	0.191	0.425	0.788	0.895	0.981

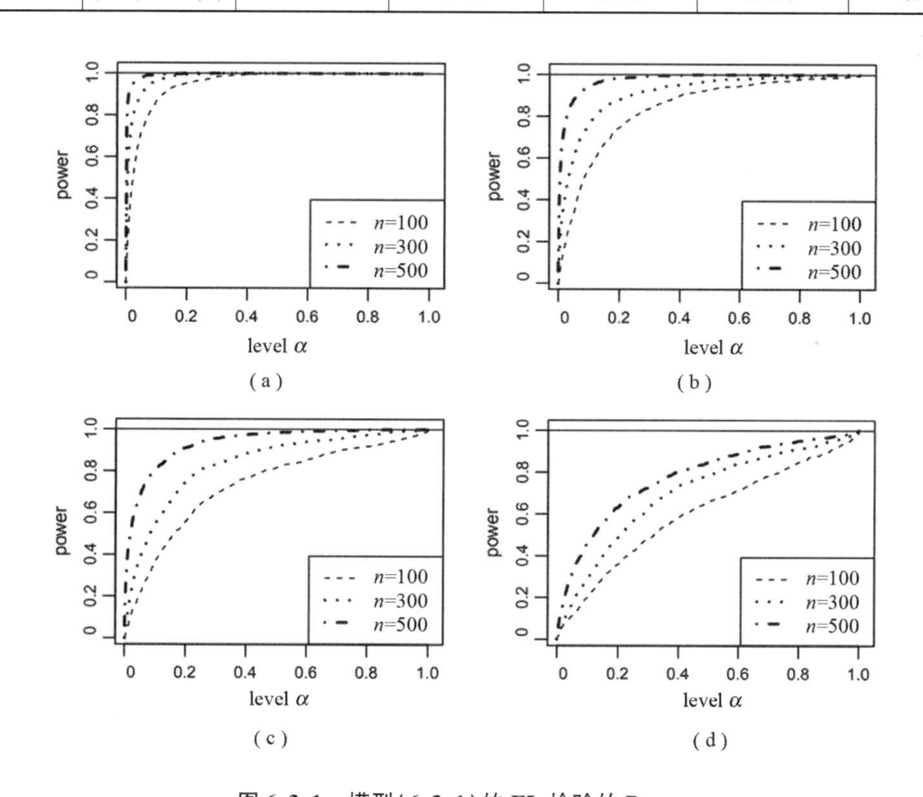

图 6.3.1　模型(6.3.1)的 EL 检验的 Powers

(a)$(a,b,\lambda)=(3,-0.8,1)$；(b)$(a,b,\lambda)=(1,-0.6,1)$；

(c)$(a,b,\lambda)=(0.5,-0.4,1)$；(d)$(a,b,\lambda)=(0.2,-0.2,1)$

从表 6.3.6 和表 6.3.7 中，我们不难发现随着样本量 n 的增加，EL 检验的 Size 逐渐减小到相应的显著性水平 α，而 EL 检验的 Power 逐渐增加到 1。考虑到参数 b 的值越小，模型

(6.3.1)和模型(6.3.3)之间的识别度越低,因此EL检验的Power应该随着 b 趋于0而减小。正如我们预想的那样,当模型的参数为(0.2, -0.2,1)时,从表6.3.7中,我们可以看到EL检验的Power相对地低于其他参数。另外,我们也可以从图6.3.1中得到相同的结论。总之,模拟的结果表明:只要备择假设远离零假设,或者样本量 n 足够大,EL检验的功效是令人满意的。

第四节 实例分析

在本小节中,我们应用提出的观察驱动的NBRCINAR(1)过程来拟合一组犯罪数据。该数据集可以从Forecasting Principles网站上免费下载,具体的下载网址为:http://www.forecastingprinciples.com。这组数据记录了美国宾州匹兹堡市从1992年1月至2001年12月每月的由计算机辅助记录的开枪报警的电话次数,共计144个观测值。数据的样本均值和样本方差分别为5.757和14.241,显示出相当大的过度离散的特点。图6.4.1给出了数据的样本路径图、自相关函数(ACF)图和偏自相关函数(PACF)图。从ACF图和PACF图可以看出该数据可能来自一个整值AR(1)类型的过程。我们用模型(6.3.1)来拟合该组犯罪数据,并与以下的模型进行比较:

(1)Model Ⅰ:常系数的NBINAR(1)模型(6.3.3),其中 $\{\varepsilon_t\}$ 是一列i.i.d.均值为 λ 的泊松序列。

(2)Model Ⅱ:NGINAR(1)模型(Ristic et al.,2009)。

(3)Model Ⅲ:NBINAR(1)模型(Ristic et al.,2012)。

(4)Model Ⅳ:BRCINAR(1)模型,即,

$$X_t = \phi_t * X_{t-1} + \varepsilon_t$$

其中 $\{\phi_t\}$ 是一列i.i.d.随机变量序列且 $\log(\phi_t/(1-\phi_t)) = U_t$,而 $\{U_t\}$ 是一列i.i.d.正态随机变量序列,其均值为 α,方差为 σ^2。

对于上面的每个模型,我们分别计算了其MEL和CML估计,AIC值,BIC值,以及观察值与预测值差的均方根(RMS),结果被总结在表6.4.1中。从表6.4.1中可以看出,我们所提出的模型(6.3.1)具有最小的AIC, BIC和RMS,这表明它更适合被用来拟合该组犯罪数据。

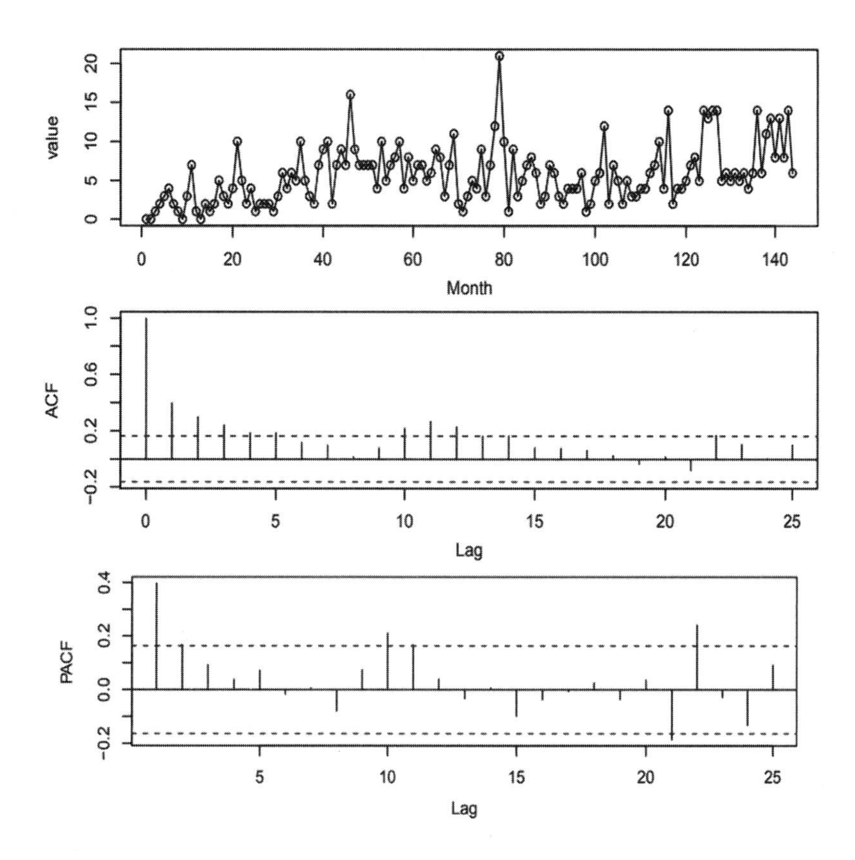

图 6.4.1　犯罪数据的样本路径图,ACF 图和 PACF 图

表 6.4.1　犯罪数据的拟合结果:参数估计、AIC、BIC 和 RMS

模型	拟合结果				
	MEL	CML	AIC	BIC	RMS
Model Ⅰ	$\hat{\phi}=0.397$	$\hat{\phi}=0.615$	746.665	752.605	3.527
	$\hat{\lambda}=3.511$	$\hat{\lambda}=2.421$	—	—	—
NGINAR(1)	$\hat{\alpha}=0.397$	$\hat{\alpha}=0.659$	740.798	746.738	3.713
	$\hat{\mu}=5.824$	$\hat{\mu}=5.625$	—	—	—
NBINAR(1)	$\hat{\alpha}=0.397$	$\hat{\alpha}=0.687$	734.684	743.593	3.605
	$\hat{\theta}=4.146$	$\hat{\theta}=4.731$	—	—	—
	$\hat{p}=1.405$	$\hat{p}=1.124$	—	—	—
RCNBINAR(1)	$\hat{\alpha}=0.386$	$\hat{\alpha}=0.584$	733.206	742.115	3.508
	$\hat{\sigma}=1.989$	$\hat{\sigma}=1.873$	—	—	—
	$\hat{\lambda}=3.511$	$\hat{\lambda}=2.495$	—	—	—
Model(6.3.1)	$\hat{a}=1.737$	$\hat{a}=2.176$	731.923	740.833	3.402
	$\hat{b}=-0.113$	$\hat{b}=-0.158$	—	—	—
	$\hat{\lambda}=2.390$	$\hat{\lambda}=1.924$	—	—	—

为了检验模型(6.3.1)的适应性,我们考虑了 Pearson 残差,其定义为 $e_t = \frac{X_t - \hat{X}_t}{\sqrt{\hat{X}_t}}$,其中 $\hat{X}_t$ 代表预测值(可以由一步向前的条件期望来计算)。图 6.4.2 绘制了犯罪数据的观测值图和基于 MEL 和 CML 估计的模型(6.3.1)的一步向前的预测值图,从中我们可以看出预测图能够很好的拟合出观测图的变化趋势,拟合效果还是比较好的。此外,我们在图 6.4.3 和图 6.4.4 中分别绘制了 Pearson 残差的直方图和 ACF 图。直方图显示其分布接近于正态分布,ACF 图显示其各阶自相关系数都在两条水平边界之间,类似于白噪声序列。为了进一步地验证 Pearson 残差是否是白噪声序列,我们在图 6.4.5 中绘制了 Pearson 残差的累积周期图(cpgram)。从中可以看到 Pearson 残差的 cpgram 完全位于两条对角线之间的置信区域内。根据 Brillinger(2001),我们得出结论:Pearson 残差对应白噪声过程。因此,用模型(6.3.1)来拟合该组犯罪数据是适当的。

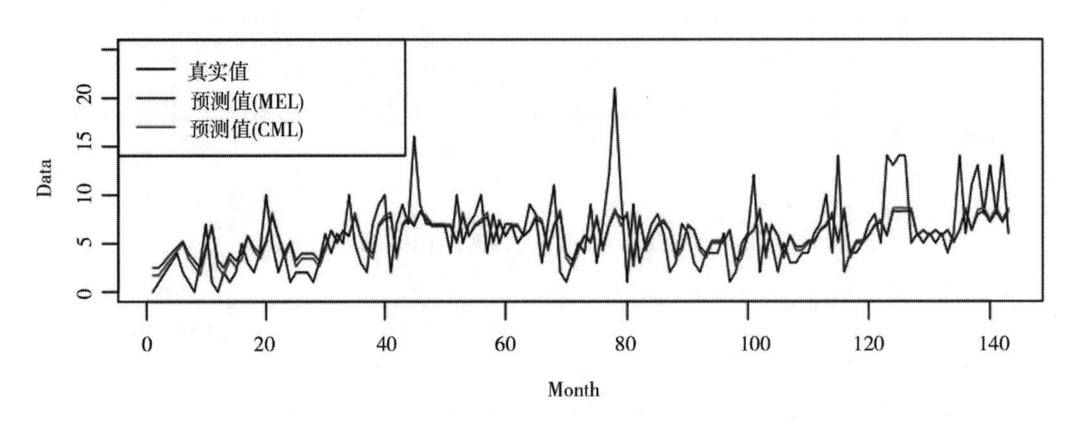

图 6.4.2　犯罪数据的样本路径图和基于模型(6.3.1)拟合的预测路径图

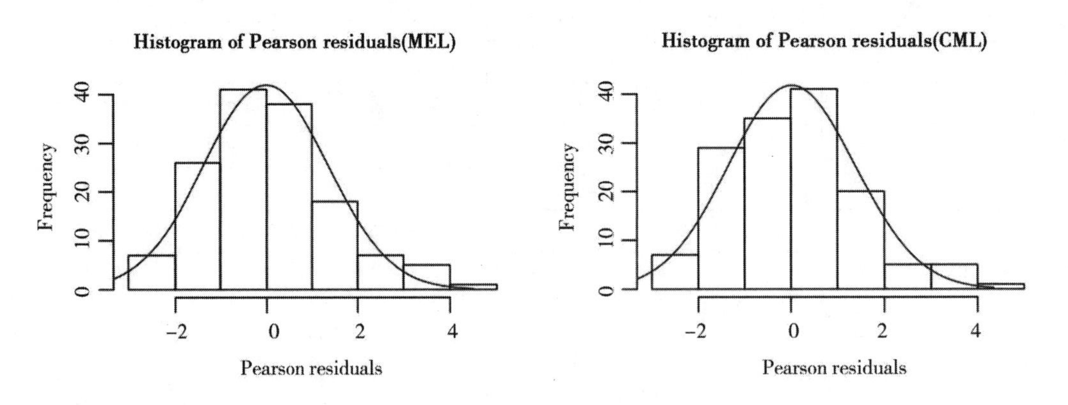

图 6.4.3　Pearson 残差的直方图

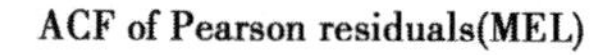

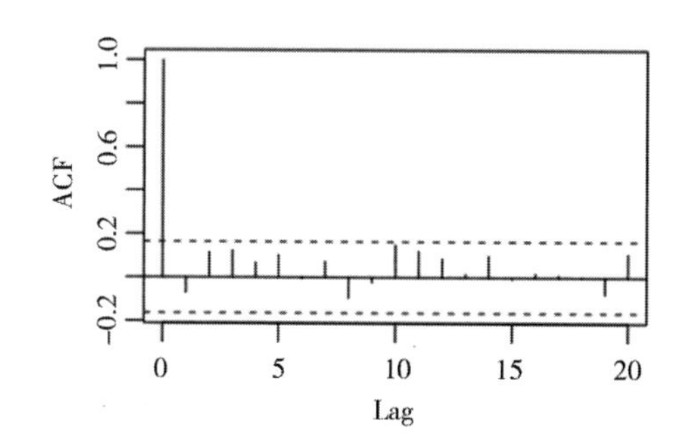

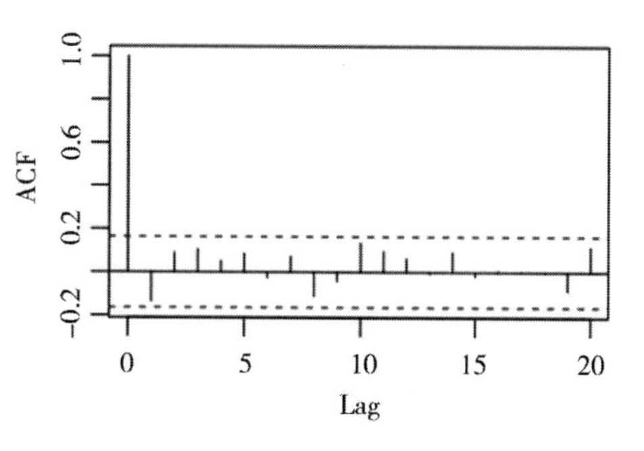

图 6.4.4　Pearson 残差的 ACF 图

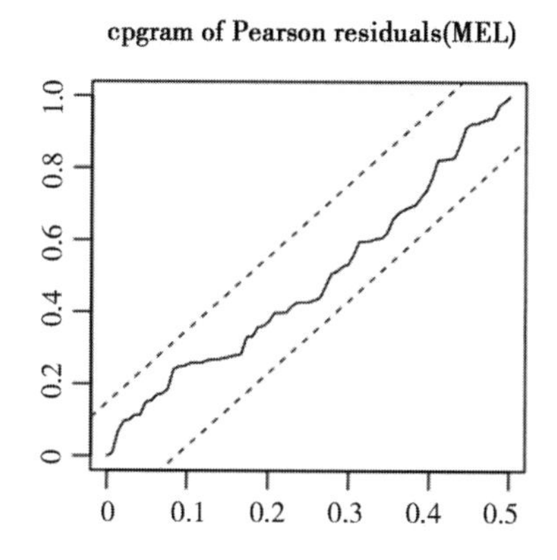

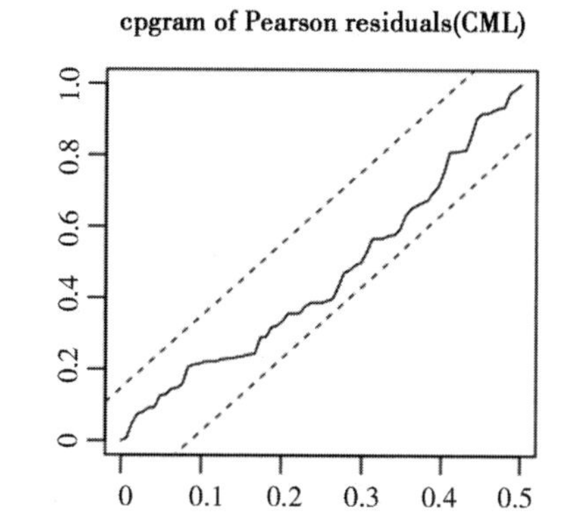

图 6.4.5　Pearson 残差的累积周期图

第五节　定理证明

命题 6.1.2 的证明　根据 Tweedie(1975)中的定义 3.1，$\{X_t\}$是一个遍历过程的充分条件是存在一个集合 $\boldsymbol{K}$ 和一个定义在状态空间χ上的非负可测函数 g 使得：

$$\int_{\chi} P(x,\mathrm{d}y)g(y) \leqslant g(x) - 1,\quad x \in \overline{\boldsymbol{K}}$$

并且对于某个固定的常数 B，有：

$$\int_{\chi} P(x,\mathrm{d}y)g(y) = \lambda(x) \leqslant B < \infty,\quad x \in \boldsymbol{K}$$

其中 $P(x,A) = P(X_1 \in A \mid X_0 = x)$。

为了证明由(6.1.1)定义的过程$\{X_t\}$是遍历的，下面我们只需逐一验证上述的两个条件成立即可。很显然，$\{X_t\}$ 的状态空间是 $\mathbb{N}_0=\{0,1,2,\cdots\}$。令 $g(y)=y$，则有：

$$\int_{\mathbb{N}_0}P(x,\mathrm{d}y)g(y)=\sum_{y=0}^{\infty}yP(X_1=y\mid X_0=x)=E(X_1\mid X_0=x)=\frac{\mathrm{e}^{\nu(x;\beta)}}{1+\mathrm{e}^{\nu(x;\beta)}}x+\lambda$$

因为 $\sup_{x\in\mathbb{N}_0}\nu(x;\beta)<+\infty$，所以有：

$$\frac{\mathrm{e}^{\nu(x;\beta)}}{1+\mathrm{e}^{\nu(x;\beta)}}=\frac{1}{1+\mathrm{e}^{-\nu(x;\beta)}}\leqslant\frac{1}{1+\mathrm{e}^{-\sup_{x\in\mathbb{N}_0}\nu(x;\beta)}}<1$$

任选一个常数 m，使得 $0<m<1$ 且 $\frac{\mathrm{e}^{\nu(x;\beta)}}{1+\mathrm{e}^{\nu(x;\beta)}}<m$。令 $N=\left[\frac{\lambda+1}{1-m}\right]+1$。现在记 $K=\{0,1,2,\cdots,N-1\}$ 且 $B=N+\lambda$，则有：

$$\int_{\Omega}P(x,\mathrm{d}y)g(y)=E(X_1\mid X_0=x)<mx+\lambda<x-1=g(x)-1,\quad x\in\bar{K}$$

$$\int_{\Omega}P(x,\mathrm{d}y)g(y)=E(X_1\mid X_0=x)<x+\lambda<N+\lambda=B<\infty,\quad x\in K$$

因此过程 $\{X_t\}$ 是遍历的。证毕。

定理 6.2.1 的证明　根据 Klimko 和 Nelson（1978），令 $g(\boldsymbol{\theta})=E(X_t\mid X_{t-1})$，欲证定理 6.2.1 成立，只需验证如下的几个正则条件：

（i）对于 $1\leqslant i,j,k\leqslant\ell+1$，$\partial g(\boldsymbol{\theta})/\partial\theta_i$，$\partial^2 g(\boldsymbol{\theta})/\partial\theta_i\partial\theta_j$，$\partial^3 g(\boldsymbol{\theta})/\partial\theta_i\partial\theta_j\partial\theta_k$ 是存在且连续的；

（ii）对于 $1\leqslant i,j\leqslant\ell+1$，$E|u_t(\boldsymbol{\theta})\partial g(\boldsymbol{\theta})/\partial\theta_i|<\infty$，$E|u_t(\boldsymbol{\theta})\partial^2 g(\boldsymbol{\theta})/\partial\theta_i\partial\theta_j|<\infty$，$E|\partial g(\boldsymbol{\theta})/\partial\theta_i\cdot\partial g(\boldsymbol{\theta})/\partial\theta_j|<\infty$；

（iii）对于 $1\leqslant i,j,k\leqslant\ell+1$，存在函数：

$$\boldsymbol{H}^{(0)}(X_{t-1},\cdots,X_0),\ H_i^{(1)}(X_{t-1},\cdots,X_0),\ H_{ij}^{(2)}(X_{t-1},\cdots,X_0),\ H_{ijk}^{(3)}(X_{t-1},\cdots,X_0)$$

使得：

$$|g|\leqslant\boldsymbol{H}^{(0)},\ |\partial g(\boldsymbol{\theta})/\partial\theta_i|\leqslant H_i^{(1)},\ |\partial^2 g(\boldsymbol{\theta})/\partial\theta_i\partial\theta_j|\leqslant H_{ij}^{(2)},\ |\partial^3 g(\boldsymbol{\theta})/\partial\theta_i\partial\theta_j\partial\theta_k|\leqslant H_{ijk}^{(3)}$$

以及：

$$E|X_t\cdot H_{ijk}^{(3)}(X_{t-1},\cdots,X_0)|<\infty,$$

$$E|\boldsymbol{H}^{(0)}(X_{t-1},\cdots,X_0)\cdot H_{ijk}^{(3)}(X_{t-1},\cdots,X_0)|<\infty,$$

$$E|H_i^{(1)}(X_{t-1},\cdots,X_0)\cdot H_{ij}^{(2)}(X_{t-1},\cdots,X_0)|<\infty$$

（iv）$E(X_t\mid X_{t-1},\cdots,X_0)=E(X_t\mid X_{t-1})$，

$$E(u_t^2(\boldsymbol{\theta})|\partial g(\boldsymbol{\theta})/\partial\theta_i\cdot\partial g(\boldsymbol{\theta})/\partial\theta_j|)<\infty,t\geqslant1$$

对于提出的模型（6.1.1），注意到 $g(\boldsymbol{\theta})=\frac{\mathrm{e}^{\nu(X_{t-1};\beta)}}{1+\mathrm{e}^{\nu(X_{t-1};\beta)}}X_{t-1}+\lambda$。通过反复的求导运算，对于 $1\leqslant i,j,k\leqslant\ell$，我们有：

$$|g(\boldsymbol{\theta})| < X_{t-1} + \lambda, \ |\partial g(\boldsymbol{\theta})/\partial\theta_{(\ell+1)}| = 1, \ |\partial g(\boldsymbol{\theta})/\partial\theta_i| < \left|\frac{\partial\nu}{\partial\beta_i}\right| X_{t-1}$$

$$|\partial^2 g(\boldsymbol{\theta})/\partial\theta_i\partial\theta_j| < \left(\left|\frac{\partial\nu}{\partial\beta_i}\frac{\partial\nu}{\partial\beta_j}\right| + \left|\frac{\partial^2\nu}{\partial\beta_i\partial\beta_j}\right|\right)X_{t-1},$$

$$|\partial^3 g(\boldsymbol{\theta})/\partial\theta_i\partial\theta_j\partial\theta_k| < \left(\left|\frac{\partial\nu}{\partial\beta_i}\frac{\partial\nu}{\partial\beta_j}\frac{\partial\nu}{\partial\beta_k}\right| + \left|\frac{\partial^2\nu}{\partial\beta_i\partial\beta_k}\frac{\partial\nu}{\partial\beta_j}\right| + \left|\frac{\partial^2\nu}{\partial\beta_j\partial\beta_k}\frac{\partial\nu}{\partial\beta_i}\right| + \left|\frac{\partial^2\nu}{\partial\beta_i\partial\beta_j}\frac{\partial\nu}{\partial\beta_k}\right|\right)X_{t-1} + \left|\frac{\partial^3\nu}{\partial\beta_i\partial\beta_j\partial\beta_k}\right|X_{t-1}$$

此外,所有关于 λ 的二阶和三阶偏导数都等于0。显然,在假设(A1)和(A2)成立的条件下,$\partial g(\boldsymbol{\theta})/\partial\theta_i$, $\partial^2 g(\boldsymbol{\theta})/\partial\theta_i\partial\theta_j$ 和 $\partial^3 g(\boldsymbol{\theta})/\partial\theta_i\partial\theta_j\partial\theta_k$, $1\leqslant i,j,k\leqslant \ell+1$ 都是存在且连续的。假设(A4)成立意味着 $V(\boldsymbol{\theta}_0)$ 是非奇异的。因为过程 $\{X_t\}$ 是平稳遍历的,由 Hölder 不等式,若假设(A3)成立,则上面所有的条件都被满足。因此,CLS-估计量 $\hat{\boldsymbol{\theta}}_{\mathrm{CLS}}$ 是相合并且是渐近正态的。证毕。

引理 6.2.1 的证明 令 $\mathscr{F}_n = \sigma(X_0, X_1, \cdots, X_n)$, $\widetilde{M}_{ni} = \sum_{t=1}^{n} m_{ti}(\boldsymbol{\theta})$,其中 $1\leqslant i\leqslant \ell+1$。对于 $1\leqslant i\leqslant \ell$,我们有:

$$\begin{aligned}
& E(\widetilde{M}_{ni} \mid \mathscr{F}_{n-1}) \\
&= \widetilde{M}_{(n-1)i} + E\left[\left(X_n - \frac{\mathrm{e}^{\nu(X_{t-1};\beta)}}{1+\mathrm{e}^{\nu(X_{t-1};\beta)}}X_{n-1} - \lambda\right)\frac{\mathrm{e}^{\nu(X_{t-1};\beta)}}{(1+\mathrm{e}^{\nu(X_{t-1};\beta)})^2}\frac{\partial\nu}{\partial\beta_i}X_{n-1} \,\middle|\, \mathscr{F}_{n-1}\right] \\
&= \widetilde{M}_{(n-1)i}
\end{aligned}$$

所以,$\{\widetilde{M}_{ni}, \mathscr{F}_n, n\geqslant 0\}$ 是一个鞅。类似地,还可以证明 $\{\widetilde{M}_{n(l+1)}, \mathscr{F}_n, n\geqslant 0\}$ 是一个鞅。对于任意非零向量 $\boldsymbol{K}\in\mathbb{R}^{l+1}$,根据鞅的性质,可得 $\{\boldsymbol{K}^{\mathrm{T}}\sum_{t=1}^{n} M_t(\boldsymbol{\theta}), \mathscr{F}_n, n\geqslant 0\}$ 是一个鞅。由假设(A1)和(A3)可得 $\{m_{ti}^2(\boldsymbol{\theta}), t\geqslant 1\}$, $1\leqslant i\leqslant \ell+1$ 是一致可积的。根据过程的平稳遍历性,我们有:

$$\frac{1}{n}\sum_{t=1}^{n} M_t(\boldsymbol{\theta})\boldsymbol{M}_t^{\mathrm{T}}(\boldsymbol{\theta}) \xrightarrow{\text{a. s.}} \boldsymbol{W}(\boldsymbol{\theta}), \ \frac{1}{n}\sum_{t=1}^{n}[\boldsymbol{K}^{\mathrm{T}}M_t(\boldsymbol{\theta})]^2 \xrightarrow{\text{a. s.}} \sigma^2$$

其中 $\sigma^2 = E[\boldsymbol{K}^{\mathrm{T}}M_t(\boldsymbol{\theta})]$。于是,由 Hall 和 Heyde(1980)中的推论 6.2 以及鞅的中心:极限定理可得:

$$\frac{1}{\sqrt{n}}\boldsymbol{K}^{\mathrm{T}}\sum_{t=1}^{n} M_t(\boldsymbol{\theta}) = \frac{1}{\sqrt{n}}\sum_{t=1}^{n}\boldsymbol{K}^{\mathrm{T}}M_t(\boldsymbol{\theta}) \xrightarrow{L} N(0,\sigma^2), n\to\infty$$

再由 Cramér-Wold 法则,我们可以得到 $\frac{1}{\sqrt{n}}\sum_{t=1}^{n} M_t(\boldsymbol{\theta}) \xrightarrow{L} N[\boldsymbol{0}_{(\ell+1)\times 1}, \boldsymbol{W}(\boldsymbol{\theta})]$。证毕。

引理 6.2.2 的证明 (i)由假设(A1)和假设(A2),我们能够得到 $E[\boldsymbol{M}_t^{\mathrm{T}}(\boldsymbol{\theta})M_t(\boldsymbol{\theta})] < \infty$。于是,对于任意 $\varepsilon > 0$,

$$\sum_{t=1}^{\infty} P\left(\frac{\| M_t(\boldsymbol{\theta}) \|}{\sqrt{t}} \geqslant \sqrt{\varepsilon}\right) = \sum_{t=1}^{\infty} P[\boldsymbol{M}_t^{\mathrm{T}}(\boldsymbol{\theta}) M_t(\boldsymbol{\theta}) \geqslant t\varepsilon]$$

$$= \sum_{t=1}^{\infty} P[\boldsymbol{M}_t^{\mathrm{T}}(\boldsymbol{\theta}) M_t(\boldsymbol{\theta}) \geqslant t\varepsilon] \int_{(t-1)\varepsilon}^{t\varepsilon} \frac{1}{\varepsilon} \mathrm{d}x \leqslant$$

$$\frac{1}{\varepsilon} \sum_{t=1}^{\infty} \int_{(t-1)\varepsilon}^{t\varepsilon} P[\boldsymbol{M}_t^{\mathrm{T}}(\boldsymbol{\theta}) M_t(\boldsymbol{\theta}) \geqslant x] \mathrm{d}x$$

$$= \frac{1}{\varepsilon} \int_0^{\infty} P[\boldsymbol{M}_t^{\mathrm{T}}(\boldsymbol{\theta}) M_t(\boldsymbol{\theta}) \geqslant x] \mathrm{d}x$$

$$= \frac{1}{\varepsilon} E[\boldsymbol{M}_t^{\mathrm{T}}(\boldsymbol{\theta}) M_t(\boldsymbol{\theta})] < \infty$$

根据 Borel - cantelli 引理,则存在有限多个 t 使得 $P\left(\frac{\| M_t(\boldsymbol{\theta}) \|}{\sqrt{t}} \geqslant \sqrt{\varepsilon}\right)$。这就意味着仅仅存在有限个 n 使得 $Z_n/\sqrt{n} > \varepsilon$。因此,$\lim\limits_{n\to\infty} Z_n/\sqrt{n} \leqslant \varepsilon$, a. s. 。由 ε 的任意性,可得 $\lim\limits_{n\to\infty} Z_n/\sqrt{n} = 0$, a. s. ,所以 $Z_n = o_p(\sqrt{n})$。

(ii)注意到:

$$\frac{1}{n} \sum_{t=1}^{n} \| M_t(\boldsymbol{\theta}) \|^3 \leqslant \max_{1 \leqslant t \leqslant n} \| M_t(\boldsymbol{\theta}) \| \cdot \frac{1}{n} \sum_{t=1}^{n} \boldsymbol{M}_t^{\mathrm{T}}(\boldsymbol{\theta}) M_t(\boldsymbol{\theta})$$

$$= o_p(\sqrt{n}) O_p(1) = o_p(\sqrt{n})$$

因此,$\frac{1}{n} \sum_{t=1}^{n} \| M_t(\boldsymbol{\theta}) \|^3 = o_p(\sqrt{n})$。

(iii)令 $Y_t = \boldsymbol{\gamma}^{\mathrm{T}}(\boldsymbol{\theta}) M_t(\boldsymbol{\theta})$, $\bar{M}_n(\boldsymbol{\theta}) = \frac{1}{n} \sum_{i=1}^{n} M_t(\boldsymbol{\theta})$, $W_n(\boldsymbol{\theta}) = \frac{1}{n} \sum_{t=1}^{n} M_t(\boldsymbol{\theta}) \boldsymbol{M}_t^{\mathrm{T}}(\boldsymbol{\theta})$, 且 $\gamma(\boldsymbol{\theta}) = \| \gamma(\boldsymbol{\theta}) \| \boldsymbol{e}$,其中 $\boldsymbol{e}$ 是单位向量。由(6. 2. 1)可知 $\gamma(\boldsymbol{\theta})$是方程:

$$\frac{1}{n} \sum_{t=1}^{n} \frac{M_t(\boldsymbol{\theta})}{1 + Y_t} = 0$$

的一个解。因为:

$$\frac{1}{1 + Y_t} = 1 - \frac{Y_t}{1 + Y_t}$$

则有:

$$\frac{1}{n} \sum_{t=1}^{n} \frac{M_t(\boldsymbol{\theta})}{1 + Y_t} = \bar{M}_n(\boldsymbol{\theta}) - \frac{1}{n} \sum_{t=1}^{n} \frac{M_t(\boldsymbol{\theta}) Y_t}{1 + Y_t} = 0$$

于是:

$$\boldsymbol{\gamma}^{\mathrm{T}}(\boldsymbol{\theta}) \bar{M}_n(\boldsymbol{\theta}) = \frac{1}{n} \sum_{t=1}^{n} \frac{Y_t^2}{1 + Y_t}$$

又因为 $p_t > 0$,所以 $1 + Y_t > 0$。由引理 6. 2. 1 可得 $\boldsymbol{e}^{\mathrm{T}} \bar{M}_n(\boldsymbol{\theta}) = O_p\left(\frac{1}{\sqrt{n}}\right)$。因此:

$$\|\gamma(\boldsymbol{\theta})\|^{2}\boldsymbol{e}^{\mathrm{T}}W_{n}(\boldsymbol{\theta})\boldsymbol{e}=\boldsymbol{\gamma}^{\mathrm{T}}(\boldsymbol{\theta})W_{n}(\boldsymbol{\theta})\gamma(\boldsymbol{\theta})=\frac{1}{n}\sum_{t=1}^{n}Y_{t}^{2}\leqslant$$

$$\frac{1}{n}\sum_{t=1}^{n}\frac{Y_{t}^{2}}{1+Y_{t}}(1+\max_{1\leqslant j\leqslant n}|Y_{j}|)$$

$$=\boldsymbol{\gamma}^{\mathrm{T}}(\boldsymbol{\theta})\bar{M}_{n}(\boldsymbol{\theta})(1+\|\gamma(\boldsymbol{\theta})\|Z_{n})$$

$$=\|\gamma(\boldsymbol{\theta})\|\boldsymbol{e}^{\mathrm{T}}\bar{M}_{n}(\boldsymbol{\theta})+\|\gamma(\boldsymbol{\theta})\|^{2}(\boldsymbol{e}^{\mathrm{T}}\bar{M}_{n}(\boldsymbol{\theta}))Z_{n}$$

$$=\|\gamma(\boldsymbol{\theta})\|\boldsymbol{e}^{\mathrm{T}}\bar{M}_{n}(\boldsymbol{\theta})+\|\gamma(\boldsymbol{\theta})\|^{2}O_{p}\left(\frac{1}{\sqrt{n}}\right)o_{p}(\sqrt{n})$$

$$=\|\gamma(\boldsymbol{\theta})\|\boldsymbol{e}^{\mathrm{T}}\bar{M}_{n}(\boldsymbol{\theta})+\|\gamma(\boldsymbol{\theta})\|^{2}o_{p}(1)$$

相似地,我们能够得到 $\|\gamma(\boldsymbol{\theta})\|^{2}\boldsymbol{e}^{\mathrm{T}}W_{n}(\boldsymbol{\theta})\boldsymbol{e}\geqslant\|\gamma(\boldsymbol{\theta})\|\boldsymbol{e}^{\mathrm{T}}\bar{M}_{n}(\boldsymbol{\theta})-\|\gamma(\boldsymbol{\theta})\|^{2}o_{p}(1)$。所以:

$$\|\gamma(\boldsymbol{\theta})\|^{2}\boldsymbol{e}^{\mathrm{T}}W_{n}(\boldsymbol{\theta})\boldsymbol{e}=\|\gamma(\boldsymbol{\theta})\|\boldsymbol{e}^{\mathrm{T}}\bar{M}_{n}(\boldsymbol{\theta})+\|\gamma(\boldsymbol{\theta})\|^{2}o_{p}(1)$$

由引理 6.2.1,很容易得到 $\|\gamma(\boldsymbol{\theta})\|=0$ 当且仅当 $\bar{M}_{n}(\boldsymbol{\theta})=0$。

因此,

$$\|\gamma(\boldsymbol{\theta})\|(\boldsymbol{e}^{\mathrm{T}}W_{n}(\boldsymbol{\theta})\boldsymbol{e}+o_{p}(1))=\boldsymbol{e}^{\mathrm{T}}\bar{M}_{n}(\boldsymbol{\theta})=O_{p}\left(\frac{1}{\sqrt{n}}\right)$$

根据引理 6.2.1,我们有:

$$\lambda_{1}+o_{p}(1)\leqslant\boldsymbol{e}^{\mathrm{T}}W_{n}(\boldsymbol{\theta})\boldsymbol{e}\leqslant\lambda_{p}+o_{p}(1)$$

其中 $0<\lambda_{1}\leqslant\lambda_{p}$ 是 $W(\boldsymbol{\theta})$ 的最大和最小特征根。所以:

$$\|\gamma(\boldsymbol{\theta})\|\leqslant\frac{O_{p}(n^{-\frac{1}{2}})}{\lambda_{1}+o_{p}(1)}=O_{p}\left(\frac{1}{\sqrt{n}}\right)$$

证毕。

定理 6.2.2 的证明　令 $Y_{t}(\boldsymbol{\theta})=\boldsymbol{\gamma}^{\mathrm{T}}(\boldsymbol{\theta})M_{t}(\boldsymbol{\theta})$, $\bar{M}_{n}(\boldsymbol{\theta})=\frac{1}{n}\sum_{t=1}^{n}M_{t}(\boldsymbol{\theta})$, $W_{n}(\boldsymbol{\theta})=\frac{1}{n}\sum_{t=1}^{n}M_{t}(\boldsymbol{\theta})\boldsymbol{M}_{t}^{\mathrm{T}}(\boldsymbol{\theta})$。借助泰勒展开,有:

$$2\mathcal{L}(\boldsymbol{\theta}_{0})=2\sum_{t=1}^{n}\log(1+Y_{t}(\boldsymbol{\theta}_{0}))=2\sum_{t=1}^{n}Y_{t}(\boldsymbol{\theta}_{0})-\sum_{t=1}^{n}Y_{t}^{2}(\boldsymbol{\theta}_{0})+2\sum_{t=1}^{n}\eta_{t}$$

$$=2n\boldsymbol{\gamma}^{\mathrm{T}}(\boldsymbol{\theta}_{0})\bar{M}_{n}(\boldsymbol{\theta}_{0})-n\boldsymbol{\gamma}^{\mathrm{T}}(\boldsymbol{\theta}_{0})W_{n}(\boldsymbol{\theta}_{0})\gamma(\boldsymbol{\theta}_{0})+2\sum_{t=1}^{n}\eta_{t}\tag{6.5.1}$$

其中 η_{t} 是展开式的余项且 $P(|\eta_{t}|\leqslant|Y_{t}(\boldsymbol{\theta}_{0})|^{3},1\leqslant t\leqslant n)\rightarrow1$。

另外,因为:

$$\frac{1}{1+Y_{t}}=1-Y_{t}+\frac{Y_{t}^{2}}{1+Y_{t}}$$

显然有:

$$0=\frac{1}{n}\sum_{t=1}^{n}\frac{M_t(\boldsymbol{\theta})}{1+Y_t(\boldsymbol{\theta})}$$
$$=\frac{1}{n}\sum_{t=1}^{n}M_t(\boldsymbol{\theta})-\frac{1}{n}\sum_{t=1}^{n}M_t(\boldsymbol{\theta})\boldsymbol{M}_t^{\mathrm{T}}(\boldsymbol{\theta})\gamma(\boldsymbol{\theta})+\frac{1}{n}\sum_{t=1}^{n}\frac{M_t(\boldsymbol{\theta})Y_t^2(\boldsymbol{\theta})}{1+Y_t(\boldsymbol{\theta})}$$
$$=\bar{M}_n(\boldsymbol{\theta})-W_n(\boldsymbol{\theta})\gamma(\boldsymbol{\theta})+\frac{1}{n}\sum_{t=1}^{n}\frac{M_t(\boldsymbol{\theta})Y_t^2(\boldsymbol{\theta})}{1+Y_t(\boldsymbol{\theta})}$$

又因为假设(A4)成立,所以 $W_n(\boldsymbol{\theta}_0)$ 是非奇异的。于是:

$$\gamma(\boldsymbol{\theta}_0)=W_n^{-1}(\boldsymbol{\theta}_0)\bar{M}_n(\boldsymbol{\theta}_0)+\frac{1}{n}W_n^{-1}(\boldsymbol{\theta}_0)\sum_{t=1}^{n}\frac{M_t(\boldsymbol{\theta}_0)Y_t^2(\boldsymbol{\theta}_0)}{1+Y_t(\boldsymbol{\theta}_0)}$$

令 $Q_n(\boldsymbol{\theta}_0)=\frac{1}{n}W_n^{-1}(\boldsymbol{\theta}_0)\sum_{t=1}^{n}M_t(\boldsymbol{\theta}_0)Y_t^2(\boldsymbol{\theta}_0)/(1+Y_t(\boldsymbol{\theta}_0))$,则:

$$\gamma(\boldsymbol{\theta}_0)=W_n^{-1}(\boldsymbol{\theta}_0)\bar{M}_n(\boldsymbol{\theta}_0)+Q_n(\boldsymbol{\theta}_0)\tag{6.5.2(}$$

根据引理6.2.1和引理6.2.2,我们能够推导出:

$$W_n(\boldsymbol{\theta}_0)=\frac{1}{n}\sum_{t=1}^{n}M_t(\boldsymbol{\theta}_0)\boldsymbol{M}_t^{\mathrm{T}}(\boldsymbol{\theta}_0)=O_p(1)$$

$$\max_{1\leqslant t\leqslant n}|Y_t(\boldsymbol{\theta}_0)|=\|\gamma(\boldsymbol{\theta}_0)\|\max_{1\leqslant t\leqslant n}\|M_t(\boldsymbol{\theta}_0)\|=O_p\left(\frac{1}{\sqrt{n}}\right)O_p(\sqrt{n})=o_p(1)$$

$$\left\|\frac{1}{n}\sum_{t=1}^{n}\frac{M_t(\boldsymbol{\theta}_0)Y_t^2(\boldsymbol{\theta}_0)}{1+Y_t(\boldsymbol{\theta}_0)}\right\|\leqslant\|\gamma(\boldsymbol{\theta}_0)\|^2\left(\frac{1}{n}\sum_{t=1}^{n}\|M_t(\boldsymbol{\theta}_0)\|^3\right)\left|1-\max_{1\leqslant t\leqslant n}|Y_t(\boldsymbol{\theta}_0)|\right|^{-1}$$
$$=O_p(n^{-1})o_p(\sqrt{n})O_p(1)=o_p\left(\frac{1}{\sqrt{n}}\right)$$

所以 $Q_n(\boldsymbol{\theta}_0)=o_p\left(\frac{1}{\sqrt{n}}\right)$。将式(6.5.2)代入式(6.5.1)中,有:

$$2\,\mathcal{L}(\boldsymbol{\theta}_0)=n(\bar{M}_n(\boldsymbol{\theta}_0))^{\mathrm{T}}W_n^{-1}(\boldsymbol{\theta}_0)\bar{M}_n(\boldsymbol{\theta}_0)-n\boldsymbol{Q}_n^{\mathrm{T}}(\boldsymbol{\theta}_0)W_n(\boldsymbol{\theta}_0)Q_n(\boldsymbol{\theta}_0)+2\sum_{t=1}^{n}\eta_t\tag{6.5.3}$$

再由引理6.2.1和引理6.2.2,当 $n\to\infty$,

$$n(\bar{M}_n(\boldsymbol{\theta}_0))^{\mathrm{T}}W_n^{-1}(\boldsymbol{\theta}_0)\bar{M}_n(\boldsymbol{\theta}_0)\xrightarrow{L}\chi^2(\ell+1);$$

$$n\boldsymbol{Q}_n^{\mathrm{T}}(\boldsymbol{\theta}_0)W_n(\boldsymbol{\theta}_0)Q_n(\boldsymbol{\theta}_0)=no_p\left(\frac{1}{\sqrt{n}}\right)O_p(1)o_p\left(\frac{1}{\sqrt{n}}\right)=o_p(1);$$

$$\left|\sum_{t=1}^{n}\eta_t\right|\leqslant\sum_{t=1}^{n}|Y_t(\boldsymbol{\theta}_0)|^3\leqslant\|\gamma(\boldsymbol{\theta}_0)\|^3\sum_{t=1}^{n}\|M_t(\boldsymbol{\theta}_0)\|^3=nO_p(n^{-\frac{3}{2}})o_p\left(\frac{1}{\sqrt{n}}\right)=o_p(1)$$

因此 $2\,\mathcal{L}(\boldsymbol{\theta}_0)\xrightarrow{L}\chi^2(\ell+1)$。证毕。

引理6.2.3的证明 引理6.2.3的证明与Zhang et al.(2011a)中第六章的证明方法相

似,细节从略。

定理 6.2.3 的证明 证明分为如下两个步骤:

第一步:证明 $\hat{\boldsymbol{\theta}}_{\mathrm{MEL}}$ 的相合性。

由式(6.5.1),对于 $\forall \boldsymbol{\theta} \in B_n = \{\boldsymbol{\theta} | \ \|\boldsymbol{\theta} - \boldsymbol{\theta}_0\| < n^{-\frac{1}{3}}\}$,有:

$$\begin{aligned}\mathcal{L}(\boldsymbol{\theta}) &= \sum_{t=1}^{n} Y_t(\boldsymbol{\theta}) - \frac{1}{2}\sum_{t=1}^{n} Y_t^2(\boldsymbol{\theta}) + \sum_{t=1}^{n} \eta_t \\ &= \sum_{t=1}^{n} \boldsymbol{\gamma}^{\mathrm{T}}(\boldsymbol{\theta}) M_t(\boldsymbol{\theta}) - \frac{n}{2}\boldsymbol{\gamma}^{\mathrm{T}}(\boldsymbol{\theta}) W_n(\boldsymbol{\theta}) \gamma(\boldsymbol{\theta}) + \sum_{t=1}^{n} \eta_t\end{aligned}$$

此外,令 $\gamma(\boldsymbol{\theta}) = \|\gamma(\boldsymbol{\theta})\| \boldsymbol{e}$,其中 $\boldsymbol{e}$ 是单位向量。由引理 6.2.3,我们有:

$$\begin{aligned}\left|\sum_{t=1}^{n} \eta_t\right| &\leqslant \sum_{t=1}^{n} |Y_t(\boldsymbol{\theta})|^3 = \max_{1 \leqslant t \leqslant n} |Y_t(\boldsymbol{\theta})| \sum_{t=1}^{n} Y_t^2(\boldsymbol{\theta}) \\ &\leqslant n \cdot \sup_{\boldsymbol{\theta} \in B_n} \|\gamma(\boldsymbol{\theta})\|^3 \cdot \max_{1 \leqslant t \leqslant n} \sup_{\boldsymbol{\theta} \in B_n} \|M_t(\boldsymbol{\theta})\| \cdot [\boldsymbol{e}^{\mathrm{T}} W_n(\boldsymbol{\theta}) e] \\ &\leqslant n O_p(n^{-1}) o_p(n^{\frac{1}{3}})(\lambda_{\max} + o_p(1)) = o_p(n^{\frac{1}{3}})\end{aligned}$$

其中 $\lambda_{\max}$ 是 $\boldsymbol{W}(\boldsymbol{\theta})$ 的最大特征根。因此,

$$\mathcal{L}(\boldsymbol{\theta}) = \sum_{t=1}^{n} \boldsymbol{\gamma}^{\mathrm{T}}(\boldsymbol{\theta}) M_t(\boldsymbol{\theta}) - \frac{n}{2}\boldsymbol{\gamma}^{\mathrm{T}}(\boldsymbol{\theta}) W_n(\boldsymbol{\theta}) \gamma(\boldsymbol{\theta}) + o_p(n^{\frac{1}{3}}) \tag{6.5.4}$$

根据引理 6.2.3 中的(vi),$\gamma(\boldsymbol{\theta}) = W_n^{-1}(\boldsymbol{\theta}) \bar{M}_n(\boldsymbol{\theta}) + o_p(n^{-\frac{1}{3}})$,代入式(6.5.4)中,则有:

$$\mathcal{L}(\boldsymbol{\theta}) = \frac{n}{2}(\bar{M}_n(\boldsymbol{\theta}))^{\mathrm{T}} W_n^{-1}(\boldsymbol{\theta}) \bar{M}_n(\boldsymbol{\theta}) - \frac{n}{2}(o_p(n^{-\frac{1}{3}}))^{\mathrm{T}} W_n(\boldsymbol{\theta}) o_p(n^{-\frac{1}{3}}) + o_p(n^{\frac{1}{3}})$$

又因为

$$\frac{n}{2}|(o_p(n^{-\frac{1}{3}}))^{\mathrm{T}} W_n(\boldsymbol{\theta}) o_p(n^{-\frac{1}{3}})| \leqslant n o_p(n^{-\frac{2}{3}})(\lambda_{\max} + o_p(1)) = o_p(n^{\frac{1}{3}})$$

所以有:

$$\mathcal{L}(\boldsymbol{\theta}) = \frac{n}{2}(\bar{M}_n(\boldsymbol{\theta}))^{\mathrm{T}} W_n^{-1}(\boldsymbol{\theta}) \bar{M}_n(\boldsymbol{\theta}) + o_p(n^{\frac{1}{3}}) \tag{6.5.5}$$

令 $\partial B_n = \{\boldsymbol{\theta} | \ \|\boldsymbol{\theta} - \boldsymbol{\theta}_0\| = n^{-\frac{1}{3}}\}$ 表示 B_n 的边界,则对于任意 $\boldsymbol{\theta} \in \partial B_n$,存在一个单位向量 $\boldsymbol{\vartheta}$ 使得 $\boldsymbol{\theta} = \boldsymbol{\theta}_0 + \boldsymbol{\vartheta} n^{-\frac{1}{3}}$。考虑 $\bar{M}_n(\boldsymbol{\theta})$ 在 $\boldsymbol{\theta} = \boldsymbol{\theta}_0$ 处的泰勒展式:

$$\bar{M}_n(\boldsymbol{\theta}) = \bar{M}_n(\boldsymbol{\theta}_0) + \frac{1}{n}\sum_{t=1}^{n} P_t(\boldsymbol{\theta}_0)(\boldsymbol{\theta} - \boldsymbol{\theta}_0) + o_p(n^{-\frac{1}{3}}) \tag{6.5.6}$$

其中 $P_t(\boldsymbol{\theta}) = \partial M_t(\boldsymbol{\theta}) / \partial \boldsymbol{\theta}^{\mathrm{T}}$。将(6.5.6)式代入式(6.5.5)中,我们能推导出:

$$\mathcal{L}(\boldsymbol{\theta}) = \frac{n}{2}[O_p(n^{-\frac{5}{6}}) + O_p(n^{-\frac{2}{3}}) \boldsymbol{\vartheta}^{\mathrm{T}} W^{-1}(\boldsymbol{\theta}_0) \vartheta] + o_p(n^{\frac{1}{3}})$$

因此,我们有:

$$\inf_{\boldsymbol{\theta}\in\partial B_n}\mathcal{L}(\boldsymbol{\theta})\geqslant\frac{1}{2}O_p(n^{\frac{1}{6}})+\frac{1}{2}c_n\sigma+o_p(n^{\frac{1}{3}})$$

其中 $c_n=O_p(n^{\frac{1}{3}})$，σ 是 $W^{-1}(\boldsymbol{\theta}_0)$ 的最小特征根。由式(6.5.3)很容易得到：

$$\mathcal{L}(\boldsymbol{\theta}_0)=\frac{n}{2}(\bar{M}_n(\boldsymbol{\theta}_0))^{\mathrm{T}}W_n^{-1}(\boldsymbol{\theta}_0)\bar{M}_n(\boldsymbol{\theta}_0)+o_p(1)$$

再由引理6.2.3，进一步有：

$$\mathcal{L}(\boldsymbol{\theta}_0)=\frac{n}{2}(\bar{M}_n(\boldsymbol{\theta}_0))^{\mathrm{T}}W_n^{-1}(\boldsymbol{\theta}_0)\bar{M}_n(\boldsymbol{\theta}_0)+o_p(1)=O_p(\log_2 n)$$

因为 $\mathcal{L}(\boldsymbol{\theta})$ 在 $\boldsymbol{\theta}_0$ 的邻域 B_n 内是一个连续函数，所以当 $n\to\infty$，我们有：

$$P[\hat{\theta}_{\mathrm{MEL}}\in(B_n-\partial B_n)]\geqslant P\left(\frac{\inf_{\boldsymbol{\theta}\in\partial B_n}\mathcal{L}(\boldsymbol{\theta})-\mathcal{L}(\boldsymbol{\theta}_0)}{n^{\frac{1}{3}}}\geqslant\frac{c_n\sigma}{3n^{\frac{1}{3}}}\right)\to 1 \tag{6.5.7}$$

因此，$\hat{\boldsymbol{\theta}}_{\mathrm{MEL}}$ 是相合的。

第二步： 证明 $\hat{\boldsymbol{\theta}}_{\mathrm{MEL}}$ 的渐近正态性。

我们沿用 Qin 和 Lawless(1994)中针对 i. i. d 数据时的证明思想。

令

$$Q_{1n}(\boldsymbol{\theta},\gamma)=\frac{1}{n}\sum_{t=1}^{n}\frac{M_t(\boldsymbol{\theta})}{1+\boldsymbol{\gamma}^{\mathrm{T}}(\boldsymbol{\theta})M_t(\boldsymbol{\theta})}$$

$$Q_{2n}(\boldsymbol{\theta},\gamma)=\frac{1}{n}\sum_{t=1}^{n}\frac{1}{1+\boldsymbol{\gamma}^{\mathrm{T}}(\boldsymbol{\theta})M_t(\boldsymbol{\theta})}\left(\frac{\partial\boldsymbol{M}_t^{\mathrm{T}}(\boldsymbol{\theta})}{\partial\boldsymbol{\theta}}\right)\gamma(\boldsymbol{\theta})=\frac{1}{n}\sum_{t=1}^{n}\frac{\boldsymbol{P}_t^{\mathrm{T}}(\boldsymbol{\theta})\gamma(\boldsymbol{\theta})}{1+\boldsymbol{\gamma}^{\mathrm{T}}(\boldsymbol{\theta})M_t(\boldsymbol{\theta})}$$

从式(6.5.7)中，我们可以发现 $\mathcal{L}(\boldsymbol{\theta})$ 在邻域 B_n 的内部取到最小值 $\mathcal{L}(\hat{\boldsymbol{\theta}}_{\mathrm{MEL}})$ 且 $\hat{\boldsymbol{\theta}}_{\mathrm{MEL}}$ 满足

$$0=\frac{1}{n}\frac{\partial\mathcal{L}(\boldsymbol{\theta})}{\partial\boldsymbol{\theta}}\bigg|_{\boldsymbol{\theta}=\hat{\boldsymbol{\theta}}_{\mathrm{MEL}}}=\frac{\partial\boldsymbol{\gamma}^{\mathrm{T}}(\boldsymbol{\theta})}{\partial\boldsymbol{\theta}}Q_{1n}(\boldsymbol{\theta},\gamma)\bigg|_{\boldsymbol{\theta}=\hat{\boldsymbol{\theta}}_{\mathrm{MEL}}}+Q_{2n}(\boldsymbol{\theta},\gamma)\bigg|_{\boldsymbol{\theta}=\hat{\boldsymbol{\theta}}_{\mathrm{MEL}}}$$

因为 $Q_{1n}(\hat{\boldsymbol{\theta}}_{\mathrm{MEL}},\gamma(\hat{\boldsymbol{\theta}}_{\mathrm{MEL}}))=0$，则有 $Q_{2n}(\hat{\boldsymbol{\theta}}_{\mathrm{MEL}},\gamma(\hat{\boldsymbol{\theta}}_{\mathrm{MEL}}))=0$。令 $\hat{\gamma}=\gamma(\hat{\boldsymbol{\theta}}_{\mathrm{MEL}})$，由 $\hat{\boldsymbol{\theta}}_{\mathrm{MEL}}$ 的相合性和引理6.2.3，根据连续映射定理，很容易得到 $\hat{\gamma}$ 依概率收敛于0。将 $Q_{1n}(\hat{\boldsymbol{\theta}}_{\mathrm{MEL}})$ 和 $Q_{2n}(\hat{\boldsymbol{\theta}}_{\mathrm{MEL}},\hat{\gamma})$ 在 $(\boldsymbol{\theta}_0,0)$ 处作泰勒展开，则有：

$$0=Q_{1n}(\boldsymbol{\theta}_0,0)+\frac{\partial Q_{1n}(\boldsymbol{\theta},\gamma)}{\partial\boldsymbol{\theta}^{\mathrm{T}}}\bigg|_{\substack{\boldsymbol{\theta}=\boldsymbol{\theta}_0\\ \gamma=0}}(\hat{\boldsymbol{\theta}}_{\mathrm{MEL}}-\boldsymbol{\theta}_0)+\frac{\partial Q_{1n}(\boldsymbol{\theta},\gamma)}{\partial\gamma^{\mathrm{T}}}\bigg|_{\substack{\boldsymbol{\theta}=\boldsymbol{\theta}_0\\ \gamma=0}}\hat{\gamma}+o_p(\rho_n)$$

$$0=Q_{2n}(\boldsymbol{\theta}_0,0)+\frac{\partial Q_{2n}(\boldsymbol{\theta},\gamma)}{\partial\boldsymbol{\theta}^{\mathrm{T}}}\bigg|_{\substack{\boldsymbol{\theta}=\boldsymbol{\theta}_0\\ \gamma=0}}(\hat{\boldsymbol{\theta}}_{\mathrm{MEL}}-\boldsymbol{\theta}_0)+\frac{\partial Q_{2n}(\boldsymbol{\theta},\gamma)}{\partial\gamma^{\mathrm{T}}}\bigg|_{\substack{\boldsymbol{\theta}=\boldsymbol{\theta}_0\\ \gamma=0}}\hat{\gamma}+o_p(\rho_n)$$

其中 $\rho_n=\|\hat{\theta}_{\mathrm{MEL}}-\boldsymbol{\theta}_0\|^2+\|\hat{\gamma}\|^2=O_p(n^{-\frac{2}{3}})$。整理之后，我们能够得到：

$$Q_{1n}(\boldsymbol{\theta}_0,0)=\bar{M}_n(\boldsymbol{\theta}_0),\qquad Q_{2n}(\boldsymbol{\theta}_0,0)=0,$$

$$\frac{\partial Q_{1n}(\boldsymbol{\theta},\gamma)}{\partial\boldsymbol{\theta}^{\mathrm{T}}}\bigg|_{\substack{\boldsymbol{\theta}=\boldsymbol{\theta}_0\\ \gamma=0}}=\frac{1}{n}\sum_{t=1}^{n}P_t(\boldsymbol{\theta}_0),\qquad \frac{\partial Q_{1n}(\boldsymbol{\theta},\gamma)}{\partial\boldsymbol{\gamma}^{\mathrm{T}}}\bigg|_{\substack{\boldsymbol{\theta}=\boldsymbol{\theta}_0\\ \gamma=0}}=-\frac{1}{n}\sum_{t=1}^{n}M_t(\boldsymbol{\theta}_0)\boldsymbol{M}_t^{\mathrm{T}}(\boldsymbol{\theta}_0)=-W_n(\boldsymbol{\theta}_0),$$

$$\frac{\partial Q_{2n}(\boldsymbol{\theta},\gamma)}{\partial\boldsymbol{\theta}^{\mathrm{T}}}\bigg|_{\substack{\boldsymbol{\theta}=\boldsymbol{\theta}_0\\ \gamma=0}}=0,\qquad \frac{\partial Q_{2n}(\boldsymbol{\theta},\gamma)}{\partial\boldsymbol{\gamma}^{\mathrm{T}}}\bigg|_{\substack{\boldsymbol{\theta}=\boldsymbol{\theta}_0\\ \gamma=0}}=\frac{1}{n}\sum_{t=1}^{n}\boldsymbol{P}_t^{\mathrm{T}}(\boldsymbol{\theta}_0)$$

因此,式(6.5.8)可以能被化简为:

$$\begin{pmatrix} \frac{1}{n}\sum_{t=1}^{n} P_t(\boldsymbol{\theta}_0) & -W_n(\boldsymbol{\theta}_0) \\ 0 & \frac{1}{n}\sum_{t=1}^{n} \boldsymbol{P}_t^{\mathrm{T}}(\boldsymbol{\theta}_0) \end{pmatrix} \begin{pmatrix} \hat{\theta}_{\mathrm{MEL}} - \boldsymbol{\theta} \\ \hat{\gamma} \end{pmatrix} = \begin{pmatrix} -\overline{M}_n(\boldsymbol{\theta}_0) + o_p(\rho_n) \\ o_p(\rho_n) \end{pmatrix}$$

由过程的平稳遍历性,很容易得到:

$$\begin{pmatrix} \frac{1}{n}\sum_{t=1}^{n} P_t(\boldsymbol{\theta}_0) & -W_n(\boldsymbol{\theta}_0) \\ 0 & \frac{1}{n}\sum_{t=1}^{n} \boldsymbol{P}_t^{\mathrm{T}}(\boldsymbol{\theta}_0) \end{pmatrix} \xrightarrow{\text{a. s.}} \begin{pmatrix} U(\boldsymbol{\theta}_0) & -W(\boldsymbol{\theta}_0) \\ 0 & \boldsymbol{U}^{\mathrm{T}}(\boldsymbol{\theta}_0) \end{pmatrix}$$

因此,我们有:

$$\begin{pmatrix} \sqrt{n}(\hat{\boldsymbol{\theta}}_{\mathrm{MEL}} - \boldsymbol{\theta}_0) \\ \sqrt{n}\hat{\boldsymbol{\gamma}} \end{pmatrix}$$

$$= \left[\begin{pmatrix} U^{-1}(\boldsymbol{\theta}_0) & U^{-1}(\boldsymbol{\theta}_0) W(\boldsymbol{\theta}_0) [\boldsymbol{U}^{\mathrm{T}}(\boldsymbol{\theta}_0)]^{-1} \\ 0 & [\boldsymbol{U}^{\mathrm{T}}(\boldsymbol{\theta}_0)]^{-1} \end{pmatrix} + o_p(1) \right] \begin{pmatrix} -\sqrt{n}\overline{M}_n(\boldsymbol{\theta}_0) + o_p(1) \\ o_p(1) \end{pmatrix}$$

则:

$$\sqrt{n}(\hat{\boldsymbol{\theta}}_{\mathrm{MEL}} - \boldsymbol{\theta}_0) = -U^{-1}(\boldsymbol{\theta}_0)\sqrt{n}\overline{M}_n(\boldsymbol{\theta}_0) + o_p(1)$$

根据引理 6.2.1,我们有:

$$\sqrt{n}(\hat{\boldsymbol{\theta}}_{\mathrm{MEL}} - \boldsymbol{\theta}_0) \xrightarrow{L} N\{\boldsymbol{0}, [\boldsymbol{U}^{\mathrm{T}}(\boldsymbol{\theta}_0) W^{-1}(\boldsymbol{\theta}_0) U(\boldsymbol{\theta}_0)]^{-1}\}$$

证毕。

第七章　BRCINAR(1)过程的建模和统计推断

在现实生活中，当所研究的几个整数值时间序列之间是相关的时候，建立多元的整数值时间序列模型是不可避免的。近些年来，关于将一元的整数值时间序列模型推广到多元的情况一直是研究的热点问题。Pedeli 和 Karlis (2013)提出了一个基于二项稀疏算子的二元常系数的一阶整数值自回归[BINAR(1)]过程，该模型不仅刻画了两个序列之间的相关性，而且更重要的是它还保持了一元的 INAR(1)模型的很多矩的性质，尽管该模型在一定程度上能够很好地拟合具有相关性的两个计数时间序列，但是它依然存在着很多不足之处。例如，该模型的自回归系数是固定的常数。众所周知，在很多实际问题中，自回归系数会受到外部环境的影响而随时间变化，因此考虑随机系数的 BINAR(1)过程应该更加合理，在本章中，我们将一元的随机系数整数值自回归过程推广到了多元的情况，提出了一类二元的一阶随机系数整数值自回归[BRCINAR(1)]过程，并且考虑了该过程的统计推断问题。

本章内容安排如下：在第一节中，我们给出了 BRCINAR(1)过程的定义，并且研究了它的概率统计性质；在第二节中，我们基于三种方法(Yule-Walker 估计，条件最小二乘估计，条件极大似然估计)讨论了 BRCINAR(1)过程的参数估计问题；在第三节中，我们进行了一些数值模拟研究；在第四节中，我们研究了基于 BRCINAR(1)过程的一致预测问题；在第五节中，我们将所提出的模型应用到一组实际的二元数据中；最后在第六节中，我们给出了定理的具体证明。

第一节　BRCINAR(1)过程的定义和基本性质

在实践中，经常能够遇到存在互相关的两组整数值时间序列建模的问题。例如，犯罪学中对相邻两个地区某种犯罪月发生数的研究；保险学中对两种相关险种每年理赔次数的研究;流行病学中对相关的两种疾病月患者数的研究等。在这种情况下,如果采用两个一元的RCINAR(1)过程进行建模,会使统计推断产生严重的偏差。因此,在本节中,我们将RCINAR(1)过程推广到二元的情况,提出了一类二元的一阶随机系数整数值自回归过程,即BRCINAR(1)过程,具体定义如下:

定义 7.1.1 若二元过程$\{\boldsymbol{X}_t\}_{t\in\mathbb{Z}}$满足如下的回归方程:

$$\boldsymbol{X}_t = \boldsymbol{A}_t \circ \boldsymbol{X}_{t-1} + \boldsymbol{Z}_t = \begin{bmatrix} \alpha_{1,t} & 0 \\ 0 & \alpha_{2,t} \end{bmatrix} \circ \begin{bmatrix} X_{1,t-1} \\ X_{2,t-1} \end{bmatrix} + \begin{bmatrix} Z_{1,t} \\ Z_{2,t} \end{bmatrix}, t \in \mathbb{Z} \tag{7.1.1}$$

则称$\{\boldsymbol{X}_t\}_{t\in\mathbb{Z}}$为BRCINAR(1)过程,其中:

(1)$\{\alpha_{1,t}\}$和$\{\alpha_{2,t}\}$是两个相互独立的且i. i. d. 取值于$[0,1)$上的随机变量序列,其累积分布函数(CDF)为$P_{\alpha_i}(u_i)$,$i=1,2$;

(2)$\boldsymbol{A}_t = \begin{bmatrix} \alpha_{1,t} & 0 \\ 0 & \alpha_{2,t} \end{bmatrix}$是一个随机矩阵,而$\boldsymbol{A}_t\circ$是一个随机矩阵稀疏运算,它与通常的矩阵乘法一样,并且保持了随机系数稀疏算子的运算性质。对于所有的$t\in\mathbb{Z}$,给定$\alpha_{i,t}(i=1,2)$,稀疏运算$\alpha_{1,t}\circ X_{1,t-1}$和$\alpha_{2,t}\circ X_{2,t-1}$是相互独立的;

(3)$\{\boldsymbol{Z}_t\}$是一个二元的i. i. d. 非负整数值随机变量序列,联合概率质量函数为$f_z(x,y)>0$。对于固定的t和任意的$s<t$,$\boldsymbol{Z}_t$与$\boldsymbol{A}_t\circ\boldsymbol{X}_{t-1}$和$\boldsymbol{X}_s$相互独立。

很明显,对于$i=1,2$,$\boldsymbol{X}_t$的第i个元素是$X_{i,t}=\alpha_{i,t}\circ X_{i,t-1}+Z_{i,t}$,它是一个单变量的RCINAR(1)过程。此外,两个序列之间的相关性可以通过允许新息$Z_{1,t}$和$Z_{2,t}$之间是相关的而得到。

注: Popovic(2015)也曾提出了一个名为BVDINAR(1)的二元随机系数的INAR(1)过程。与我们的模型不同,为了使所提出的模型是截断的,BVDINAR(1)过程中的自回归系数$\alpha_{i,t}(i=1,2)$仅仅被要求服从两点分布。事实上,BVDINAR(1)过程可以看作是我们提出的BRCINAR(1)过程的一个特例。

从式(7.1.1),我们可以得到BRCINAR(1)过程$\{\boldsymbol{X}_t\}_{t\in\mathbb{Z}}$是一个定义在$\mathbb{N}_0^2$上的马尔可夫过程,转移概率为

$$\begin{aligned} & P(\boldsymbol{X}_t = \boldsymbol{x}_t \mid \boldsymbol{X}_{t-1} = \boldsymbol{x}_{t-1}) \\ & = P(X_{1,t} = x_{1,t}, X_{2,t} = x_{2,t} \mid X_{1,t-1} = x_{1,t-1}, X_{2,t-1} = x_{2,t-1}) \\ & = \sum_{k=0}^{\ell_1(t)} \sum_{s=0}^{\ell_2(t)} f_z(x_{1,t}-k, x_{2,t}-s) \binom{x_{1,t-1}}{k} \int_0^1 u_1^k (1-u_1)^{x_{1,t-1}-k} \mathrm{d}P_{\alpha_1}(u_1) \times \\ & \binom{x_{2,t-1}}{s} \int_0^1 u_2^s (1-u_2)^{x_{2,t-1}-s} \mathrm{d}P_{\alpha_2}(u_2) \end{aligned} \tag{7.1.2}$$

其中$\ell_1(t)=\min(x_{1,t},x_{1,t-1})$和$\ell_2(t)=\min(x_{2,t},x_{2,t-1})$。

令 $E(\alpha_{i,t})=\alpha_i$, $\mathrm{Var}(\alpha_{i,t})=\sigma_{\alpha_i}^2$, $E(Z_{i,t})=\lambda_i$, $\mathrm{Var}(Z_{i,t})=\sigma_{z_i}^2$, $\mathrm{cov}(Z_{1,t},Z_{2,t})=\phi$,其中 $i=1,2$。假定它们都是有限的。因此,对于随机矩阵 $\boldsymbol{A}_t$,我们有 $E(\boldsymbol{A}_t)=\boldsymbol{A}$,其中 $\boldsymbol{A}=\begin{bmatrix}\alpha_1 & 0\\ 0 & \alpha_2\end{bmatrix}$。根据随机矩阵稀疏运算,我们很容易得到下面的结论。

引理 7.1.1　令 $\boldsymbol{A}_t\circ\boldsymbol{X}_{t-1}$ 是一个随机矩阵稀疏运算,则有

(1) $E(\boldsymbol{A}_t\circ\boldsymbol{X}_{t-1})=\boldsymbol{A}E(\boldsymbol{X}_{t-1})$;

(2) $E[\boldsymbol{A}_t\circ\boldsymbol{X}_{t-1})\boldsymbol{Y}^{\mathrm{T}}]=\boldsymbol{A}E(\boldsymbol{X}_{t-1}\boldsymbol{Y}^{\mathrm{T}})$,其中 $\boldsymbol{Y}$ 是独立于 $\boldsymbol{A}_t$ 的二元随机变量;

(3) $E[\boldsymbol{Y}(\boldsymbol{A}_t\circ\boldsymbol{X}_{t-1})^{\mathrm{T}}]=E(\boldsymbol{Y}\boldsymbol{X}_{t-1}^{\mathrm{T}})\boldsymbol{A}$,其中 $\boldsymbol{Y}$ 是独立于 $\boldsymbol{A}_t$ 的二元随机变量;

(4) $E[(\boldsymbol{A}_t\circ\boldsymbol{X}_{t-1})(\boldsymbol{A}_t\circ\boldsymbol{X}_{t-1})^{\mathrm{T}}]=\boldsymbol{A}E(\boldsymbol{X}_{t-1}\boldsymbol{X}_{t-1}^{\mathrm{T}})\boldsymbol{A}+\boldsymbol{C}$,其中 $\boldsymbol{C}=(c_{ij})_{2\times2}$,

$$c_{11}=\sigma_{\alpha_1}^2E(X_{1,t-1})^2+[\alpha_1(1-\alpha_1)-\sigma_{\alpha_1}^2]E(X_{1,t-1});$$

$$c_{22}=\sigma_{\alpha_2}^2E(X_{2,t-1})^2+[\alpha_2(1-\alpha_2)-\sigma_{\alpha_2}^2]E(X_{2,t-1});$$

$$c_{12}=c_{21}=0$$

在下面的命题中,我们将给出一个充分性的判别,证明 BRCINAR(1)过程具有唯一的严平稳遍历解。该命题包含了广泛的模型类,不需要特别依赖于某个提出的边际分布。

命题 7.1.1　若 $0<\alpha_i^2+\sigma_{\alpha_i}^2<1$, $i=1,2$,则存在唯一的一个严平稳的二元整数值随机变量序列 $\{\boldsymbol{X}_t\}_{t\in\mathbb{Z}}$ 满足(7.1.1)。进一步地,这个过程是一个遍历过程。

矩和条件矩对于得到参数估计的估计方程具有重要的意义。对于 BRCINAR(1)过程,我们有如下的结果成立。

命题 7.1.2　设 $\{\boldsymbol{X}_t\}_{t\in\mathbb{Z}}$ 是一个来自(7.1.1)的严平稳过程,则对于 $t\geqslant1$, $k\geqslant0$, $i,j=1,2$ 和 $i\neq j$,有

(1) $E(X_{i,t+k}|X_{1,t},X_{2,t})=\alpha_i^kX_{i,t}+\lambda_i(1-\alpha_i^k)/(1-\alpha_i)$;

$\mathrm{Var}(X_{i,t+1}|X_{1,t},X_{2,t})=\sigma_{\alpha_i}^2X_{i,t}^2+(\alpha_i-\alpha_i^2-\sigma_{\alpha_i}^2)X_{i,t}+\sigma_{z_i}^2$;

$\mathrm{Cov}(X_{1,t+1},X_{2,t+1}|X_{1,t}-X_{2,t})=\phi$;

(2) $E(X_{i,t})=\lambda_i/(1-\alpha_i)$;

$\mathrm{Var}(X_{i,t})=a/(1-\alpha_i^2-\sigma_{\alpha_i}^2)$,

其中 $a=\lambda_i(\alpha_i-\alpha_i^2-\sigma_{\alpha_i}^2)/(1-\alpha_i)+\sigma_{z_i}^2+\sigma_{\alpha_i}^2\lambda_i^2/(1-\alpha_i)^2$;

$\mathrm{Cov}(X_{i,t+k},X_{i,t})=\alpha_i^k\mathrm{Var}(X_{i,t})$;

$\mathrm{Corr}(X_{i,t+k},X_{i,t})=\alpha_i^k$;

(3) $\mathrm{Cov}(X_{1,t},X_{2,t})=\phi/(1-\alpha_1\alpha_2)$;

$\mathrm{Cov}(X_{i,t+k},X_{j,t})=\alpha_i^k\phi/(1-\alpha_1\alpha_2)$

注:从方差 $\mathrm{Var}(X_{i,t})$ 可以看出,稀疏参数的不确定性为 BRCINAR(1)过程引入了额外的偏差。另外,由于 $\alpha_i>0$,从协方差 $\mathrm{Cov}(X_{i,t+x},X_{i,t})$ 可以看出,BRCINAR(1)过程的自相关函

数(ACF)只能是正的,这就意味着它只能刻画具有正自相关的二元整数值时间序列。最后,从协方差 $\mathrm{Cov}(X_{1,t},X_{2,t})$ 可以得出,两个序列之间互相关性的正负仅取决于参数 ϕ,即 $\{\boldsymbol{Z}_t\}$ 分布的选择。例如,二元泊松和二元负二项分布可以产生正的互相关,借助 copular 函数可以为 $\{\boldsymbol{Z}_t\}$ 创建具有负相关的二元分布(见 Karlis 和 Pedeli(2013))。

第二节 参数估计

在本小节中,我们假定 $\{\boldsymbol{X}_t\}$ 是一个严平稳遍历的 BRCINAR(1)过程,$\{\boldsymbol{X}_t\}_{t=1}^{n}$ 是来自 BRCINAR(1)过程的一组观测值序列。我们的主要兴趣在于估计参数 $\boldsymbol{\theta}=(\alpha_1,\alpha_2,\lambda_1,\lambda_2,\phi)^{\mathrm{T}}$。另外,也考虑了相应的方差 $\boldsymbol{\eta}=(\sigma^2_{\alpha_1},\sigma^2_{\alpha_2},\sigma^2_{z_1},\alpha^2_{z_2})^{\mathrm{T}}$ 的估计。我们采用三种不同的方法去估计 BRCINAR(1)过程中的未知参数,即 Yule-Walker(YW)方法,条件最小二乘(CLS)方法和条件极大似然(CML)方法。

一、Yule-Walker 估计

令 $\gamma_i(0)=\mathrm{Var}(X_{i,t})$,$\gamma_i(1)=\mathrm{Cov}(X_{i,t},X_{i,t-1})$,$\gamma_{ij}(0)=\mathrm{Cov}(X_{1,t},X_{2,t}t)$,其中 $i,j=1,2$ 且 $i\neq j$。则它们对应的样本矩具有如下形式:

$$\hat{\gamma}_i(0)=\frac{1}{n}\sum_{t=1}^{n}(X_{i,t}-\overline{X}_i)^2,$$

$$\hat{\gamma}_i(1)=\frac{1}{n-1}\sum_{t=2}^{n}(X_{i,t}-\overline{X}_i)(X_{i,t-1}-\overline{X}_i),$$

$$\hat{\gamma}_{ij}(0)=\frac{1}{n}\sum_{t=1}^{n}(X_{1,t}-\overline{X}_1)(X_{2,t}-\overline{X}_2)$$

其中 $\overline{X}_i=\frac{1}{n}\sum_{t=1}^{n}X_{i,t}$。由命题7.1.2,可得 $\alpha_i=\gamma_i(1)/\gamma_i(0)$,$\phi=(1-\alpha_1\alpha_2)\gamma_{ij}(0)$。因此,我们能够推得参数 $\boldsymbol{\theta}$ 的 YW 估计量如下:

$$\hat{\alpha}_{\mathrm{YW}i}=\hat{\gamma}_i(1)/\hat{\gamma}_i(0),\hat{\phi}_{\mathrm{YW}}=(1-\hat{\alpha}_{\mathrm{YW1}}\hat{\alpha}_{\mathrm{YW2}})\hat{\gamma}_{ij}(0),i,j=1,2,i\neq j$$

此外,定义 $\hat{Z}_{i,t}=X_{i,t}-\hat{\alpha}_{\mathrm{YW}i}X_{i,t-1}$,则有参数 λ_i 的估计为:

$$\hat{\lambda}_{\mathrm{YW}i}=\frac{1}{n}\sum_{t=1}^{n}\hat{Z}_{i,t},\ i=1,2$$

定理 7.2.1 若 $E|X_{i,t}|^4<\infty$,$i=1,2$,则 $\hat{\boldsymbol{\theta}}_{\mathrm{YW}}$ 是 $\boldsymbol{\theta}$ 的强相合估计。

与 Pedeli 和 Karlis(2013a)的证明方法类似,我们同样能够推得 YW 估计量 $\hat{\boldsymbol{\theta}}_{\mathrm{YW}}$ 是渐近等价于 CLS 估计量 $\hat{\boldsymbol{\theta}}_{\mathrm{CLS}}$。这里省略了具体的证明过程。因此,利用与 CLS 估计量 $\hat{\boldsymbol{\theta}}_{\mathrm{CLS}}$ 的渐

近等价性,我们可以得到 YW 估计量 $\hat{\boldsymbol{\theta}}_{\mathrm{YW}}$ 的渐近分布。

二、条件最小二乘估计

我们采用 Karlsen 和 Tjøstheim(1988)提出的两步条件最小二乘法来估计参数 $\boldsymbol{\theta}$。第一步,我们先推导出参数 $\boldsymbol{\theta}_1=(\alpha_1,\alpha_2,\lambda_1,\lambda_2)^{\mathrm{T}}$ 的条件最小二乘估计。由命题 7.1.2,可得一步向前的条件期望为:

$$g(\boldsymbol{\theta}_1)=E(\boldsymbol{X}_t\mid\boldsymbol{X}_{t-1})=\boldsymbol{A}\boldsymbol{X}_{t-1}+E(\boldsymbol{Z}_t)$$

其中 $E(\boldsymbol{Z}_t)=(\lambda_1,\lambda_2)^{\mathrm{T}}$。所以,通过极小化下面的函数:

$$\begin{aligned}Q(\boldsymbol{\theta}_1)&=\sum_{t=1}^{n}(\boldsymbol{X}_t-E(\boldsymbol{X}_t\mid\boldsymbol{X}_{t-1}))^{\mathrm{T}}(\boldsymbol{X}_t-E(\boldsymbol{X}_t\mid\boldsymbol{X}_{t-1}))\\&=\sum_{t=1}^{n}(X_{1,t}-\alpha_1X_{1,t-1}-\lambda_1)^2+\sum_{t=1}^{n}(X_{2,t}-\alpha_2X_{2,t-1}-\lambda_2)^2\end{aligned}$$

我们可以得到参数 $\boldsymbol{\theta}_1$ 的 CLS 估计量 $\hat{\boldsymbol{\theta}}_{\mathrm{CLS1}}$。

令:

$$M_{n1}=-\frac{1}{2}\frac{\partial Q(\boldsymbol{\theta}_1)}{\partial\alpha_1}=\sum_{t=1}^{n}(X_{1,t}-\alpha_1X_{1,t-1}-\lambda_1)X_{1,t-1},$$

$$M_{n2}=-\frac{1}{2}\frac{\partial Q(\boldsymbol{\theta}_1)}{\partial\alpha_2}=\sum_{t=1}^{n}(X_{2,t}-\alpha_2X_{2,t-1}-\lambda_2)X_{2,t-1},$$

$$M_{n3}=-\frac{1}{2}\frac{\partial Q(\boldsymbol{\theta}_1)}{\partial\lambda_1}=\sum_{t=1}^{n}(X_{1,t}-\alpha_1X_{1,t-1}-\lambda_1),$$

$$M_{n4}=-\frac{1}{2}\frac{\partial Q(\boldsymbol{\theta}_1)}{\partial\lambda_2}=\sum_{t=1}^{n}(X_{2,t}-\alpha_2X_{2,t-1}-\lambda_2)$$

解方程组 $\partial Q(\boldsymbol{\theta}_1)/\partial\boldsymbol{\theta}_1=(-2)(M_{n1},M_{n2},M_{n3},M_{n4})^{\mathrm{T}}=0$,我们能够推得:

$$\hat{\boldsymbol{\theta}}_{\mathrm{CLS1}}=\boldsymbol{B}_n^{-1}\boldsymbol{b}$$

其中:

$$\boldsymbol{b}=\left(\sum_{t=1}^{n}X_{1,t}X_{1,t-1},\sum_{t=1}^{n}X_{2,t}X_{2,t-1},\sum_{t=1}^{n}X_{1,t},\sum_{t=1}^{n}X_{2,t}\right)^{\mathrm{T}}$$

$$\boldsymbol{B}_n=\begin{bmatrix}\sum_{t=1}^{n}X_{1,t-1}^2 & 0 & \sum_{t=1}^{n}X_{1,t-1} & 0\\ 0 & \sum_{t=1}^{n}X_{2,t-1}^2 & 0 & \sum_{t=1}^{n}X_{2,t-1}\\ \sum_{t=1}^{n}X_{1,t-1} & 0 & n & 0\\ 0 & \sum_{t=1}^{n}X_{2,t-1} & 0 & n\end{bmatrix}$$

因为 BRCINAR(1)过程$\{\boldsymbol{X}_t\}$是一个严平稳遍历过程,很明显地,有:

$$\lim_{n\to\infty}\frac{1}{n}\boldsymbol{B}_n\xrightarrow{\text{a. s.}}E\left(\frac{\partial g(\boldsymbol{\theta}_1)'}{\partial\boldsymbol{\theta}_1}\frac{\partial g(\boldsymbol{\theta}_1)}{\partial\boldsymbol{\theta}_1'}\right)$$

下面的定理给出了 CLS 估计量 $\hat{\boldsymbol{\theta}}_{\text{CLS1}}$ 的强相合性和渐近正态性。

定理 7.2.2 若 $E|X_{i,t}|^4<\infty$, $i=1,2$,则 CLS 估计量 $\hat{\boldsymbol{\theta}}_{\text{CLS1}}$ 是强相合的,且有如下的渐近分布:

$$\sqrt{n}(\hat{\boldsymbol{\theta}}_{\text{CLS1}}-\boldsymbol{\theta}_1)\xrightarrow{L}N(\boldsymbol{0},\boldsymbol{V}^{-1}\boldsymbol{W}\boldsymbol{V}^{-1})$$

其中 $\boldsymbol{V}=E\left(\frac{\partial g(\boldsymbol{\theta}_1)^{\text{T}}}{\partial\boldsymbol{\theta}_1}\frac{\partial g(\boldsymbol{\theta}_1)}{\partial\boldsymbol{\theta}_1^{\text{T}}}\right)$, $u_t(\boldsymbol{\theta}_1)=\boldsymbol{X}_t-E(\boldsymbol{X}_t|\boldsymbol{X}_{t-1})$, $\boldsymbol{W}=E\left(\frac{\partial g(\boldsymbol{\theta}_1)^{\text{T}}}{\partial\boldsymbol{\theta}_1}u_t(\boldsymbol{\theta}_1)u_t(\boldsymbol{\theta}_1)^{\text{T}}\frac{\partial g(\boldsymbol{\theta}_1)}{\partial\boldsymbol{\theta}_1^{\text{T}}}\right)$。

第二步,我们考虑参数 ϕ 的条件最小二乘估计。定义一个新的随机变量:

$$Y_t=(X_{1,t}-E(X_{1,t}\mid\boldsymbol{X}_{t-1}))(X_{2,t}-E(X_{2,t}\mid\boldsymbol{X}_{t-1}))$$

根据命题 7.1.2,可得:

$$E(Y_t\mid\boldsymbol{X}_{t-1})=\text{Cov}(X_{1,t},X_{2,t}\mid X_{1,t-1},X_{2,t-1})=\phi$$

因此,我们可以构造判别函数:

$$\begin{aligned}S(\phi)&=\sum_{t=1}^{n}[Y_t-E(Y_t\mid\boldsymbol{X}_{t-1})]^2\\&=\sum_{t=1}^{n}[(X_{1,t}-\hat{\alpha}_{\text{CLS1}}X_{1,t-1}-\hat{\lambda}_{\text{CLS1}})(X_{2,t}-\hat{\alpha}_{\text{CLS2}}X_{2,t-1}-\hat{\lambda}_{\text{CLS2}})-\phi]^2\end{aligned}$$

则 ϕ 的 CLS 估计量由下式给出:

$$\hat{\phi}_{\text{CLS}}\triangleq\arg\min_{\phi}S(\phi)$$

进一步地,通过解方程 $M_{n5}=-\frac{1}{2}\partial S(\phi)/\partial\phi=0$,我们能够得到:

$$\hat{\phi}_{\text{CLS}}=\frac{1}{n}\sum_{t=1}^{n}(X_{1,t}-\hat{\alpha}_{\text{CLS1}}X_{1,t-1}-\hat{\lambda}_{\text{CLS1}})(X_{2,t}-\hat{\alpha}_{\text{CLS2}}X_{2,t-1}-\hat{\lambda}_{\text{CLS2}})$$

定理 7.2.3 若 $E|X_{i,t}|^4<\infty$, $i=1,2$,则对于 CLS 估计量 $\hat{\phi}_{\text{CLS}}$,有:

$$\sqrt{n}(\hat{\phi}_{\text{CLS}}-\phi)\xrightarrow{L}N(0,\sigma^2)$$

其中 $\sigma^2=E[(X_{1,t}-\alpha_1X_{1,t-1}-\lambda_1)(X_{2,t}-\alpha_2X_{2,t-1}-\lambda_2)-\phi]^2$。

三、条件极大似然估计

由 BRCINAR(1)过程的马尔可夫性,可以很容易地得到过程的条件似然函数为:

$$L(\boldsymbol{\tau})=\prod_{t=1}^{n}P(\boldsymbol{X}_t=\boldsymbol{x}_t\mid\boldsymbol{X}_{t-1}=\boldsymbol{x}_{t-1})\qquad(7.2.1)$$

其中转移概率 $P(\boldsymbol{X}_t=\boldsymbol{x}_t|\boldsymbol{X}_{t-1}=\boldsymbol{x}_{t-1})$ 由(7.1.2)式给出，$\boldsymbol{\tau}$ 是来自联合概率生成函数 $f_z(x,y)$ 和累积分布函数 $P_{\alpha_i}(u_i)$ 的参数向量。参数 $\boldsymbol{\tau}$ 的 CML 估计量 $\hat{\boldsymbol{\tau}}_{CML}$ 可以通过极大化上面的条件似然函数得到。由于似然函数的复杂性，极大化的过程由数值的方法获得。CML 估计量 $\hat{\boldsymbol{\tau}}_{CML}$ 的渐近正态性可以通过验证一系列的正则性条件和应用 Billingsley(1961)估计马尔可夫过程的结论来加以证明。

四、方差 $\boldsymbol{\eta}$ 的相合估计

由于方差 $\sigma_{\alpha_i}^2(i=1,2)$ 是否等于 0 直接决定了稀疏参数 $\alpha_{i,t}$ 是否是随机的，所以在实际建模的过程中，我们经常需要考虑方差 $\boldsymbol{\eta}=(\sigma_{\alpha_1}^2,\sigma_{\alpha_2}^2,\sigma_{z_1}^2,\sigma_{z_2}^2)^{\mathrm{T}}$ 的估计。除了上面提到的 CML 估计，在本小节中，我们在不假设 $\alpha_{i,t}$ 和 $\boldsymbol{Z}_t$ 分布的情况下，又提出了以下两种简单而通用的方法来估计方差 $\boldsymbol{\eta}$。

方法 1　根据 Schick(1996)，我们可以给出方差 $\boldsymbol{\eta}$ 的一个相合估计量。令 $T(x)$ 是一个有界函数且：

$$\boldsymbol{\mu}_T=(\mu_{1,T},\mu_{2,T})^{\mathrm{T}}=(E[T(X_{1,t-1})],E[T(X_{2,t-1})]^{\mathrm{T}}$$

则有：

$$\begin{aligned}\boldsymbol{U}&=\begin{bmatrix}E[(TX_{1,t-1})-\mu_{1,T})(X_{1,t}-\alpha_1X_{1,t-1}-\lambda_1)^2]\\E[(T(X_{2,t-1})-\mu_{2,T})(X_{2,t}-\alpha_2X_{2,t-1}-\lambda_2)^2]\end{bmatrix}\\&=\boldsymbol{V}^{(1)}\boldsymbol{\gamma}+(\boldsymbol{V}^{(2)}-\boldsymbol{V}^{(1)})\boldsymbol{\sigma}^2\end{aligned}$$

其中 $\boldsymbol{\gamma}=(\alpha_1-\alpha_1^2,\alpha_2-\alpha_2^2)^{\mathrm{T}},\boldsymbol{\sigma}^2=(\sigma_{\alpha_1}^2,\sigma_{\alpha_2}^2)^{\mathrm{T}}$，

$$\boldsymbol{V}^{(1)}=\mathrm{diag}(E[T(X_{1,t-1})-\mu_{1,T})X_{1,t-1}],E[(T(X_{2,t-1})-\mu_{2,T})X_{2,t-1}]),$$

$$\boldsymbol{V}^{(2)}=\mathrm{diag}(E[T(X_{1,t-1})-\mu_{1,T})X_{1,t-1}^2],E[(T(X_{2,t-1})-\mu_{2,T})X_{2,t-1}^2]),$$

令：

$$\hat{\boldsymbol{U}}_n=\begin{bmatrix}\dfrac{1}{n}\sum_{t=1}^{n}(T(X_{1,t-1})-\bar{T}_1)(X_{1,t}-\hat{\alpha}_1X_{1,t-1}-\hat{\lambda}_1)^2\\\dfrac{1}{n}\sum_{t=1}^{n}(T(X_{2,t-1})-\bar{T}_2)(X_{2,t}-\hat{\alpha}_2X_{2,t-1}-\hat{\lambda}_2)^2\end{bmatrix}$$

其中 $\bar{T}_i=\dfrac{1}{n}\sum_{t=1}^{n}T(X_{i,t-1}),i=1,2,\hat{\boldsymbol{\theta}}_1=(\hat{\alpha}_1,\hat{\alpha}_2,\hat{\lambda}_1,\hat{\lambda}_2)^{\mathrm{T}}$ 是 $\boldsymbol{\theta}_1$ 的任一相合估计量。实际上，我们可以选择 YW 估计量 $\hat{\boldsymbol{\theta}}_{YW1}$ 和 CLS 估计量 $\hat{\boldsymbol{\theta}}_{CLS1}$。因为 BRCINAR(1)过程 $\{\boldsymbol{X}_t\}$ 是一个严平稳遍历过程，则有 $\hat{\boldsymbol{U}}_n\xrightarrow{\text{a.s.}}\boldsymbol{U}$。因此，我们能够得到 $\boldsymbol{\sigma}^2$ 的相合估计量为：

$$\hat{\boldsymbol{\sigma}}^2=(\hat{\boldsymbol{V}}^{(2)}-\hat{\boldsymbol{V}}^{(1)})^{-1}(\hat{\boldsymbol{U}}_n-\hat{\boldsymbol{V}}^{(1)}\hat{\boldsymbol{\gamma}})\tag{7.2.2}$$

其中 $\hat{\boldsymbol{\gamma}}=[\hat{\alpha}_1-(\hat{\alpha}_1)^2,\hat{\alpha}_2-(\hat{\alpha}_2)^2]^{\mathrm{T}},\hat{\boldsymbol{V}}^{(1)}$ 和 $\hat{\boldsymbol{V}}^{(2)}$ 是将 $\boldsymbol{V}^{(1)}$ 和 $\boldsymbol{V}^{(2)}$ 中的期望由相应的样本矩代替而得到的。

最后,我们给出 $\sigma_{z_i}^2(i=1,2)$ 的相合估计量如下:

$$\hat{\sigma}_{z_i}^2=\frac{1}{n}\sum_{t=1}^{n}(X_{i,t}-\hat{\alpha}_iX_{i,t-1}-\hat{\lambda}_i)^2-\frac{\hat{\sigma}_{\alpha_i}^2}{n}\sum_{t=1}^{n}X_{i,t-1}^2-\frac{[\hat{\alpha}_i-(\hat{\alpha}_i)^2-\hat{\sigma}_{\alpha_i}^2]}{n}\sum_{t=1}^{n}X_{i,t-1}$$

方法 2 定义一个新的随机变量:

$$\begin{aligned}\boldsymbol{U}_t&=([X_{1,t}-E(X_{1,t}\mid\boldsymbol{X}_{t-1})]^2,[X_{2,t}-E(X_{2,t}\mid\boldsymbol{X}_{t-1})]^2)^{\mathrm{T}}\\&=[(X_{1,t}-\alpha_1X_{1,t-1}-\lambda_1)^2,(X_{2,t}-\alpha_2X_{2,t-1}-\lambda_2)^2]^{\mathrm{T}}\end{aligned}$$

则有:

$$E(\boldsymbol{U}_t\mid\boldsymbol{X}_{t-1})=[\mathrm{Var}(X_{1,t}\mid X_{1,t-1},X_{2,t-1}),\mathrm{Var}(X_{2,t}\mid X_{1,t-1},X_{2,t-1})]^{\mathrm{T}}$$

因此,我们构造判别函数如下:

$$\begin{aligned}R(\boldsymbol{\eta})r=&\sum_{t=1}^{n}[(X_{1,t}-\hat{\alpha}_1X_{1,t-1}-\hat{\lambda}_1)^2-\sigma_{\alpha_1}^2X_{1,t-1}^2-(\hat{\alpha}_1-\hat{\alpha}_1^2-\sigma_{\alpha_1}^2)X_{1,t-1}-\sigma_{z_1}^2]^2+\\&\sum_{t=1}^{n}[(X_{2,t}-\hat{\alpha}_2X_{2,t-1}-\hat{\lambda}_2)^2-\sigma_{\alpha_2}^2X_{2,t-1}^2-(\hat{\alpha}_2-\hat{\alpha}_2^2-\sigma_{\alpha_2}^2)X_{2,t-1}-\sigma_{z_2}^2]^2\end{aligned}$$

其中 $\hat{\boldsymbol{\theta}}_1=(\hat{\alpha}_1,\hat{\alpha}_2,\hat{\lambda}_1,\hat{\lambda}_2)^{\mathrm{T}}$ 是 $\boldsymbol{\theta}_1$ 的任一相合估计量。极小化上面的判别函数,我们可以得到 $\boldsymbol{\eta}$ 的条件最小二乘估计量为:

$$\hat{\boldsymbol{\eta}}_{\mathrm{CLS}}\triangleq\arg\min_{\boldsymbol{\eta}}R(\boldsymbol{\eta})$$

进一步地,令 $\partial R(\boldsymbol{\eta})/\partial\boldsymbol{\eta}=0$,可以解得:

$$\hat{\boldsymbol{\eta}}_{\mathrm{CLS}}=\boldsymbol{D}_n^{-1}\boldsymbol{d}$$

其中:

$$\boldsymbol{d}=\begin{bmatrix}\sum_{t=1}^{n}[(X_{1,t}-\hat{\alpha}_1X_{1,t-1}-\hat{\lambda}_1)^2-(\hat{\alpha}_1-(\hat{\alpha}_1)^2)X_{1,t-1}](X_{1,t-1}^2-X_{1,t-1})\\\sum_{t=1}^{n}[(X_{2,t}-\hat{\alpha}_2X_{2,t-1}-\hat{\lambda}_2)^2-(\hat{\alpha}_2-(\hat{\alpha}_2)^2)X_{2,t-1}](X_{2,t-1}^2-X_{2,t-1})\\\sum_{t=1}^{n}[X_{1,t}-\hat{\alpha}_1X_{1,t-1}-\hat{\lambda}_1)^2-(\hat{\alpha}_1-(\hat{\alpha}_1)^2)X_{1,t-1}]\\\sum_{t=1}^{n}[X_{2,t}-\hat{\alpha}_2X_{2,t-1}-\hat{\lambda}_2)^2-(\hat{\alpha}_2-(\hat{\alpha}_2)^2)X_{2,t-1}]\end{bmatrix}$$

$$\boldsymbol{D}_n=\begin{bmatrix}\sum_{t=1}^{n}(X_{1,t-1}^2-X_{1,t-1})^2&0&\sum_{t=1}^{n}(X_{1,t-1}^2-X_{1,t-1})&0\\0&\sum_{t=1}^{n}(X_{2,t-1}^2-X_{2,t-1})^2&0&\sum_{t=1}^{n}(X_{2,t-1}^2-X_{2,t-1})\\\sum_{t=1}^{n}(X_{1,t-1}^2-X_{1,t-1})&0&n&0\\0&\sum_{t=1}^{n}(X_{2,t-1}^2-X_{2,t-1})&0&n\end{bmatrix}$$

类似于定理7.3.2,我们同样可以给出CLS估计量$\hat{\boldsymbol{\eta}}_{CLS}$的渐近性质,这里省略了具体的细节,或者我们也可以采取逐条地验证Klimko和Nelson(1978)中的正则条件来得到。

注:需要特别指出的是,上述两种方法不能保证$\boldsymbol{\eta}$的估计值一定是正数,尤其是在样本量比较小的时候。此时,作为一种替代方法,我们可以使用相应的非负CML估计量。从第四节的仿真结果可以看出,只要方差$\boldsymbol{\eta}$不太小,这两种估计方法对于小样本仍然是可行的。

第三节 模拟研究

在本小节中,我们将通过一系列的仿真实验来比较YW估计量、CLS估计量和CML估计量的表现。对于BRCINAR(1)过程(7.1.1),为了保证稀疏参数$\alpha_{i,t}(i=1,2)$的可能取值在0和1之间,我们选择了两种不同的分布作为例子,分别是Beta分布和高斯混合分布。此外,我们假设新息过程$\{\boldsymbol{Z}_t\}$服从二元的泊松分布,其联合概率质量函数为:

$$
\begin{aligned}
f_z(x,y) &= P(Z_{1,t}=x,Z_{2,t}=y)\\
&= \mathrm{e}^{-(\lambda_1+\lambda_2-\phi)}\frac{(\lambda_1-\phi)^x}{x!}\frac{(\lambda_2-\phi)^y}{y!}\sum_{i=0}^{\min(x,y)}\binom{x}{i}\binom{y}{i}i!\left(\frac{\phi}{(\lambda_1-\phi)(\lambda_2-\phi)}\right)^2
\end{aligned}
$$

其中$\lambda_1,\lambda_2>0,\phi\in[0,\min(\lambda_1,\lambda_2))$。二元泊松分布通常表示为$BP(\lambda_1,\lambda_2,\phi)$,它的边际分布分别是参数为$\lambda_1$和$\lambda_2$的泊松分布,参数$\phi$为两个随机变量$Z_{1,t}$和$Z_{1,t}$之间的协方差。

为了反映小、中和大样本,模拟的样本量n选择为100、300、500和1000。考虑到在样本量较小的情况下,会出现许多突出的问题,因此将小样本量$n=100$的结果作为各种仿真设计的代表进行了详细地讨论。如果需要,我们可以提供关于大样本模拟结果的详细信息。所有的模拟都是在R软件下基于1000次重复的结果。

一、Beta分布

假设稀疏参数$\alpha_{i,t}$服从Beta$(\alpha_i\beta_i,(1-\alpha_i)\beta_i)$分布,其中$0<\alpha_i<1,\beta_i>0,i=1,2$,这导致了一种特殊的随机系数稀疏算子,称为Beta-二项稀疏算子。很容易推得$E(\alpha_{i,t})=\alpha_i$和$\mathrm{Var}(\alpha_{i,t})=\dfrac{\alpha_i(1-\alpha_i)}{\beta_i+1}$。Beta分布不仅使$\alpha_{i,t}$的可能取值保持在(0,1)区间内,而且可以导出一个易于处理的似然函数,这给参数的极大似然估计带来了很大的方便。我们将由此得到的模型记作BRCINAR(1)-I,这里主要关心参数$\boldsymbol{\tau}=(\alpha_1,\alpha_2,\beta_1,\beta_2,\lambda_1,\lambda_2,\phi)^{\mathrm{T}}$的估计。

正如在上一小节参数估计中所述,首先,我们可以推得$\boldsymbol{\tau}$的YW估计量为:

$$\hat{\alpha}_{\mathrm{YW}i} = \hat{\gamma}_i(1)/\hat{\gamma}_i(0), \hat{\beta}_{\mathrm{YW}i} = \frac{\hat{\alpha}_{\mathrm{YW}i}(1-\hat{\alpha}_{\mathrm{YW}i})}{\hat{\sigma}^2_{\alpha_i}} - 1$$

$$\hat{\lambda}_{\mathrm{YW}i} = \frac{1}{n}\sum_{t=1}^{n}\hat{Z}_{i,t}, \hat{\phi}_{\mathrm{YW}} = (1-\hat{\alpha}_{\mathrm{YW}1}\hat{\alpha}_{\mathrm{YW}2})\hat{\gamma}_{ij}(0), i,j=1,2, i\neq j$$

其中 $\hat{Z}_{i,t} = X_{i,t} - \hat{\alpha}_{\mathrm{YW}i}X_{i,t-1}$，根据命题 7.1.2 中给出的方差 $\mathrm{Var}(X_{it})$，可以推得：

$$\hat{\sigma}^2_{\alpha_i} = \frac{(1-\hat{\alpha}_{\mathrm{YW}i})^2(1+\hat{\alpha}_{\mathrm{YW}i})\hat{\gamma}_i(0) - \hat{\lambda}_{\mathrm{YW}i}(1-\hat{\alpha}_{\mathrm{YW}i})^2(\hat{\alpha}_{\mathrm{YW}i}+1)}{(1-\hat{\alpha}_{\mathrm{YW}i})^2\hat{\gamma}_i(0) - \hat{\lambda}_{\mathrm{YW}i}(1-\hat{\alpha}_{\mathrm{YW}i}) + (\hat{\lambda}_{\mathrm{YW}i})^2}$$

其次，我们可以推得 $\boldsymbol{\tau}$ 的 CLS 估计量有如下的形式：

$$\hat{\alpha}_{\mathrm{CLS}i} = \frac{\sum_{t=1}^{n}X_{i,t}\sum_{t=1}^{n}X_{i,t-1} - n\sum_{t=1}^{n}X_{i,t}X_{i,t-1}}{\left(\sum_{t=1}^{n}X_{i,t-1}\right)^2 - n\sum_{t=1}^{n}X_{i,t-1}^2}$$

$$\hat{\lambda}_{\mathrm{CLS}i} = \frac{\sum_{t=1}^{n}X_{i,t-1}\sum_{t=1}^{n}X_{i,t-1}X_{i,t} - \sum_{t=1}^{n}X_{i,t}\sum_{t=1}^{n}X_{i,t-1}^2}{\left(\sum_{t=1}^{n}X_{i,t-1}\right)^2 - n\sum_{t=1}^{n}X_{i,t-1}^2}$$

$$\hat{\phi}_{\mathrm{CLS}} = \frac{1}{n}\sum_{t=1}^{n}(X_{1,t} - \hat{\alpha}_{\mathrm{CLS}1}X_{1,t-1} - \hat{\lambda}_{\mathrm{CLS}1})(X_{2,t} - \hat{\alpha}_{\mathrm{CLS}2}X_{2,t-1} - \hat{\lambda}_{\mathrm{CLS}2}),$$

$$\hat{\beta}_{\mathrm{CLS}i} = \frac{\sum_{t=1}^{n}[(X_{i,t} - \hat{\alpha}_{\mathrm{CLS}i}X_{i,t-1} - \hat{\lambda}_{\mathrm{CLS}i})^2 - (\hat{\alpha}_{\mathrm{CLS}i} - (\hat{\alpha}_{\mathrm{CLS}i})^2)X_{i,t-1} - \hat{\lambda}_{\mathrm{CLS}i}](X_{i,t-1}^2 - X_{i,t-1})}{\sum_{t=1}^{n}(X_{i,t-1}^2 - X_{i,t-1})^2}$$

最后，由式(7.1.2)，我们可以推得如下的转移概率：

$$\begin{aligned} &P(\boldsymbol{X}_t = \boldsymbol{x}_t \mid \boldsymbol{X}_{t-1} = \boldsymbol{x}_{t-1}) \\ &= \mathrm{e}^{-(\lambda_1+\lambda_2-\phi)}\sum_{k=0}^{\ell_1(t)}\sum_{s=0}^{\ell_2(t)}\sum_{i=0}^{\ell_3(t)}\frac{(\lambda_1-\phi)^{x_{1,t}-k-i}(\lambda_2-\phi)^{x_{2,t}-s-i}\phi^i}{(x_{1,t}-k-i)!(x_{2,t}-s-i)!i!}\times \end{aligned}$$

$$\binom{x_{1,t-1}}{k}\frac{B(\alpha_1\beta_1+k,(1-\alpha_1)\beta_1+x_{1,t-1}-k)}{B(\alpha_1\beta_1,(1-\alpha_1)\beta_1)}\binom{x_{2,t-1}}{s}\frac{B(\alpha_2\beta_2+s,(1-\alpha_2)\beta_2+x_{2,t-1}-s)}{B(\alpha_2\beta_2,(1-\alpha_2)\beta_2)}$$

其中 $\ell_1(t) = \min(x_{1,t}, x_{1,t-1})$，$\ell_2(t) = \min(x_{2,t}, x_{2,t-1})$，$\ell_3(t) = \min(x_{1,t}-k, x_{2,t}-s)$，$B(.,.)$ 是 beta 函数，即 $B(a,b) = \int_0^1 x^{a-1}(1-x)^{b-1}dx = \Gamma(a)\Gamma(b)/\Gamma(a+b)$。将转移概率代入式(7.2.1)，能够得到条件似然函数 $L(\boldsymbol{\tau})$。通过极大化条件似然函数，我们可以得到 $\boldsymbol{\tau}$ 的条件极大似然估计。

我们分别用以上的三种方法来估计参数 $\boldsymbol{\tau}$。参数的选取及仿真结果如表 7.3.1 所示。

表 7.3.1　在样本量 $n=100$ 下,模型 BRCINAR(1) - I 的参数 τ 的模拟结果

序列	参数	YW		CLS			CML		
		Bias	SD	Bias	SD	SE	Bias	SD	SE
a	$\alpha_1=0.3$	-0.0326	0.1178	-0.0318	0.1172	0.1205	-0.0050	0.0737	0.0731
	$\alpha_2=0.8$	-0.0538	0.0924	-0.0518	0.0940	0.1014	-0.0039	0.0417	0.0397
	$\beta_1=0.5$	-0.1298	0.2708	-0.1285	0.2707	0.2689	-0.0433	0.2287	0.2321
	$\beta_2=0.6$	0.2149	0.4125	0.2052	0.4173	0.4104	0.0482	0.2679	0.2710
	$\lambda_1=1$	0.0377	0.1669	0.0362	0.1656	0.1740	-0.0033	0.1142	0.1130
	$\lambda_2=1$	0.2215	0.3558	0.2117	0.3590	0.3640	-0.0085	0.1140	0.1155
	$\phi=0.5$	-0.0159	0.3143	-0.0206	0.3136	0.3022	-0.0108	0.1127	0.1145
b	$\alpha_1=0.3$	-0.0319	0.1184	-0.0322	0.1181	0.1224	-0.0057	0.0626	0.0629
	$\alpha_2=0.8$	-0.0591	0.0886	-0.0570	0.0887	0.1043	-0.0004	0.0354	0.0357
	$\beta_1=0.5$	-0.1267	0.2715	-0.1269	0.2703	0.2693	-0.0445	0.1973	0.2028
	$\beta_2=0.6$	0.2478	0.3680	0.2391	0.3574	0.3602	-0.0385	0.2088	0.2105
	$\lambda_1=2$	0.0777	0.3085	0.0787	0.3077	0.3071	0.0267	0.1647	0.1706
	$\lambda_2=3$	0.7031	0.9249	0.6745	0.9255	0.9274	0.0231	0.2123	0.2172
	$\phi=1$	0.1550	0.9608	0.1536	0.9623	0.9610	0.0122	0.3422	0.3436
c	$\alpha_1=0.6$	-0.0207	0.0617	-0.0206	0.0618	0.1034	-0.0092	0.0604	0.0630
	$\alpha_2=0.7$	-0.0124	0.0548	-0.0123	0.0545	0.1087	-0.0052	0.0492	0.0517
	$\beta_1=0.2$	0.0002	0.0535	-0.0001	0.0535	0.1683	-0.0095	0.0544	0.0583
	$\beta_2=0.4$	0.0127	0.1389	0.0126	0.1385	0.1604	-0.0024	0.1268	0.1273
	$\lambda_1=1$	0.0582	0.2817	0.0569	0.2800	0.2848	0.0053	0.1631	0.1649
	$\lambda_2=1$	0.0969	0.4619	0.0440	0.4508	0.4544	-0.0018	0.2187	0.2185
	$\phi=0.5$	-0.0162	0.4807	-0.0362	0.4823	0.4818	-0.0161	0.3553	0.3475
d	$\alpha_1=0.4$	-0.0337	0.1194	-0.0329	0.1180	0.1168	-0.0068	0.0720	0.0690
	$\alpha_2=0.5$	-0.0379	0.1160	-0.0384	0.1152	0.1151	-0.0064	0.0624	0.0636
	$\beta_1=1$	-0.1779	0.2879	-0.1748	0.2839	0.2781	-0.0550	0.1567	0.1683
	$\beta_2=1$	-0.1184	0.1605	-0.1170	0.1583	0.1602	-0.0315	0.0465	0.0571
	$\lambda_1=2$	0.0472	0.1969	0.0465	0.1946	0.1898	0.0007	0.1125	0.1169
	$\lambda_2=3$	0.0615	0.2125	0.0629	0.2102	0.2119	0.0081	0.1177	0.1201
	$\phi=1$	-0.0123	0.2514	-0.0116	0.2499	0.2519	-0.0008	0.1315	0.1336

二、Gaussian 混合分布

我们假设$\{\alpha_{i,t}\}$是一列 i. i. d. 的随机变量序列且有:

$$\log[\alpha_{i,t}/(1-\alpha_{i,t})] = Y_{i,t},\ i=1,2 \tag{7.3.1}$$

其中$\{Y_{i,t}\}$是一列 i. i. d 的正态随机变量序列，其均值为μ_i，方差为ϵ_i^2，并且$\{Y_{1,t}\}$与$\{Y_{2,t}\}$是相互独立的。我们将由此得到的模型记作 BRCINAR(1) –Ⅱ。很容易看出由(7. 3. 1)式定义的随机系数$\alpha_{i,t}$满足命题 7. 1. 1 中的平稳性和遍历性条件。进一步地，可以推得α_i的期望为

$$\alpha_i = E(\alpha_{i,t}) = \int_0^1 \frac{1}{\sqrt{2\pi}\epsilon_i(1-u_i)}\exp\left\{-\frac{(\log(u_i/(1-u_i))-\mu_i)^2}{2\epsilon_i^2}\right\}du_i,\ i=1,2$$

方差为$\sigma_{\alpha_i}^2 = E(\alpha_{i,t}^2) - \alpha_i^2$。

另外，由式(7. 1. 2)，我们可以得到 BRCINAR(1) – Ⅱ过程的条件分布具有如下形式：

$$P(\boldsymbol{X}_t = \boldsymbol{x}_t \mid \boldsymbol{X}_{t-1} = \boldsymbol{x}_{t-1})$$

$$= e^{-(\lambda_1+\lambda_2-\phi)} \sum_{k=0}^{\ell_1(t)} \sum_{s=0}^{\ell_2(t)} \sum_{i=0}^{\ell_3(t)} \frac{(\lambda_1-\phi)^{x_{1,t}-k-i}(\lambda_2-\phi)^{x_{2,t}-s-i}\phi^2}{(x_{1,t}-k-i)!(x_{2,t}-s-i)!i!} \times$$

$$\binom{x_{1,t-1}}{k}\int_0^1 u_1^k(1-u_1)^{x_{1,t-1}-k}dP_{\alpha_1}(u_1)\binom{x_{2,t-1}}{s}\int_0^1 u_s^2(1-u_2)^{x_{2,t-1}-s}dP_{\alpha_2}(u_2)$$

其中$\ell_1(t)=\min(x_{1,t},x_{1,t-1})$，$\ell_2(t)=\min(x_{2,t},x_{2,t-1})$，$\ell_3(t)=\min(x_{1,t}-k,x_{2,t}-s)$

$$dP_{\alpha_i}(u_i) = \frac{1}{\sqrt{2\pi}\epsilon_i u_i(1-u_i)}\exp\left\{-\frac{(\log(u_i/(1-u_i))-\mu_i)^2}{2\epsilon_i^2}\right\}du_i,\ i=1,2$$

将条件分布代入式(7. 2. 1)，我们可以得到 CML 估计的似然函数。

在仿真研究中，参数被选择如下：

Series A. $(\mu_1,\mu_2,\epsilon_1,\epsilon_2,\lambda_1,\lambda_2,\phi) = (-1,-2,1,2,1,1,0.5)$

Series B. $(\mu_1,\mu_2,\epsilon_1,\epsilon_2,\lambda_1,\lambda_2,\phi) = (-1,-2,1,2,2,3,1)$

Series C. $(\mu_1,\mu_2,\epsilon_1,\epsilon_2,\lambda_1,\lambda_2,\phi) = (1,-1,1,1,2,3,1)$

Series D. $(\mu_1,\mu_2,\epsilon_1,\epsilon_2,\lambda_1,\lambda_2,\phi) = (1,2,2,3,1,1,0.5)$

Series E. $(\mu_1,\mu_2,\epsilon_1,\epsilon_2,\lambda_1,\lambda_2,\phi) = (1,2,5,10,1,1,0.5)$

我们用上面的模型来生成数据，然后采用 YW、CLS 和 CML 方法对参数θ进行估计。仿真结果如表 7. 3. 2 所示。

表 7. 3. 2 在样本量 $n=100$ 下，模型 BRCINAR(1) – Ⅱ的参数 θ 的模拟结果

序列	参数	YW		CLS			CML		
		Bias	SD	Bias	SD	SE	Bias	SD	SE
A	$\alpha_1=0.3033$	−0.0269	0.1067	−0.0272	0.1059	0.1034	−0.0240	0.1035	0.1017
	$\alpha_2=0.2248$	−0.0192	0.1102	−0.0187	0.1098	0.1087	−0.0157	0.0872	0.0868
	$\lambda_1=1$	0.0325	0.1660	0.0331	0.1646	0.1683	0.0033	0.1126	0.1128
	$\lambda_2=1$	0.0205	0.1613	0.0200	0.1611	0.1604	−0.0018	0.1106	0.1105
	$\phi=0.5$	−0.0090	0.1698	−0.0086	0.1614	0.1580	0.0061	0.1200	0.1157

续表

序列	参数	YW		CLS			CML		
		Bias	SD	Bias	SD	SE	Bias	SD	SE
B	$\alpha_1=0.3033$	-0.0200	0.1008	-0.0196	0.1010	0.1011	0.0190	0.0737	0.0729
	$\alpha_2=0.2248$	-0.0192	0.1099	-0.0195	0.1096	0.1067	0.0184	0.0692	0.0717
	$\lambda_1=2$	0.0588	0.3009	0.0574	0.3007	0.3076	0.0110	0.1745	0.1651
	$\lambda_2=3$	0.0700	0.4209	0.0716	0.4205	0.4181	0.0188	0.2118	0.2049
	$\phi=1$	-0.0149	0.4144	-0.0155	0.3901	0.3846	-0.0132	0.3066	0.3045
C	$\alpha_1=0.6967$	-0.0329	0.0841	-0.0319	0.0835	0.0830	-0.0042	0.0319	0.0328
	$\alpha_2=0.3033$	-0.0188	0.1026	-0.0176	0.1021	0.1005	-0.0026	0.0527	0.0496
	$\lambda_1=2$	0.1991	0.5244	0.1943	0.5214	0.5152	0.0109	0.1977	0.1935
	$\lambda_2=3$	0.0754	0.4379	0.0743	0.4350	0.4430	0.0155	0.2062	0.2070
	$\phi=1$	-0.0242	0.6422	-0.0264	0.4758	0.4862	0.0189	0.3813	0.3769
D	$\alpha_1=0.6477$	-0.0421	0.0985	-0.0413	0.0983	0.1021	-0.0242	0.0503	0.0500
	$\alpha_2=0.7174$	-0.0450	0.0962	-0.0428	0.0963	0.1051	-0.0313	0.0456	0.0431
	$\lambda_1=1$	0.1054	0.2520	0.1040	0.2507	0.2595	0.0168	0.1220	0.1238
	$\lambda_2=1$	0.1306	0.2862	0.1241	0.2864	0.3075	0.0269	0.1171	0.1236
	$\phi=0.5$	-0.0188	0.4713	-0.0204	0.3059	0.3043	0.0170	0.1562	0.1572
E	$\alpha_1=0.5747$	-0.0530	0.1192	-0.0528	0.1191	0.1251	-0.0320	0.0541	0.0562
	$\alpha_2=0.5780$	-0.0568	0.1206	-0.0559	0.1221	0.1356	-0.0335	0.0536	0.0547
	$\lambda_1=1$	0.0982	0.2355	0.0983	0.2347	0.2462	0.0174	0.1136	0.1198
	$\lambda_2=1$	0.1060	0.2335	0.1045	0.2353	0.2605	0.0334	0.1097	0.1187
	$\phi=0.5$	-0.0249	0.4727	-0.0267	0.3382	0.3210	0.0208	0.1268	0.1347

三、模拟结果

在仿真过程中可能会遇到数值不稳定的问题。特别是当样本量较小时，YW 和 CLS 方法可能对 α_i 产生负的估计。尤其是对于一个比较弱的相依结构（如 $\alpha_i=0.2248$），模拟的结果表明 YW 和 CLS 方法创建无效估计（即出现负值的估计）的百分比大约为 4.5%，并且随着相依关系的增加或样本量的增加，这个百分比会迅速下降到零。根据 Jung et al.(2005)，为了防止生成的仿真序列可能导致对参数 α_i 产生不可接受的估计，在生成数据的过程中，我们采用了一种过滤的方法，即如果一阶样本自相关系数不为正，则丢弃生成的仿真序列，代之以新的实现。对于 CML 估计，我们使用嵌入在 R 中的 optim 函数来实现对条件似然函数的优化，并且通过采用合适的参数变换来实现对参数的约束，以防止出现不可接受的估计。

为了检验三种估计方法的有效性，对于每组参数组合，我们分别计算了估计结果的经验偏差（Bias）、标准差（SD）和标准误（SE），其中 SE 是通过渐近方差的平方根除以 n 来计算。

注意到,YW 估计量与 CLS 估计量具有相同的渐近分布,所以它们的 SE 是相同的。因此,我们在表 7.3.1 和表 7.3.2 中省略了 YW 估计的标准误 SE。从表 7.3.1 和表 7.3.2 中,我们不难发现 YW 估计量和 CLS 估计量的结果非常接近,且在 SD 方面,CLS 估计量略优于 YW 估计量。此外,我们还可以看到 CML 估计量具有最小的偏差、SD 和 SE,这意味着 CML 估计量比其他两种估计量具有更好的性能。这是毫无疑问的,因为在正确的参数模型下,CML 估计一定具有最优的表现。但是在实际模拟过程中,CML 估计所需的时间明显要高于其他两种方法。例如,当样本量为 $n=100$ 时,CML 方法每次估计需要 3 ~ 4 分钟,并且随着样本量的增加,CML 估计所需时间迅速增加。对于表 7.3.1 和表 7.3.2 中的所有序列,我们可以发现 SD 和 SE 都是非常接近的,这表明这三种估计方法在实践中均是可靠的。

作为说明,图 7.3.1 ~ 图 7.3.4 分别给出了序列 a、c、A 和 C 估计的箱线图。这些图不仅直观地给出了随着样本量 n 的增加三种估计方法的表现,而且对使用不同估计方法得到的结果进行了图形上的验证和比较。我们注意到三种方法获得的估计量在四分位区间上有着显著的差异,而 CML 估计量明显更接近实际的参数值。另外,随着样本量的增大,所有估计量的四分位区间的范围均减小,这意味着所有参数的估计量都是相合的。对于较大样本,所有的估计量均表现良好。

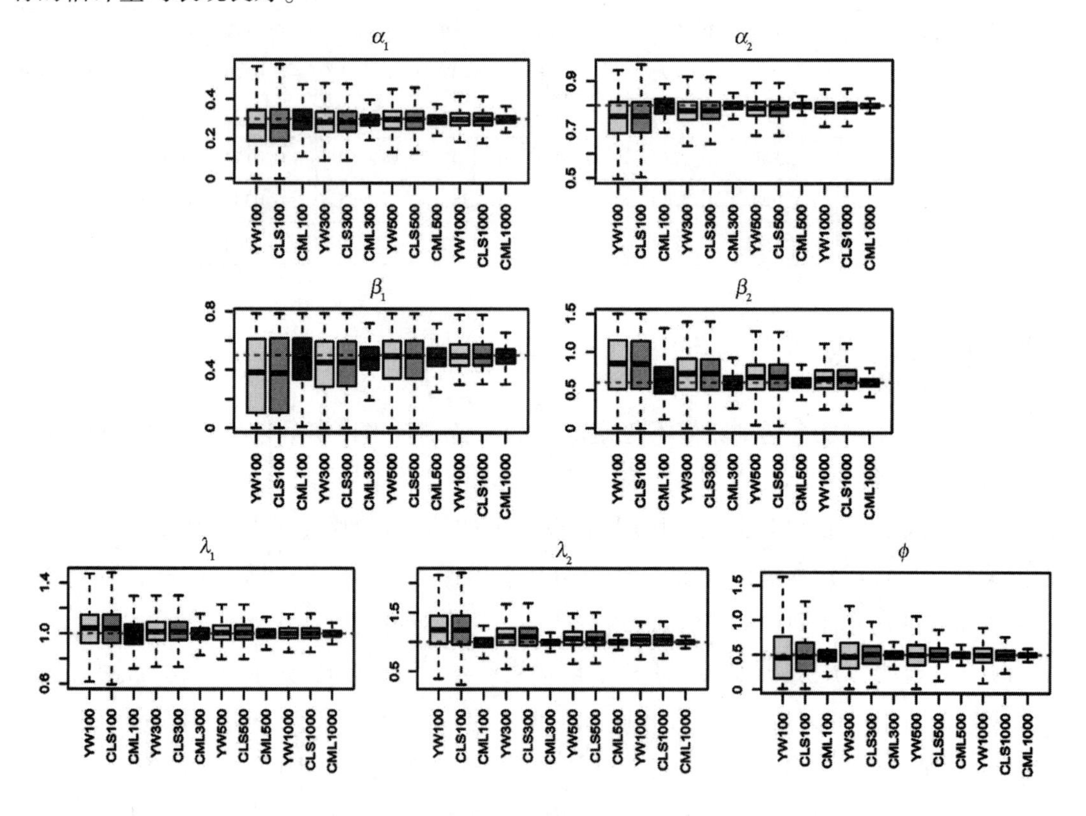

图 7.3.1　BRCINAR(1) - I 模型的 a 序列估计的箱线图

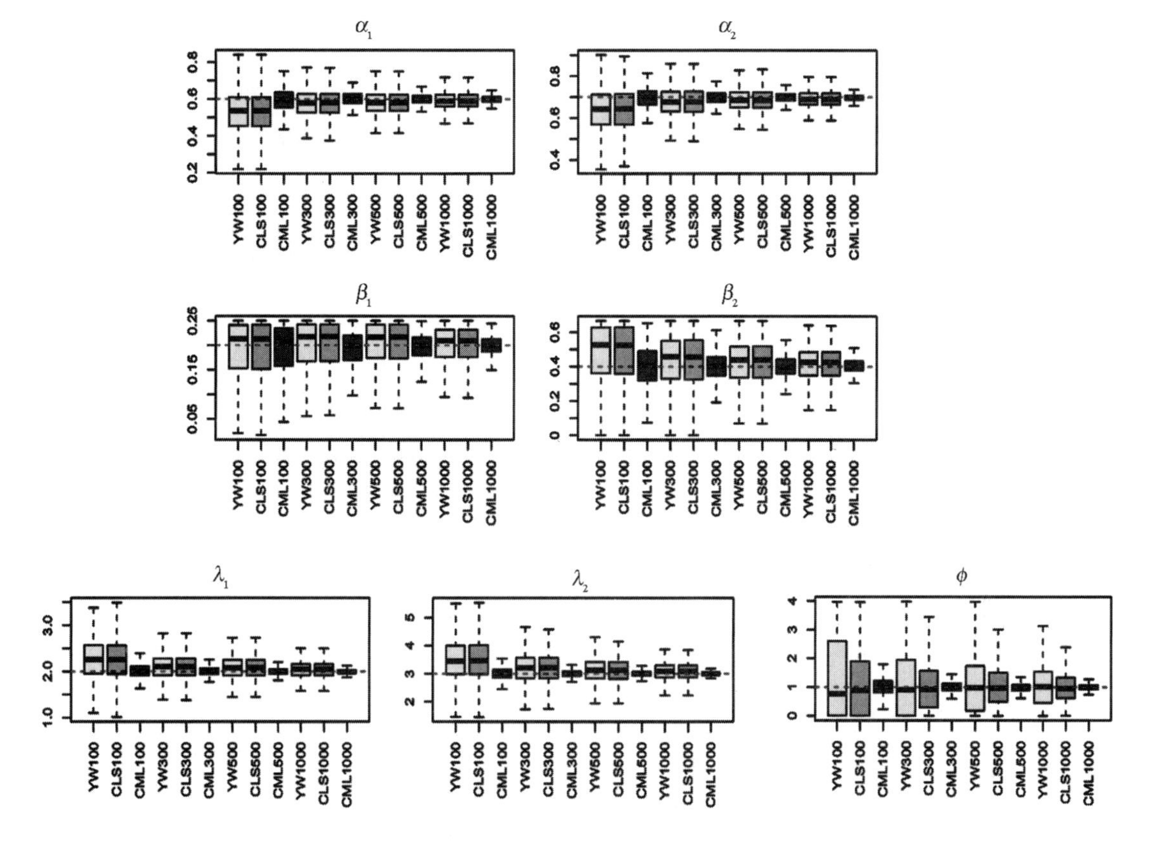

图 7.3.2　**BRCINAR(1) － Ⅰ模型的 c 序列估计的箱线图**

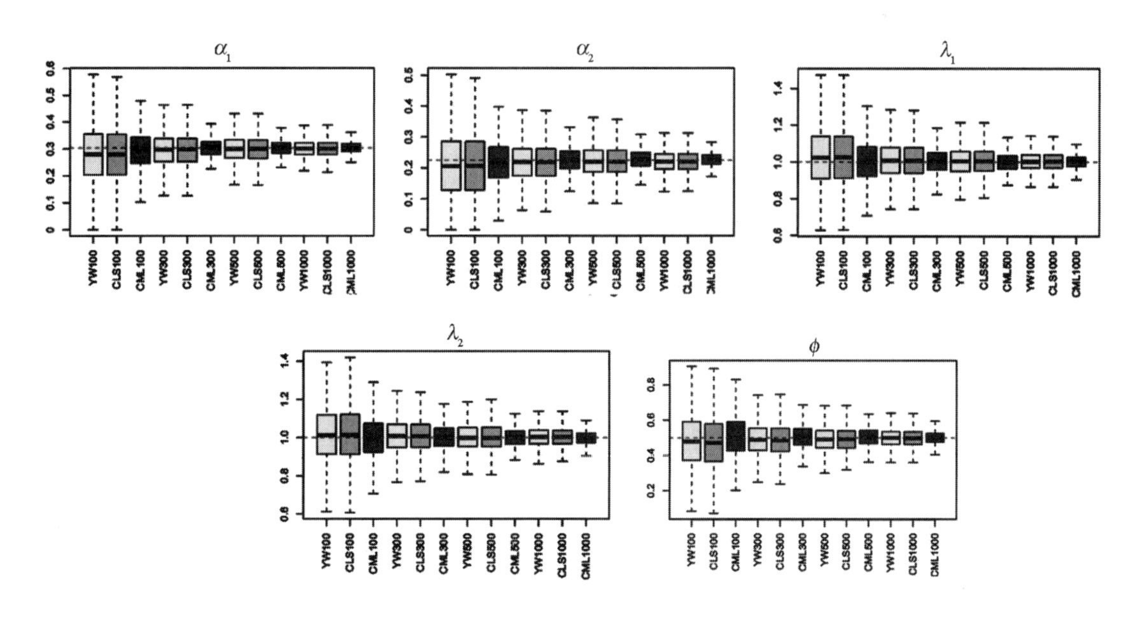

图 7.3.3　**BRCINAR(1) － Ⅱ模型的 A 序列估计的箱线图**

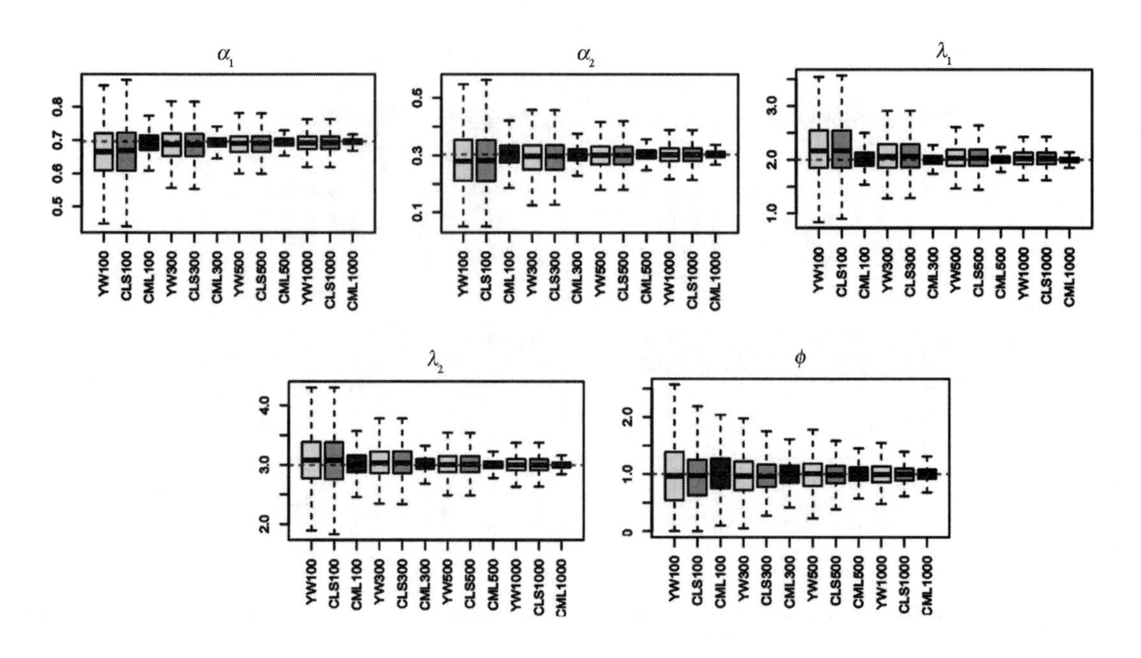

图 7.3.4　BRCINAR(1) - Ⅱ模型的 C 序列估计的箱线图

此外，当稀疏参数服从 Gaussian 混合分布时，我们考虑了方差 $\boldsymbol{\sigma}^2=(\sigma_{\alpha_1}^2,\sigma_{\alpha_2}^2)^{\mathrm{T}}$ 的估计，仿真结果如表 7.3.3 所示。对于式(7.2.2)给出的混合估计，我们基于 YW 估计选取了有界函数 $T(x)=1/(1+x^2)$ 来进行计算。注意到对于有限的样本量，$\boldsymbol{\sigma}^2$ 的估计量是负值这个事件有一个正的概率，所以在表 7.3.3 中，我们给出了在 1000 次估计中 $\boldsymbol{\sigma}^2$ 的估计量为正值的百分比。从表 7.3.3 中我们不难发现，随着样本量 n 的增加，该百分比也迅速增加。尤其是当方差 $\boldsymbol{\sigma}^2$ 的值比较大时，即使对应于小的样本量，该百分比也接近于 1。总的来说，这三种估计方法都可以产生好的估计量，特别是对于较大的样本量。

表 7.3.3　序列 A - E 在不同样本量下方差 $\boldsymbol{\sigma}^2$ 的估计

序列	n	参数	Hybrid			CLS			CML	
			Bias	SD	Per.	Bias	SD	Per.	Bias	SD
A	100	$\sigma_{\alpha_1}^2=0.0334$	-0.0063	0.0802	0.649	-0.0190	0.0540	0.522	-0.0038	0.0295
		$\sigma_{\alpha_2}^2=0.0619$	-0.0105	0.0915	0.746	-0.0255	0.0642	0.648	-0.0083	0.0348
	300	$\sigma_{\alpha_1}^2=0.0334$	-0.0044	0.0483	0.726	-0.0111	0.0371	0.746	-0.0026	0.0187
		$\sigma_{\alpha_2}^2=0.0619$	-0.0047	0.0559	0.850	-0.0156	0.0444	0.853	-0.0061	0.0244
	500	$\sigma_{\alpha_1}^2=0.0334$	-0.0030	0.0386	0.811	-0.0066	0.0299	0.819	-0.0021	0.0138
		$\sigma_{\alpha_2}^2=0.0619$	-0.0036	0.0417	0.927	-0.0102	0.0372	0.933	-0.0038	0.0182
	1000	$\sigma_{\alpha_1}^2=0.0334$	-0.0010	0.0274	0.886	-0.0034	0.0228	0.965	-0.0015	0.0098
		$\sigma_{\alpha_2}^2=0.0619$	-0.0019	0.0297	0.974	-0.0071	0.0283	0.988	-0.0022	0.0128

续表

序列	n	参数	Hybrid			CLS			CML	
			Bias	SD	Per.	Bias	SD	Per.	Bias	SD
B	100	$\sigma^2_{\alpha_1}=0.0334$	−0.0036	0.0591	0.745	−0.0150	0.0391	0.673	−0.0030	0.0243
		$\sigma^2_{\alpha_2}=0.0619$	−0.0038	0.0559	0.891	−0.0175	0.0389	0.897	−0.0041	0.0285
	300	$\sigma^2_{\alpha_1}=0.0334$	−0.0009	0.0379	0.832	−0.0059	0.0244	0.885	−0.0020	0.0141
		$\sigma^2_{\alpha_2}=0.0619$	−0.0015	0.0344	0.959	−0.0063	0.0254	0.995	−0.0029	0.0196
	500	$\sigma^2_{\alpha_1}=0.0334$	−0.0007	0.0266	0.910	−0.0028	0.0203	0.944	−0.0010	0.0108
		$\sigma^2_{\alpha_2}=0.0619$	0.0009	0.0267	0.982	−0.0044	0.0221	1	0.0013	0.0157
	1000	$\sigma^2_{\alpha_1}=0.0334$	−0.0004	0.0193	0.951	−0.0018	0.0145	0.994	−0.0008	0.0076
		$\sigma^2_{\alpha_2}=0.0619$	0.0002	0.0195	0.999	−0.0020	0.0160	1	0.0010	0.0107
C	100	$\sigma^2_{\alpha_1}=0.0334$	−0.0016	0 − 0235	0.908	−0.0076	0.0196	0.932	−0.0029	0.0182
		$\sigma^2_{\alpha_2}=0.0334$	−0.0022	0.0313	0.762	−0.0104	0.0295	0.774	−0.0034	0.0246
	300	$\sigma^2_{\alpha_1}=0.0334$	−0.0005	0.0139	0.982	−0.0026	0.0118	0.996	−0.0018	0.0112
		$\sigma^2_{\alpha_2}=0.0334$	0.0002	0 − 0298	0.882	−0.0045	0.0195	0.947	−0.0026	0.0170
	500	$\sigma^2_{\alpha_1}=0.0334$	−0.0004	0.0113	0.996	−0.0020	0.0090	1	−0.0012	0.0068
		$\sigma^2_{\alpha_2}=0.0334$	0.0001	0 − 0238	0.913	−0.0030	0.0153	0.985	−0.0021	0.0117
	1000	$\sigma^2_{\alpha_1}=0.0334$	−0.0002	0 − 0076	1	−0.0008	0.0063	1	−0.0010	0.0036
		$\sigma^2_{\alpha_2}=0.0334$	0.0001	0.0167	0.976	0.0014	0.0112	0.998	0.0015	0.0061
D	100	$\sigma^2_{\alpha_1}=0.0877$	−0.0077	0 − 0433	0.962	−0.0171	0.0457	0.965	0.0149	0.0132
		$\sigma^2_{\alpha_2}=0.1057$	−0.0039	0 − 0392	0.994	−0.0071	0.0469	0.997	−0.0185	0.0158
	300	$\sigma^2_{\alpha_1}=0.0877$	−0.0038	0 − 0256	0.997	−0.0073	0.0293	1	−0.0123	0.0076
		$\sigma^2_{\alpha_2}=0.1057$	−0.0012	0 − 0208	1	−0.0012	0.0312	1	−0.0151	0.0089
	500	$\sigma^2_{\alpha_1}=0.0877$	−0.0020	0.0194	1	−0.0044	0.0228	1	−0.0102	0.0033
		$\sigma^2_{\alpha_2}=0.1057$	−0.0008	0.0164	1	−0.0005	0.0242	1	−0.0125	0.0047
	1000	$\sigma^2_{\alpha_1}=0.0877$	−0.0008	0.0131	1	−0.0015	0.0165	1	−0.0078	0.0026
		$\sigma^2_{\alpha_2}=0.1057$	−0.0007	0.0121	1	0.0001	0.0183	1	−0.0102	0.0032
E	100	$\sigma^2_{\alpha_1}=0.1706$	−0.0125	0 − 0540	0.997	−0.0249	0.0584	0.998	−0.0472	0.0327
		$\sigma^2_{\alpha_2}=0.2054$	−0.0123	0.0522	1	−0.0247	0.0564	1	−0.0495	0.0378
	300	$\sigma^2_{\alpha_1}=0.1706$	−0.0045	0.0297	1	−0.0107	0.0365	1	−0.0413	0.0045
		$\sigma^2_{\alpha_2}=0.2054$	−0.0054	0.0296	1	−0.0094	0.0382	1	−0.0453	0.0087
	500	$\sigma^2_{\alpha_1}=0.1706$	−0.0020	0 − 0242	1	−0.0063	0.0318	1	−0.0402	0.0036
		$\sigma^2_{\alpha_2}=0.2054$	−0.0037	0.0231	1	−0.0060	0.0310	1	−0.0425	0.0047
	1000	$\sigma^2_{\alpha_1}=0.1706$	−0.0018	0.0167	1	−0.0018	0.0225	1	−0.0378	0.0030
		$\sigma^2_{\alpha_2}=0.2054$	−0.0035	0.0160	1	−0.0035	0.0232	1	−0.0392	0.0039

第四节　BRCINAR(1)过程的一致预测

在时间序列模型中构造预测的一种常用方法是使用条件期望,因为由条件期望导出的预测具有最小的均方误差。但是这种方法不适用于整数值时间序列模型的预测,这是因为条件期望很少能够产生整值的预测。为了能够产生一致的预测,Freeland 和 McCabe(2004)提出了一种使用 k – 步向前的条件分布的中值或众数来生成预测的一般方法,这种方法强调在生成预测时保留数据的整数结构的内涵。众所周知,条件分布的中值或众数总是在支撑中,所以它们与序列本身的状态空间是一致的。当 k – 步向前的条件分布的显式表达式不易推导或相当复杂时,Bu 和 McCabe(2008)又提出了一种利用过程的转移概率矩阵生成 k – 步向前的条件分布的有效方法。这里我们仍然采用这种方法来构造 BRCINAR(1)过程的一致预测。

令 $\boldsymbol{P}$ 和 $\boldsymbol{\pi}$ 分别表示 BRCINAR(1)过程的转移概率矩阵和平稳分布。根据马尔可夫链的理论,我们有 $\boldsymbol{P\pi}=\boldsymbol{\pi}$,且给定 $\boldsymbol{X}_T$ 的 $\boldsymbol{X}_{T+k}$的条件分布为

$$P(\boldsymbol{X}_{T+k} = \boldsymbol{x}_{T+k} \mid \boldsymbol{X}_T = \boldsymbol{x}_T;\boldsymbol{\tau}) = [\boldsymbol{P}^k]_{\boldsymbol{x}_{T+k},\boldsymbol{x}_T} \tag{7.4.1}$$

为了方便起见,我们将上面的 k – 步向前的条件分布简写为

$$P_k(\boldsymbol{x} \mid \boldsymbol{X}_T;\boldsymbol{\tau}) = P_k(x_1,x_2 \mid \boldsymbol{X}_T;\boldsymbol{\tau})$$

那么,k – 步向前的条件边际分布可以计算为

$$P_k(x_1 \mid \boldsymbol{X}_T;\boldsymbol{\tau}) = \sum_{x_2} P_k(x_1,x_2 \mid \boldsymbol{X}_T;\boldsymbol{\tau});\ P_k(x_2 \mid \boldsymbol{X}_T;\boldsymbol{\tau}) = \sum_{x_1} P_k(x_1,x_2 \mid \boldsymbol{X}_T;\boldsymbol{\tau})$$

此外,通过解方程 $\boldsymbol{P\pi}=\boldsymbol{\pi}$,我们可以得到平稳分布 $\boldsymbol{\pi}$。

注意到,BRCINAR(1)过程的状态空间$\mathbb{N}_0^2$ 是无限的,不可能精确地计算出过程的转移概率矩阵 $\boldsymbol{P}$。然而,在实际应用中,对于给定的 BRCINAR(1)过程,通常存在一个足够大的正整数 M,使得 $\boldsymbol{X}_t$ 的值大于(M,M)的概率可以忽略不计。因此,我们可以假设 $\boldsymbol{X}_t$ 取值于如下的一个有限的集合

$$\boldsymbol{S} = \{(0,0),(0,1),\cdots,(0,M),(1,0),(1,1),\cdots,(1,M),(2,0),\cdots,(M,M)\}$$

设在这种假定下过程的转移概率矩阵为 $\boldsymbol{P}_M$。很明显,$\boldsymbol{P}_M$ 是一个$(M+1)^2\times(M+1)^2$ 的矩阵,可以通过(7.1.2)式来计算。我们使用 $\boldsymbol{P}_M$ 来近似真实的转移概率矩阵 $\boldsymbol{P}$,通过解方程 $\boldsymbol{P}_M\boldsymbol{\pi}_M=\boldsymbol{\pi}_M$,可以得到近似的平稳分布 $\boldsymbol{\pi}_M$。

如果参数 $\boldsymbol{\tau}$ 是已知的,那么使用式(7.4.1)可以很容易地计算出近似的 k – 步向前的条件预测分布。然而,在实际应用中,这些参数往往是未知的,必须预先进行参数估计。因此,在进行预测时,充分地考虑到参数的估计值与真值之间的差异是至关重要的。通常,我们可以使用 CML 估计量 $\hat{\boldsymbol{\tau}}_{\mathrm{CML}}$去计算 $P_k(\boldsymbol{x}\mid\boldsymbol{X}_T;\hat{\boldsymbol{\tau}}_{\mathrm{CML}})$。由于在正则条件下 CML 估计量 $\hat{\boldsymbol{\tau}}_{\mathrm{CML}}$是渐近

正态的,即$\sqrt{n}(\hat{\boldsymbol{\tau}}_{\mathrm{CML}}-\boldsymbol{\tau}_0)\xrightarrow{L}N(0,\boldsymbol{I}^{-1})$,其中$\boldsymbol{I}$是 Fisher 信息矩阵。所以$\delta$-方法可用于确定$P_k(\boldsymbol{x}|\boldsymbol{X}_T;\hat{\boldsymbol{\tau}}_{\mathrm{CML}})$的渐近分布。下面的定理类似于 Bu 和 McCabe(2008)中的命题2,它可以用来构造$P_k(\boldsymbol{x}|\boldsymbol{X}_T;\boldsymbol{\tau}_0)$的置信区间。显然,这个置信区间在[0,1]之外是截断的。

定理 7.4.1　对于给定的$\boldsymbol{x}\in\boldsymbol{S}$,$P_k(\boldsymbol{x}|\boldsymbol{X}_T;\hat{\boldsymbol{\tau}}_{\mathrm{CML}})$渐近服从均值为$P_k(\boldsymbol{x}|\boldsymbol{X}_T;\boldsymbol{\tau}_0)$,方差为

$$\sigma^2(\boldsymbol{x};\boldsymbol{\tau}_0)=n^{-1}\boldsymbol{D}\boldsymbol{I}^{-1}\boldsymbol{D}^{\mathrm{T}}$$

的正态分布,其中$\boldsymbol{D}=\left.\dfrac{\partial P_k(\boldsymbol{x}|\boldsymbol{X}_T;\boldsymbol{\tau})}{\partial\boldsymbol{\tau}'}\right|_{\boldsymbol{\tau}=\boldsymbol{\tau}_0}$,$\boldsymbol{I}$是 Fisher 信息矩阵。

因此,我们能够得到$P_k(\boldsymbol{x}|\boldsymbol{X}_T;\boldsymbol{\tau}_0)$的$100(1-\alpha)\%$置信区间如下:

$$c_\alpha=\left[P_k(\boldsymbol{x}|\boldsymbol{X}_T;\hat{\boldsymbol{\tau}}_{\mathrm{CML}})-\sigma(\boldsymbol{x};\hat{\boldsymbol{\tau}}_{\mathrm{CML}})z_{1-\frac{\alpha}{2}},P_i(\boldsymbol{x}|\boldsymbol{X}_T;\hat{\boldsymbol{\tau}}_{\mathrm{CML}})+\sigma(\boldsymbol{x};\hat{\boldsymbol{\tau}}_{\mathrm{CML}})z_{1-\frac{\alpha}{2}}\right]\tag{7.4.2}$$

其中$0<\alpha<1$,$z_{1-\frac{\alpha}{2}}$号是标准正态分布$N(0,1)$的上$\left(1-\dfrac{\alpha}{2}\right)$分位数。

作为一个例子,图7.4.1绘制了序列A的给定观测值$\boldsymbol{X}_T=(3,5)^{\mathrm{T}}$的$k$-步向前的条件边际预测分布,其中步长$k=1,10,50$。从图7.4.1中可以看出,随着$k$的增加,这些条件边际分布收敛于图7.4.3所示的平稳边际分布。即使我们将给定观测值更改为$\boldsymbol{X}_T=(9,15)^{\mathrm{T}}$,重新绘制了序列A的$k$步向前的条件边际预测分布图7.4.2,我们仍然能够得到相同的结果,这与BRCINAR(1)过程的平稳遍历性是一致的。此外,从图7.4.3,我们能够发现所有序列的平稳边际分布的方差均大于均值,这表明序列A-D的平稳边际分布是过度分散的。这绝对不是个例,事实上,当新息过程$\{\boldsymbol{Z}_t\}$服从一个联合的二元泊松分布时,我们能够推得BRCINAR(1)过程的方差

$$\mathrm{Var}(X_{i,t})=\frac{\lambda_i}{1-\alpha_i}+\frac{\sigma_{\alpha_i}^2\lambda_i^2}{(1-\alpha_i)^2(1-\alpha_i^2-\sigma_{\alpha_i}^2)}>E(X_{i,t})=\frac{\lambda_i}{1-\alpha_i},i=1,2$$

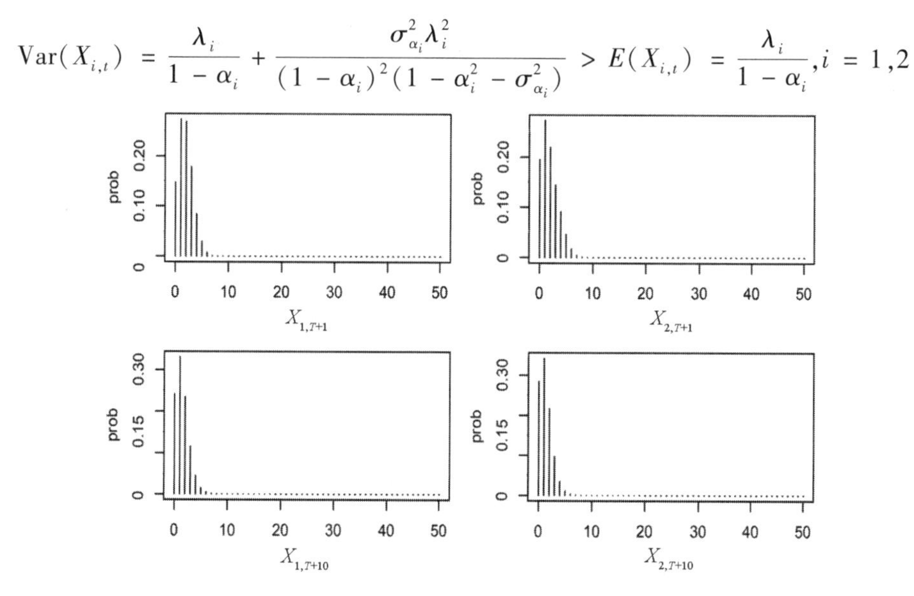

图 7.4.1

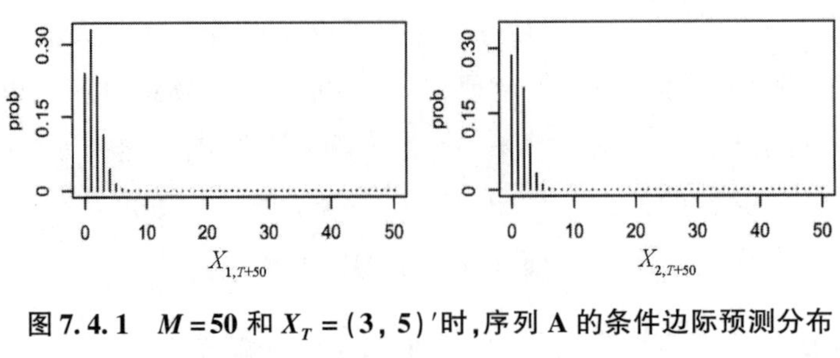

图 7.4.1　$M=50$ 和 $X_T=(3,\ 5)'$时,序列 A 的条件边际预测分布

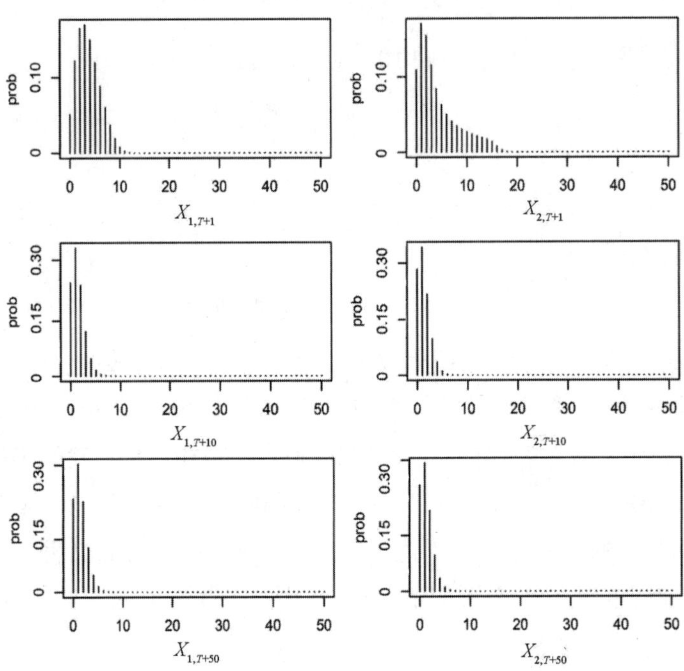

图 7.4.2　$M=50$ 和 $X_T=(9,15)'$时,序列 A 的条件边际预测分布

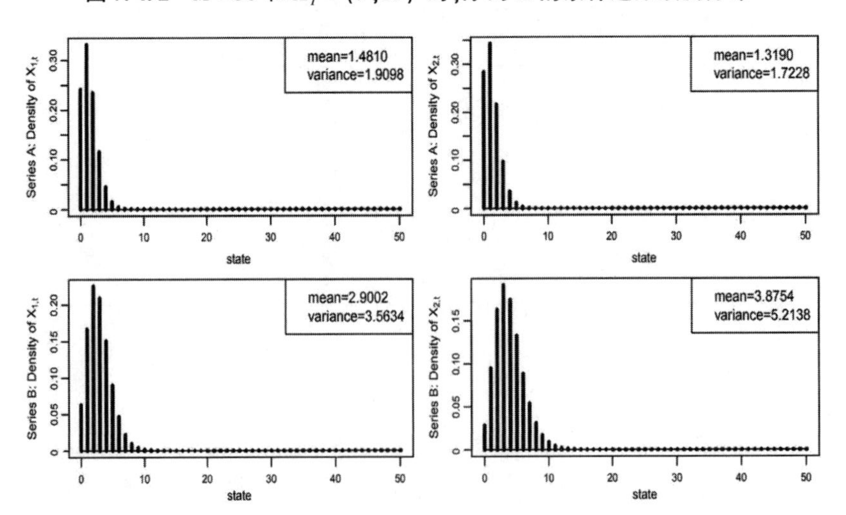

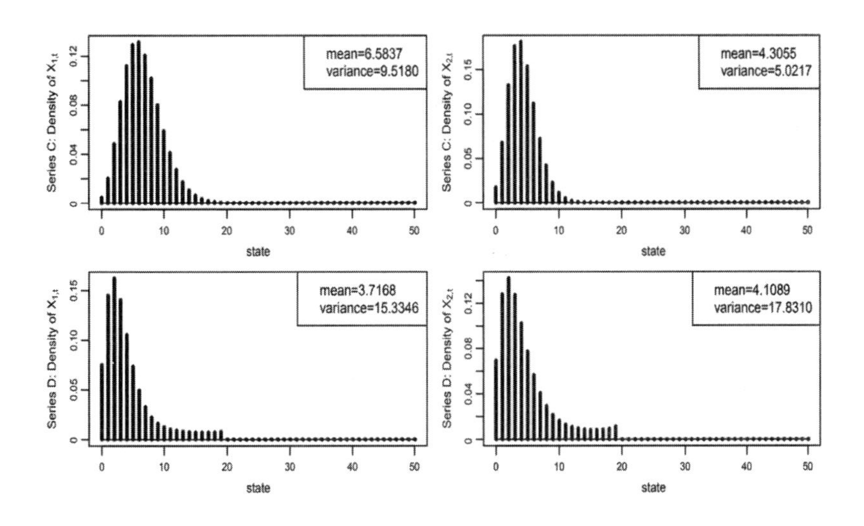

图 7.4.3　序列 A－D 的平稳边际分布

所以 BRCINAR(1)过程是过散的。此外,我们可以从图 7.4.7 中进一步看到:序列的方差越大,其平稳分布的取值也就越分散,相应的 M 值的选取也就越大。

第五节　实例分析

在本小节中,我们将提出的 BRCINAR(1)过程应用到一组双变量的计数时间序列中,该数据来源于预测原理网站,分别记录了美国匹兹堡市同一街区从 1990 年 1 月至 2001 年 12 月每月的重伤害(AGGASS)和抢劫(ROBBERY)的数量,两个犯罪序列的样本均值分别为 1.9375 和 2.9583,样本方差分别为 2.4506 和 4.1241,延迟为 1 的自相关系数分别为 0.225 和 0.227。此外,两个序列之间的样本互相关系数为 0.1817。图 7.5.1 分别绘制了两个犯罪序列的样本路径图、样本自相关函数(ACF)图和样本互相关函数(CCF)图,从图 7.5.1 中可以看出,除了少数例外,自相关函数均呈现出指数衰减的趋势。因此,实际数据可能来自一个二元的 INAR(1)过程。

我们用前面提出的两个 BRCINAR(1)模型来拟合该组犯罪数据,并与下面的三个不同的模型进行比较。

(1)新息过程服从二元泊松分布的 BINAR(1)模型(Pedeli et al.,2013a)。

(2)新息过程服从二元负二项分布的 BINAR(1)模型(Pedeli et al.,2011)。

(3)BVDINAR(1)模型(Popovic et al.,2015)。

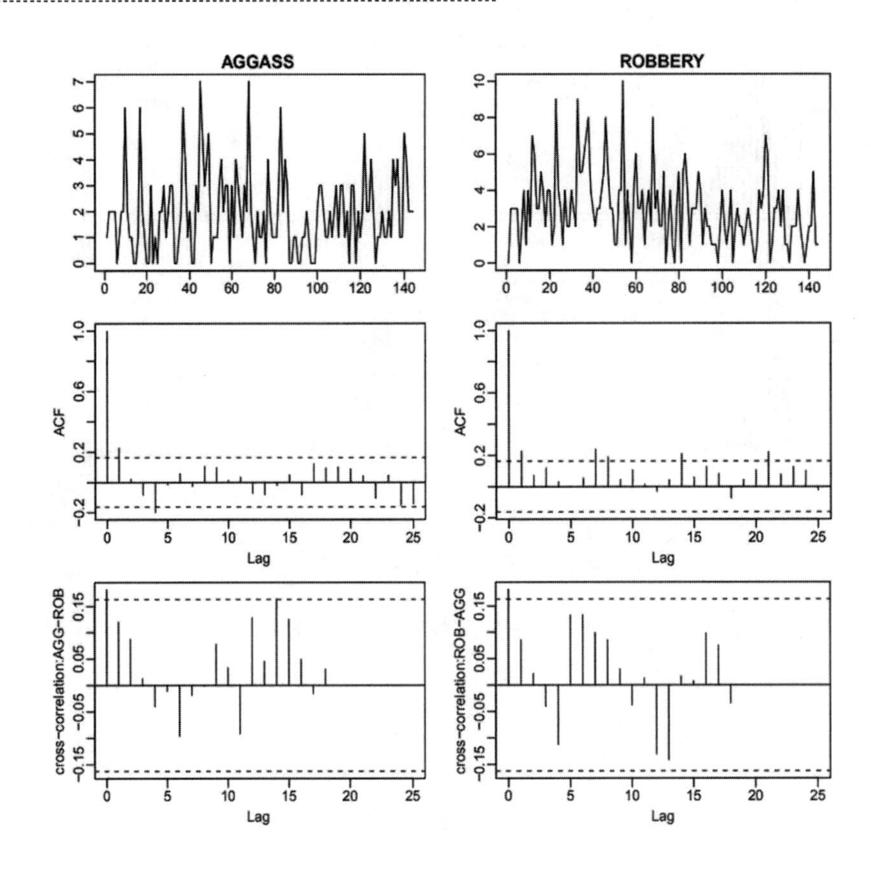

图 7.5.1　AGGASS 和 ROBBERY 序列的样本路径图、ACF 图和 CCF 图

选择上述三个模型的原因是它们的矩阵稀疏运算都是二项稀疏的且是对角形的，与我们的模型相似。对于上述模型，我们采用 CML 方法估计其参数，并使用 Akaike 信息准则（AIC）和 Bayesian 信息准则（BIC）作为拟合优度准则。比较的目的不是为了证明哪个模型是最好的，只是为了说明我们的模型在一些实际问题中可能更加适用，我们将拟合的结果汇总在表 7.5.1 中。由表 7.5.1 可知，稀疏参数服从高斯混合分布的 BRCINAR(1) – Ⅱ模型具有最小的 AIC 和 BIC 值。这说明利用 BRCINAR(1) – Ⅱ模型来拟合该组犯罪数据集是合理的。

表 7.5.1　犯罪数据的拟合结果：CML 估计、SE、AIC 和 BIC

模型	参数	CML	SE	AIC	BIC
Biv. Poisson INAR(1)	$\hat{\alpha}_1$	0.2067	0.0702	1086.310	1101.590
	$\hat{\alpha}_2$	0.1807	0.0642	—	—
	$\hat{\lambda}_1$	1.5439	0.1645	—	—
	$\hat{\lambda}_2$	2.4419	0.2244	—	—
	$\hat{\phi}$	0.2844	0.1591	—	—

续表

模型	参数	CML	SE	AIC	BIC
Biv. NB. INAR(1)	$\hat{\alpha}_1$	0.2305	0.0725	1077.021	1091.870
	$\hat{\alpha}_2$	0.1987	0.0719	—	—
	$\hat{\lambda}_1$	1.4976	0.1736	—	—
	$\hat{\lambda}_2$	2.3887	0.2552	—	—
	$\hat{\beta}$	0.1493	0.0600	—	—
BVDINAR(1)	$\hat{\alpha}_1$	0.2994	0.1589	1085.093	1100.881
	$\hat{\alpha}_2$	0.3684	0.1158	—	—
	$\hat{p}_1$	0.6549	0.2360	—	—
	$\hat{p}_2$	0.5877	0.1999	—	—
	$\hat{\lambda}_1$	1.5423	0.1646	—	—
	$\hat{\lambda}_2$	2.3345	0.2281	—	—
	$\hat{\phi}$	0.2770	0.1687	—	—
BRCINAR(1) - Ⅰ	$\hat{\alpha}_1$	0.2099	0.0739	1078.131	1092.723
	$\hat{\alpha}_2$	0.2139	0.0732	—	—
	$\hat{\beta}_1$	16.1243	0.1183	—	—
	$\hat{\beta}_2$	2.6467	0.1867	—	—
	$\hat{\lambda}_1$	1.5544	0.1692	—	—
	$\hat{\lambda}_2$	2.3494	0.2339	—	—
	$\hat{\phi}$	0.2569	0.1764	—	—
BRCINAR(1) - Ⅱ	$\hat{\alpha}_1$	0.2183	0.0692	1076.343	1091.092
	$\hat{\alpha}_2$	0.2080	0.0613	—	—
	$\hat{\sigma}^2_{\alpha_1}$	0.0096	0.0103	—	—
	$\hat{\sigma}^2_{\alpha_2}$	0.0213	0.0167	—	—
	$\hat{\lambda}_1$	1.5406	0.1128	—	—
	$\hat{\lambda}_2$	2.3260	0.2307	—	—
	$\hat{\phi}$	0.2679	0.1654	—	—

进一步地,我们利用第4小节中提出的预测方法,基于BRCINAR(1) - Ⅱ模型对该组犯罪数据进行一致预测。首先,我们将犯罪数据分为两部分。我们使用1990年1月至2000年12月的前132个数据来进行参数估计,而留下2001年1月至2001年12月的后12个数据进行样本外预测。图7.5.2分别绘制了基于最后一个观测值 $\boldsymbol{X}_{132}=(1,2)'$ 的犯罪数据AGGASS和ROBBERY的1步向前的条件边际预测分布图,并且给出了由7.4.2式计算所得的水平为95%的条件边际分布的置信区间。从图7.5.2可以看出,AGGASS序列最可能的1步向前的预测值为1,ROBBERY序列最可能的1步向前的预测值为2。图7.5.3给出了利用BRCINAR(1) - Ⅱ模型来拟合犯罪数据的平稳边际分布。从图7.5.3可以看出,两个分

布均向右倾斜,并且 ROBBERY 序列的离散程度大于 AGGASS 序列。图 7.5.4 绘制了 2001 年 1 月至 2001 年 12 月每月 AGGASS 和 ROBBERY 的观测值序列,并且给出了相应的 1 步向前的预测值(根据 1 步向前的条件边际预测分布的中位数来计算)。从图 7.5.4 可以明显地看出 BRCINAR(1) - Ⅱ模型拟合的效果是比较好的,尤其是对于 ROBBERY 序列,我们也会发现:尽管 BRCINAR(1) - Ⅱ模型的拟合效果比较好,但它并不是完美的,因为它无法精确地反映出观测值序列过度分散的全部范围。分析其主要原因可能是数据的不足导致了模型参数估计的不可靠,最终影响了预测的效果。

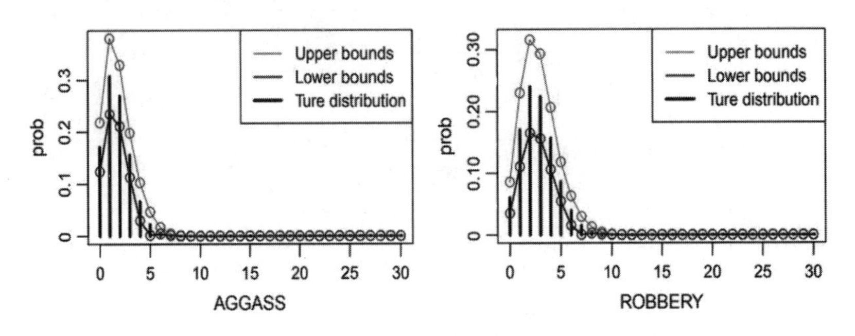

图 7.5.2 给定 $X_{132} = (1,\ 2)'$时,AGGASS 和 ROBBERY 序列的 1 步向前的条件边际预测分布及其 95% 的置信区间

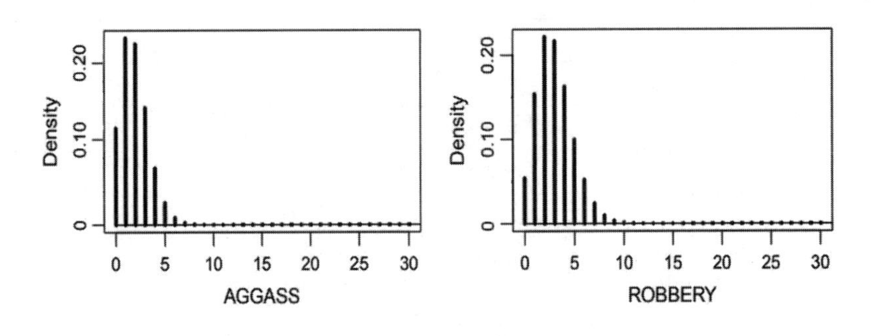

图 7.5.3 基于 BRCINAR(1) - Ⅱ模型的 AGGASS 和 ROBBERY 序列的平稳边际分布

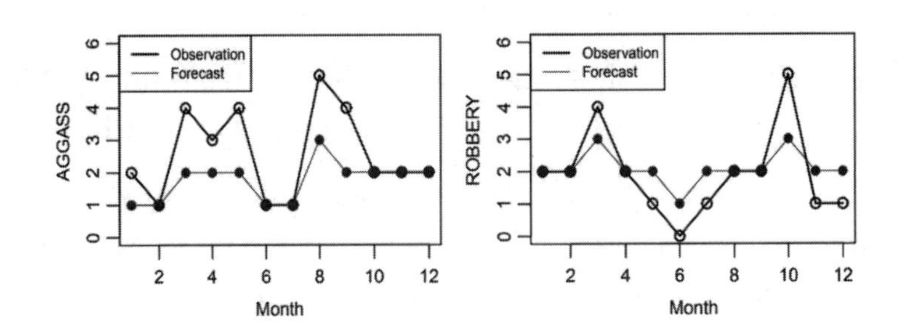

图 7.5.4 AGGASS 和 ROBBERY 序列的观测值及其相应的 1 步向前的预测值

第六节 定理证明

命题 7.1.1 的证明 首先,我们引入二元的随机变量序列$\{\boldsymbol{X}_t^{(n)}\}_{n\in\mathbb{Z}}$如下:

$$\boldsymbol{X}_t^{(n)}=\begin{cases}0, & n<0,\\ \boldsymbol{Z}_t, & n=0,\\ \boldsymbol{A}_t\circ\boldsymbol{X}_{t-1}^{(n-1)}+\boldsymbol{Z}_t, & n>0\end{cases}\tag{7.6.1}$$

其中对于任意的n和$s<t$,$\boldsymbol{Z}_t$是独立于$\boldsymbol{A}_t\circ\boldsymbol{X}_{t-1}^{(n-1)}$和$\boldsymbol{X}_s^{(n)}$。

令$L^2(\Omega,\mathscr{F},P)=\{\boldsymbol{X}\mid E(\boldsymbol{X}\boldsymbol{X}^{\mathrm{T}})<\infty\}$。定义$L^2(\Omega,\mathscr{F},P)$上的数量积为$(\boldsymbol{X},\boldsymbol{Y})\doteq E(\boldsymbol{X}\boldsymbol{Y})^{\mathrm{T}}$。很容易证明$L^2(\Omega,\mathscr{F},P)$是一个 Hilbert 空间。

(a)存在性。

第一步:对于所有的$t\in\mathbb{Z}$,$\{\boldsymbol{X}_t^{(n}\}_{n\in\mathbb{Z}}$是单调不减的。

事实上,只需证明:对于$\forall n\geqslant 1$,有$\boldsymbol{X}_t^{(n)}\geqslant\boldsymbol{X}_t^{(n-1)}$成立。当$n=1$时,我们有

$$\boldsymbol{X}_t^{(1)}=\boldsymbol{A}_t\circ\boldsymbol{X}_{t-1}^{(0)}+\boldsymbol{Z}_t=\boldsymbol{A}_t\circ\boldsymbol{Z}_{t-1}+\boldsymbol{Z}_t\geqslant\boldsymbol{Z}_t=\boldsymbol{X}_t^{(0)}$$

现设对于任意的$k\leqslant n$,有$\boldsymbol{X}_t^{(k)}\geqslant\boldsymbol{X}_t^{(k-1)}$成立。往证$\boldsymbol{X}_t^{(n+1)}-\boldsymbol{X}_t^{(n)}\geqslant 0$成立。我们考虑$\boldsymbol{X}_t^{(n+1)}-\boldsymbol{X}_t^{(n)}$的第$i$个元素

$$\begin{aligned}(\boldsymbol{X}_t^{(n+1)}-\boldsymbol{X}_t^{(n)})_i&=\alpha_{i,t}\circ X_{i,t-1}^{(n)}-\alpha_{i,t}\circ X_{i,t-1}^{(n-1)}=\sum_{j=1}^{X_{i,t-1}^{(n)}-X_{i,t-1}^{(n-1)}}W_j^{(t)}\\&=\alpha_{i,t}\circ(X_{i,t-1}^{(n)}-X_{i,t-1}^{(n-1)})\geqslant 0\end{aligned}$$

其中$i=1,2$。所以,根据数学归纳法,对于所有的$t\in\mathbb{Z}$,$\{\boldsymbol{X}_t^{(n)}\}_{n\in\mathbb{Z}}$是单调不减的。

第二步:对于$n>0$,$\boldsymbol{X}_t^{(n)}\in L^2(\Omega,\mathscr{F},P)$。

根据引理 7.1.1,我们有:

$$\begin{aligned}E(\boldsymbol{X}_t^{(n)})&=E(\boldsymbol{A}_t\circ\boldsymbol{X}_{t-1}^{(n-1)})+E(\boldsymbol{Z}_t)\\&=\boldsymbol{A}E(\boldsymbol{X}_{t-1}^{(n-1)})+\boldsymbol{\mu}_z\\&=\boldsymbol{A}^nE(\boldsymbol{X}_{t-n}^{(0)})+A^{n-1}\boldsymbol{\mu}_z+\cdots+\boldsymbol{\mu}_z\\&=(\sum_{i=0}^{n}\boldsymbol{A}^i)\boldsymbol{\mu}_z\end{aligned}$$

其中$\boldsymbol{\mu}_z=E(\boldsymbol{Z}_t)=(\lambda_1,\lambda_2)^{\mathrm{T}}$。因为$0<\alpha_i<1(i=1,2)$,所以:

$$\det(\boldsymbol{I}-\boldsymbol{A})=(1-\alpha_1)(1-\alpha_2)>0$$

其中$\boldsymbol{I}$是 2 阶单位阵。进一步可得,矩阵$\boldsymbol{I}-\boldsymbol{A}$是可逆的且$\lim\limits_{n\to\infty}\sum\limits_{i=0}^{n}\boldsymbol{A}^i=(\boldsymbol{I}-\boldsymbol{A})^{-1}$。因此,

$E(\boldsymbol{X}_t^{(n)})$是有界的且

$$E(\boldsymbol{X}_t^{(n)}) = (\sum_{i=0}^{n} \boldsymbol{A}^i)\boldsymbol{\mu}_z \to (\boldsymbol{I} - \boldsymbol{A})^{-1}\boldsymbol{\mu}_z, n \to \infty$$

此外,根据引理7.1.1,我们还能推得:

$$\begin{aligned}
& E[\boldsymbol{X}_t^{(n)}(\boldsymbol{X}_t^{(n)})^{\mathrm{T}}] \\
&= E[(\boldsymbol{A}_t \circ \boldsymbol{X}_{t-1}^{(n-1)} + \boldsymbol{Z}_t)(\boldsymbol{A}_t \circ \boldsymbol{X}_{t-1}^{(n-1)} + \boldsymbol{Z}_t)^{\mathrm{T}}] \\
&= E[(\boldsymbol{A}_t \circ \boldsymbol{X}_{t-1}^{(n-1)})(\boldsymbol{A}_t \circ \boldsymbol{X}_{t-1}^{(n-1)})^{\mathrm{T}}] + E[(\boldsymbol{A}_t \circ \boldsymbol{X}_{t-1}^{(n-1)})\boldsymbol{Z}_t^{\mathrm{T}}] + E[\boldsymbol{Z}_t(\boldsymbol{A}_t \circ \boldsymbol{X}_{t-1}^{(n-1)})^{\mathrm{T}}] + E(\boldsymbol{Z}_t\boldsymbol{Z}_t^{\mathrm{T}}) \\
&= \boldsymbol{A}E[\boldsymbol{X}_{t-1}^{(n-1)}(\boldsymbol{X}_{t-1}^{(n-1)})^{\mathrm{T}}]\boldsymbol{A} + \boldsymbol{C} + \boldsymbol{A}E(\boldsymbol{X}_{t-1}^{(n-1)})\boldsymbol{\mu}_z^{\mathrm{T}} + \boldsymbol{\mu}_z E(\boldsymbol{X}_{t-1}^{(n-1)})^{\mathrm{T}}\boldsymbol{A} + E(\boldsymbol{Z}_t\boldsymbol{Z}_t^{\mathrm{T}})
\end{aligned}$$

其中矩阵$\boldsymbol{C}$的元素为:

$$c_{11} = \sigma_{\alpha_1}^2 E(X_{1,t-1}^{(n-1)})^2 + (\alpha_1(1-\alpha_1) - \sigma_{\alpha_1}^2)E(X_{1,t-1}^{(n-1)});$$

$$c_{22} = \sigma_{\alpha_2}^2 E(X_{2,t-1}^{(n-1)})^2 + (\alpha_2(1-\alpha_2) - \sigma_{\alpha_2}^2)E(X_{2,t-1}^{(n-1)});$$

$$c_{12} = c_{21} = 0$$

下面我们来分别考虑一下$E[\boldsymbol{X}_t^{(n)}(\boldsymbol{X}_t^{(n)})^{\mathrm{T}}]$的元素。对于$i=1,2$,

$$\begin{aligned}
E(X_{i,t}^{(n)})^2 &= \sigma_{z_i}^2 + \lambda_i^2 + (\alpha_i(1-\alpha_i) - \sigma_{\alpha_i}^2 + 2\alpha_i\lambda_i)E(X_{i,t-1}^{(n-1)}) + \\
&\quad (\sigma_{\alpha_i}^2 + \alpha_i^2)E(X_{i,t-1}^{(n-1)})^2 \\
E(X_{1,t}^{(n)}X_{2,t}^{(n)}) &= \phi + \lambda_1\lambda_2 + \alpha_1\lambda_2 E(X_{1,t-1}^{(n-1)}) + \alpha_2\lambda_1 E(X_{2,t-1}^{(n-1)}) + \\
&\quad \alpha_1\alpha_2 E(X_{1,t-1}^{(n-1)}X_{2,t-1}^{(n-1)})
\end{aligned} \tag{7.6.2}$$

因为$0<\alpha_i^2+\sigma_{\alpha_i}^2<1$, $E(X_{i,t-n}^{(0)})^2 = E(Z_{i,t-n})^2 = \sigma_{Z_i}^2 + \lambda_i^2 < \infty$, $E(X_{1,t-n}^{(0)}X_{2,t-n}^{(0)}) = E(Z_{1,t-n}Z_{2,t-n}) = \phi + \lambda_1\lambda_2 < \infty$,所以迭代式(7.6.2)$n$次,易得$E[\boldsymbol{X}_t^{(n)}(\boldsymbol{X}_t^{(n)})^{\mathrm{T}}] < \infty$。因此,对于$n>0$,有$\boldsymbol{X}_t^{(n)} \in L^2(\Omega,\mathscr{F},P)$。

第三步:$\{\boldsymbol{X}_t^{(n)}\}_{n\in\mathbb{Z}}$是一个柯西序列。

令

$$\boldsymbol{U}(n,t,k) = [U_1(n,t,k), U_2(n,t,k)]^{\mathrm{T}} = \left|\boldsymbol{X}_t^{(n)} - \boldsymbol{X}_t^{(n-k)}\right|, \ k = 1,2,\cdots$$

由式(7.6.1),很容易得到

$$\boldsymbol{U}(n,t,k) = \boldsymbol{A}_t \circ \left|\boldsymbol{X}_{t-1}^{(n-1)} - \boldsymbol{X}_{t-1}^{(n-k-1)}\right| = \boldsymbol{A}_t \circ \boldsymbol{U}(n-1,t-1,k)$$

根据引理7.1.1,有:

$$\begin{aligned}
E[\boldsymbol{U}(n,t,k)] &= \boldsymbol{A}E[\boldsymbol{U}(n-1,t-1,k)] \\
&= \cdots = \boldsymbol{A}^n E[\boldsymbol{U}(0,t-n,k)] = \boldsymbol{A}^n E(\boldsymbol{Z}_{t-n}) \to 0, n \to \infty
\end{aligned}$$

$$E[\boldsymbol{U}(n,t,k)\boldsymbol{U}^{\mathrm{T}}(n,t,k)] = \boldsymbol{A}E[\boldsymbol{U}(n-1,t-1,k)\boldsymbol{U}^{\mathrm{T}}(n-1,t-1,k)]\boldsymbol{A} + \boldsymbol{C}$$

其中矩阵$\boldsymbol{C}$的元素为:

$$c_{11}=\sigma_{\alpha_1}^2E[U_1^2(n-1,t-1,k)]+[\alpha_1(1-\alpha_1)-\sigma_{\alpha_1}^2]E[U_1(n-1,t-1,k)];$$

$$c_{22}=\sigma_{\alpha_2}^2E[U_2^2(n-1,t-1,k)]+[\alpha_2(1-\alpha_2)-\sigma_{\alpha_2}^2]E[U_2(n-1,t-1,k)];$$

$$c_{12}=c_{21}=0$$

下面我们分别考虑一下 $E[\boldsymbol{U}(n,t,k)\boldsymbol{U}^{\mathrm{T}}(n,t,k)]$的元素。对于 $i=1,2$,

$$\begin{aligned}
&E[U_i^2(n,t,k)]\\
&=[\alpha_i(1-\alpha_i)-\sigma_{\alpha_i}^2]E[U_i(n-1,t-1,k)]+(\alpha_i^2+\sigma_{\alpha_i}^2)E[U_i^2(n-1,t-1,k)]\\
&=[\alpha_i(1-\alpha_i)-\sigma_{\alpha_i}^2]\alpha_i^{n-1}\lambda_i+(\alpha_i^2+\sigma_{\alpha_i}^2)E[U_i^2(n-1,t-1,k)]\\
&=[\alpha_i^{n-1}+(\alpha_i^2+\sigma_{\alpha_i}^2)\alpha_i^{n-2}][\alpha_i(1-\alpha_i)-\sigma_{\alpha_i}^2]\lambda_i+(\alpha_i^2+\sigma_{\alpha_i}^2)^2E[U_i^2(n-2,t-2,k)]\\
&=[\alpha_i^{n-1}+(\alpha_i^2+\sigma_{\alpha_i}^2)\alpha_i^{n-2}+\cdots+(\alpha_i^2+\sigma_{\alpha_i}^2)^{n-1}][\alpha_i(1-\alpha_i)-\sigma_{\alpha_i}^2]\lambda_i+\\
&\quad(\alpha_i^2+\sigma_{\alpha_i}^2)^nE[U_i^2(0,t-n,k)]\\
&=\frac{\alpha_i^n-(\sigma_{\alpha_i}^2+\alpha_i^2)^n}{\alpha_i-(\sigma_{\alpha_i}^2+\alpha_i^2)}[\alpha_i(1-\alpha_i)-\sigma_{\alpha_i}^2]\lambda_i+(\alpha_i^2+\sigma_{\alpha_i}^2)^n(\sigma_{z_i}^2+\lambda_i^2)\to0,n\to\infty
\end{aligned}$$

$$\begin{aligned}
E[U_1(n,t,k)U_2(n,t,k)]&=\alpha_1\alpha_2E[U_1(n-1,t-1,k)U_2(n-1,t-1,k)]\\
&=\alpha_1^2\alpha_2^2E[U_1(n-2,t-2,k)U_2(n-2,t-2,k)]\\
&=\alpha_1^n\alpha_2^nE[U_1(0,t-n,k)U_2(0,t-n,k)]\\
&=\alpha_1^n\alpha_2^nE(Z_{1,t-n}Z_{2,t-n})\\
&=\alpha_1^n\alpha_2^n(\phi+\lambda_1\lambda_2)\to0,\text{as } n\to\infty
\end{aligned}$$

因此,当 $n\to\infty$,有 $E[\boldsymbol{U}(n,t,k)\boldsymbol{U}^{\mathrm{T}}(n,t,k)]\to0$。这意味着$\{\boldsymbol{X}_t^{(n)}\}_{n\in\mathbb{Z}}$是一个柯西序列且$\lim\limits_{n\to\infty}\boldsymbol{X}_t^{(n)}=\boldsymbol{X}_t\in L^2(\Omega,\mathscr{F},P)$。在式(7.6.1)两端取极限,令 $n\to\infty$,我们有 $\boldsymbol{X}_t=\boldsymbol{A}_t\circ\boldsymbol{X}_{t-1}+\boldsymbol{Z}_t$,其中对于 $s<t,\boldsymbol{Z}_t$ 独立于 $\boldsymbol{A}_t\boldsymbol{X}_{t-1}$和 $\boldsymbol{X}_s$。

(b)唯一性。

假设存在另一随机序列$\{\boldsymbol{Y}_t\}_{t\in\mathbb{Z}}$满足式(7.1.1),则有:

$$\boldsymbol{X}_t-\boldsymbol{Y}_t=\boldsymbol{A}_t\circ\boldsymbol{X}_{t-1}-\boldsymbol{A}_t\circ\boldsymbol{Y}_{t-1}$$

令

$$\mathscr{B}_{i,n}=\left\{\omega:\left|X_{i,t}^{(n)}(\omega)-Y_{i,t}(\omega)\right|>0\right\},i=1,2,n\geqslant1$$

$$\mathscr{B}_\infty=\bigcup_{i=1}^2\left\{\omega:\left|X_{i,t}(\omega)-Y_{i,t}(\omega)\right|>0\right\}=\bigcup_{i=1}^2\mathscr{B}_{i,\infty}=\bigcup_{i=1}^2\bigcap_{m=1}^\infty\bigcup_{n=m}^\infty\mathscr{B}_{i,n}$$

我们能够推得:

$$\begin{aligned}
P(\mathscr{B}_{i,n})&=P\left(\left\{\omega:\left|X_{i,t}^{(n)}(\omega)-Y_{i,t}(\omega)\right|>0\right\}\right)\leqslant\\
&\sum_{k=1}^\infty P\left(\left\{\omega:\left|X_{i,t}^{(n)}(\omega)-Y_{i,t}(\omega)\right|=k\right\}\right)\leqslant
\end{aligned}$$

$$\begin{aligned}&\sum_{k=1}^{\infty} kP\left(\left\{\omega:\left|X_{i,t}^{(n)}(\omega)-Y_{i,t}(\omega)\right|=k\right\}\right)\\&=E\left(\left|X_{i,t}^{(n)}-Y_{i,t}\right|\right)\\&=E(\alpha_{i,t}\circ\alpha_{i,t-1}\circ\cdots\circ\alpha_{i,t-n}\circ Y_{i,t-n-1})\\&=\frac{\alpha_i^{n+1}}{1-\alpha_i}\lambda_i\end{aligned}$$

所以：

$$\sum_{n=1}^{\infty} P(\mathscr{B}_{i,n})\leqslant\sum_{n=1}^{\infty}\frac{\alpha_i^{n+1}}{1-\alpha_i}\lambda_i=\frac{\alpha_i^2\lambda_i}{(1-\alpha_i)^2}<\infty$$

根据 Borel - Cantelli 引理可知 $P(\mathscr{B}_{i,\infty})=0$。因此 $P(\mathscr{B}_{\infty})=0$，即 $X_t=Y_t$，a. s. 。

(c)严平稳性。

通过迭代(7. 6. 1)式 n 次，我们能够推得：

$$\begin{aligned}\boldsymbol{X}_t^{(n)}&=\boldsymbol{A}_t\circ\boldsymbol{A}_{t-1}\circ\cdots\circ\boldsymbol{A}_{t-n+1}\circ\boldsymbol{X}_{t-n}^{(0)}+\sum_{l=1}^{n-1}\boldsymbol{A}_t\circ\boldsymbol{A}_{t-1}\circ\cdots\circ\boldsymbol{A}_{t-l+1}\circ\boldsymbol{Z}_{t-l}+\boldsymbol{Z}_t\\&=\boldsymbol{A}_t\circ\boldsymbol{A}_{t-1}\circ\cdots\circ\boldsymbol{A}_{t-n+1}\circ\boldsymbol{Z}_{t-n}+\sum_{l=1}^{n-1}\boldsymbol{A}_t\circ\boldsymbol{A}_{t-1}\circ\cdots\circ\boldsymbol{A}_{t-l+1}\circ\boldsymbol{Z}_{t-l}+\boldsymbol{Z}_t\end{aligned}$$

由于 $\{\boldsymbol{A}_t\}$ 和 $\{\boldsymbol{Z}_t\}$ 分别是 i. i. d. 随机序列，则有：

$$\boldsymbol{X}_t^{(n)}\overset{d}{=}\boldsymbol{A}_n\circ\boldsymbol{A}_{n-1}\circ\cdots\circ\boldsymbol{A}_1\circ\boldsymbol{Z}_0+\sum_{l=1}^{n-1}\boldsymbol{A}_n\circ\boldsymbol{A}_{n-1}\circ\cdots\circ\boldsymbol{A}_{n-l+1}\circ\boldsymbol{Z}_{n-l}+\boldsymbol{Z}_n \quad (7.6.3)$$

由式(7. 6. 3)，很容易看出 $\boldsymbol{X}_t^{(n)}$ 的分布仅取决于 n 而与 t 无关。这意味着，对于所有的 $n\geqslant0$，过程 $\{\boldsymbol{X}_t^{(n)}\}$ 是严平稳的。由于在 $L^2(\Omega,\mathscr{F},P)$ 空间中，序列 $\{\boldsymbol{X}_t^{(n)}\}$ 收敛于 $\boldsymbol{X}_t$，则 $\{\boldsymbol{X}_t\}$ 也是一个严平稳过程。

(d)遍历性。

在 t 时刻，随机矩阵稀疏运算 $\boldsymbol{A}_t$ 包含两个随机系数稀疏运算，即，$\alpha_{1,t}$ 和 $\alpha_{2,t}$。令 $\{\boldsymbol{W}(t)\}$ 表示包含在矩阵稀疏运算中的所有的计数序列。很明显，$\{\boldsymbol{W}(t)\}$ 是一个二元的随机序列。令 $\sigma(\boldsymbol{X})$ 表示由二元随机变量 $\boldsymbol{X}$ 生成的 σ - 域，根据式(7. 1. 1)可得，对于任意的 t，

$$\sigma(\boldsymbol{X}_t,\boldsymbol{X}_{t+1},\cdots)\subset\sigma[\boldsymbol{Z}_t,\boldsymbol{A}_t,\boldsymbol{W}(t),\boldsymbol{Z}_{t+1},\boldsymbol{A}_{t+1},\boldsymbol{W}(t-+),\cdots]$$

因此：

$$\bigcap_{t=1}^{\infty}\sigma(\boldsymbol{X}_t,\boldsymbol{X}_{t+1},\cdots)\subset\mathscr{D}=\bigcap_{t=1}^{\infty}\sigma[\boldsymbol{Z}_t,\boldsymbol{A}_t,\boldsymbol{W}(t),\boldsymbol{Z}_{t+1},\boldsymbol{A}_{t+1},\boldsymbol{W}(t+1),\cdots]$$

因为 $\{\boldsymbol{Z}_t,\boldsymbol{A}_t,\boldsymbol{W}(t)\}$ 是一个 i. i. d. 随机向量序列，则 $\{\boldsymbol{Z}_t,\boldsymbol{A}_t,\boldsymbol{W}(t)\}$ 是遍历的。根据 Kolmogorov 的 0 - 1 律可知，对于任意的事件 $\boldsymbol{B}\in\mathscr{D}$，有 $P(\boldsymbol{B})=0$ 或 $P(\boldsymbol{B})=1$。这意味着 $\{\boldsymbol{X}_t\}$ 的 σ 域的尾事件仅仅包含概率为 0 或 1 的可测集。由 Wang(1982)，我们有 $\{\boldsymbol{X}_t\}$ 是遍历的，证毕。

命题 7.1.2 的证明 结论(1)和结论(2)可以通过类似 Zheng et al.(2007)在命题 2.1 中的论证方法来证明,这里我们只给出结论(3)的证明。

$$\begin{aligned}
&\mathrm{Cov}(X_{1,t},X_{2,t})\\
&=\mathrm{Cov}(\alpha_{1,t}\circ X_{1,t-1})+Z_{1,t},\alpha_{2,t}\circ X_{2,t-1}+Z_{2,t})\\
&=\mathrm{Cov}(\alpha_{1,t}\circ X_{1,t-1},\alpha_{2,t}\circ X_{2,t-1})+\mathrm{Cov}(Z_{1,t},Z_{2,t})\\
&=\alpha_1\alpha_2\mathrm{Cov}(X_{1,t-1},X_{2,t-1})+\mathrm{Cov}(Z_{1,t},Z_{2,t})\\
&=\mathrm{Cov}(Z_{1,t},Z_{2,t})+\alpha_1\alpha_2\mathrm{Cov}(Z_{1,t-1},Z_{2,t-1})+\alpha_1^2\alpha_2^2\mathrm{Cov}(Z_{1,t-2},Z_{2,t-2})+\cdots\\
&=\frac{\phi}{1-\alpha_1\alpha_2}
\end{aligned}$$

$$\begin{aligned}
&\mathrm{Cov}(X_{i,t+k},X_{j,t})\\
&=\mathrm{Cov}(\alpha_{i,t+k}\circ\cdots\circ a_{i,t+1}\circ X_{i,t}+\sum_{l=1}^{k-1}\alpha_{i,t+k}\circ\cdots\circ a_{i,t+k-l+1}\circ Z_{i,t+k-l}+Z_{i,t+k},X_{j,t})\\
&=\mathrm{Cov}(\alpha_{i,t+k}\circ\cdots\circ\alpha_{i,t+1}\circ X_{i,t},X_{j,t})\\
&=E[(\alpha_{i,t+k}\circ\cdots\circ\alpha_{i,t+1}\circ X_{i,t})X_{j,t}]-E(\alpha_{i,t+k}\circ\cdots\circ\alpha_{i,t+1}\circ X_{i,t})E(X_{j,t})\\
&=\alpha_i^kE(X_{i,t}X_{j,t})-\alpha_i^kE(X_{i,t})E(X_{j,t})\\
&=\alpha_i^k\mathrm{Cov}(X_{i,t},X_{j,t})=\alpha_i^k\phi/(1-\alpha_1\alpha_2)
\end{aligned}$$

证毕。

定理 7.2.1 的证明 首先,因为$\{\boldsymbol{X}_t\}$是一个严平稳遍历过程,则当 $n\to\infty$ 时,有:

$$\overline{X}_i=\frac{1}{n}\sum_{t=1}^{n}X_{i,t}\xrightarrow{\text{a. s.}}E(X_{i,t}),\quad \frac{1}{n}\sum_{t=1}^{n}X_{i,t}X_{i,t-1}\xrightarrow{\text{a. s.}}E(X_{i,t}X_{i,t-1}),$$

$$\frac{1}{n}\sum_{t=1}^{n}X_{1,t}X_{2,t}\xrightarrow{\text{a. s.}}E(X_{1,t}X_{2,t})$$

所以 $\hat{\gamma}_i(0)\xrightarrow{\text{a. s.}}\gamma_i(0)$,$\hat{\gamma}_i(1)\xrightarrow{\text{a. s.}}\gamma_i(1)$ 且 $\hat{\gamma}_{ij}(0)\xrightarrow{\text{a. s.}}\gamma_{ij}(0)$,其中 $i,j=1,2$ 且 $i\neq j$。因此,我们有 $\hat{\alpha}_{\mathrm{YW}i}\xrightarrow{\text{a. s.}}\alpha_i$ 和 $\hat{\phi}_{\mathrm{YW}}\xrightarrow{\text{a. s.}}\phi$。

其次,对于 $i=1,2$,因为:

$$\lambda_i=E(Z_{i,t})=E(X_{i,t}-\alpha_{i,t}\circ X_{i,t-1})=E(X_{i,t})-\alpha_iE(X_{i,t-1})$$

且:

$$\begin{aligned}
\hat{\lambda}_{\mathrm{YW}i}&=\frac{1}{n}\sum_{t=1}^{n}(X_{i,t}-\hat{\alpha}_{\mathrm{YW}i}X_{i,t-1})\\
&=\frac{1}{n}\sum_{t=1}^{n}X_{i,t}-\hat{\alpha}_{\mathrm{YW}i}\frac{1}{n}\sum_{t=1}^{n}X_{i,t-1}\xrightarrow{\text{a. s.}}E(X_{i,t})-\alpha_iE(X_{i,t-1})
\end{aligned}$$

所以我们有 $\hat{\lambda}_{\mathrm{YW}i}\xrightarrow{\text{a. s.}}\lambda_i$。证毕。

定理 7.2.2 的证明 利用与 YW 估计量的渐近等价性,我们可以得到 CLS 估计量的强相合性。这里我们仅给出关于 CLS 估计量的渐近分布的一个直接证明。

令 $\boldsymbol{M}_n=(M_{n1},M_{n2},M_{n3},M_{n4})^{\mathrm{T}}$。很明显地有 $\boldsymbol{M}_n=\sum_{t=1}^{n}\frac{\partial g(\boldsymbol{\theta}_1)^{\mathrm{T}}}{\partial\boldsymbol{\theta}_1}u_t(\boldsymbol{\theta}_1)$。由于$\{\boldsymbol{X}_t\}$是严平稳的且 $E|X_{i,t}|^4<\infty$,$i=1,2$,则有:

$$\boldsymbol{W}=E\left[\frac{\partial g(\boldsymbol{\theta}_1)^{\mathrm{T}}}{\partial\boldsymbol{\theta}_1}u_t(\boldsymbol{\theta}_1)u_t(\boldsymbol{\theta}_1)^{\mathrm{T}}\frac{\partial g(\boldsymbol{\theta}_1)}{\partial\boldsymbol{\theta}_1^{\mathrm{T}}}\right]<\infty$$

根据遍历性定理可得:

$$\frac{1}{n}\sum_{t=1}^{n}\frac{\partial g(\boldsymbol{\theta}_1)^{\mathrm{T}}}{\partial\boldsymbol{\theta}_1}u_t(\boldsymbol{\theta}_1)u_t(\boldsymbol{\theta}_1)^{\mathrm{T}}\frac{\partial g(\boldsymbol{\theta}_1)}{\partial\boldsymbol{\theta}_1^{\mathrm{T}}}\xrightarrow{\text{a. s.}}\boldsymbol{W}$$

令 $\mathscr{F}_n=\sigma(\boldsymbol{X}_0,\boldsymbol{X}_1,\cdots,\boldsymbol{X}_n)$,则对于 $i=1,2$,有

$$E(M_{ni}\mid\mathscr{F}_{n-1})=E[M_{(n-1)i}+(X_{i,n}-\alpha_iX_{i,n-1}-\lambda_i)X_{i,n-1}\mid\mathscr{F}_{n-1}]=M_{(n-1)i}$$

所以$\{M_{ni},\mathscr{F}_n\geqslant 1\}$是一个鞅。类似地,对于 $i=3,4$,我们可以证明$\{M_{ni},\mathscr{F}_n,n\geqslant 1\}$是鞅。因此,根据鞅的性质,对于壬意的非零向量 $\boldsymbol{k}=(k_1,k_2,k_3,k_4)^{\mathrm{T}}\in\mathbb{R}^4$,有$\{\boldsymbol{k}^{\mathrm{T}}\boldsymbol{M}_n,\mathscr{F}_n,n\geqslant 1\}$也是一个鞅,由 Hall 和 Heyde(1980)的推论 7.2,以及鞅的中心极限定理(CLT),可得:

$$\frac{1}{\sqrt{n}}\boldsymbol{k}^{\mathrm{T}}\boldsymbol{M}_n=\frac{1}{\sqrt{n}}\sum_{t=1}^{n}[(X_{1,t}-\alpha_1X_{1,t-1}-\lambda_1)(k_1X_{1,t-1}+k_3)+$$
$$(X_{2,t}-\alpha_2X_{2,t-1}-\lambda_2)(k_2X_{2,t-1}+k_4)]\xrightarrow{L}N(0,\delta^2)$$

其中:

$$\delta^2=E[(X_{1,t}-\alpha_1X_{1,t-1}-\lambda_1)(k_1X_{1,t-1}+k_3)+(X_{2,t}-\alpha_2X_{2,t-1}-\lambda_2)(k_2X_{2,t-1}+k_4)]^2$$

进一步地,根据 Cramér-Wold 方法,有:

$$\frac{1}{\sqrt{n}}\boldsymbol{M}_n=\frac{1}{\sqrt{n}}\sum_{t=1}^{n}\frac{\partial g(\boldsymbol{\theta}_1)^{\mathrm{T}}}{\partial\boldsymbol{\theta}_1}u_t(\boldsymbol{\theta}_1)\xrightarrow{L}N(\boldsymbol{0},\boldsymbol{W})$$

因为 $\hat{\boldsymbol{\theta}}_{\mathrm{CLS1}}=\boldsymbol{B}_n^{-1}\boldsymbol{b}$ 且 $\boldsymbol{V}=\lim_{n\to\infty}\frac{1}{n}\boldsymbol{B}_n$,所以我们有:

$$\sqrt{n}(\hat{\boldsymbol{\theta}}_{\mathrm{CLS1}}-\boldsymbol{\theta})_1=\left(\frac{1}{n}\boldsymbol{B}_n\right)^{-1}\frac{1}{\sqrt{n}}\boldsymbol{M}_n\xrightarrow{L}N(\boldsymbol{0},\boldsymbol{V}^{-1}\boldsymbol{W}\boldsymbol{V}^{-1})$$

证毕。

第八章　BGRCINAR(1)过程的建模和统计推断

在本章中,我们对上一章所提出的 BRCINAR(1)过程进行了进一步推广。为了使其更具有一般性,在稀疏矩阵是非对角阵的情况下,基于广义稀疏算子我们提出了一类新的二元广义的一阶随机系数整值自回归 BGRCINAR(1)过程,并且给出了过程平稳性和遍历性存在的条件,以及相应的一些矩的性质。对于过程中比较关心的参数,我们基于三种方法讨论了参数的估计问题,并且通过数值模拟对比研究了参数估计的效果。最后,将所提出的模型应用于一组实际数据当中。

本章内容安排如下:在第一节中,我们给出了 BGRCINAR(1)过程的定义;在第二节中,我们研究了 BGRCINAR(1)过程的一些基本的概率统计性质;在第三节中,我们讨论了 BGRCINAR(1)过程的参数估计问题;在第四节中,通过数值模拟研究了估计的效果;在第五节中,我们用 BGRCINAR(1)过程拟合了一组实际数据;最后在第六节中,我们给出了定理的具体证明。

第一节　BGRCINAR(1)过程的定义

在本节中,我们提出了一类新的二元广义的一阶随机系数整值自回归过程,即 BGRCINAR(1)过程,其定义如下:

定义 8.1.1　一个二元整值过程 $\{\boldsymbol{X}_t\}_{t\in\mathbb{Z}}$ 被称为是一个 BGRCINAR(1)过程,若它满足如下回归方程:

$$\boldsymbol{X}_t = \boldsymbol{A}_t \cdot \boldsymbol{X}_{t-1} + \boldsymbol{Z}_t = \begin{bmatrix} \alpha_{11,t} & \alpha_{12,t} \\ \alpha_{21,t} & \alpha_{22,t} \end{bmatrix} \cdot \begin{bmatrix} X_{1,t-1} \\ X_{2,t-1} \end{bmatrix} + \begin{bmatrix} Z_{1,t} \\ Z_{2,t} \end{bmatrix} \tag{8.1.1}$$

其中:

(i)对于 $i=1,2$, $\{(\alpha_{i1,t},\alpha_{i2,t})\}_{t\in\mathbb{Z}}$ 是一列 *i. i. d.* 取值于 $[0,+\infty)^2$ 的二元随机变量序列,其联合累积分布函数(*CDF*)为 $P_i(\alpha_{i1},\alpha_{i2})$。对于固定的 t, $(\alpha_{11,t},\alpha_{12,t})$ 和 $(\alpha_{21,t},\alpha_{22,t})$ 是相互独立的;

(ii)稀疏矩阵运算

$$\boldsymbol{A}_t\cdot\boldsymbol{X}_{t-1}=\begin{bmatrix}\alpha_{11,t}\cdot X_{1,t-1}+\alpha_{12,t}\cdot X_{2,t-1}\\ \alpha_{21,t}\cdot X_{1,t-1}+\alpha_{22,t}\cdot X_{2,t-1}\end{bmatrix}\tag{8.1.2}$$

其中"·"是广义的随机系数稀疏算子,其定义为:

$$\alpha_{ij,t}\cdot X_{j,t-1}=\begin{cases}\sum\limits_{k=1}^{X_{j,t-1}}\omega_k^{(i,j,t)}, & X_{j,t-1}>0\\ 0, & X_{j,t-1}=0\end{cases}\tag{8.1.3}$$

给定 $\alpha_{ij,t}(i,j=1,2)$,所有稀疏运算的计数序列 $\{\omega_k^{(i,j,t)}\}$ 是相互独立的非负整值随机变量,且 $E(\omega_k^{(i,j,t)}\mid\alpha_{ij,t})=\alpha_{ij,t}$, $\mathrm{Var}(\omega_k^{(i,j,t)}\mid\alpha_{ij,t})=\beta_{ij,t}$;

(iii) $\{\boldsymbol{Z}_t\}$ 是一列 i. i. d. 服从某个二元分布的非负整值随机变量序列,其联合概率质量函数为 $f_z(x,y)>0$。对于固定的 t 和任意的 $s<t$, $\boldsymbol{Z}_t$ 与 $\boldsymbol{A}_t\cdot\boldsymbol{X}_{t-1}$ 和 $\boldsymbol{X}_s$ 是相互独立的。

注:事实上,广义随机系数稀疏算子包含一大类稀疏算子,如随机系数二项稀疏算子和随机系数负二项稀疏算子。此外,定义 8.1.1 中的 $Z_{1,t}$ 和 $Z_{2,t}$ 可以是相依的。

由式(8.1.1),我们可以看出 BGRCINAR(1)过程 $\{\boldsymbol{X}_t\}_{t\in\mathbb{Z}}$ 是一个状态空间为 $\mathbb{N}_0^2$ 的马尔可夫过程,其转移概率为:

$$\begin{aligned}&P(\boldsymbol{X}_t=\boldsymbol{x}_t\mid\boldsymbol{X}_{t-1}=\boldsymbol{x}_{t-1})\\&=P(X_{1,t}=x_{1,t},\ X_{2,t}=x_{2,t}\mid X_{1,t-1}=x_{1,t-1},\ X_{2,t-1}=x_{2,t-1})\\&=\sum_{u=u_1(t)}^{u_2(t)}\sum_{v=v_1(t)}^{v_2(t)}g_1(u)g_2(v)f_z(x_{1,t}-u,\ x_{2,t}-v)\end{aligned}\tag{8.1.4}$$

其中:

$$g_1(u)=\sum_{k=\kappa_1(t)}^{\kappa_2(t)}\iint_{\Theta_1}\varphi(k;\alpha_{11},\ x_{1,t-1})\cdot\varphi(u-k;\alpha_{12},\ x_{2,t-1})\,\mathrm{d}P_1(\alpha_{11},\ \alpha_{12})$$

$$g_2(v)=\sum_{s=\iota_1(t)}^{\iota_2(t)}\iint_{\Theta_2}\varphi(s;\alpha_{21},\ x_{1,t-1})\cdot\varphi(v-s;\alpha_{22},\ x_{2,t-1})\,\mathrm{d}P_2(\alpha_{21},\ \alpha_{22})$$

$$\varphi(x;\alpha_{ij},\ x_{j,t-1})=P(\alpha_{ij,t}\cdot x_{j,t-1}=x\mid\alpha_{ij,t}=\alpha_{ij}),\quad i,j=1,2$$

对于 $i,j=1,2$,函数 $\varphi(x,\alpha_{ij},x_{j,t-1})$ 以及求和的上极限与下极限 $u_i(t)$, $v_i(t)$, $\kappa_i(t)$, $\iota_i(t)$ 由计数序列 $\{\omega_k^{(i,j,t)}\}$ 的分布确定。此外,积分区域 Θ_i 仅仅依赖于 $(\alpha_{i1,t},\alpha_{i2,t})$ 的联合累积分布函数 $P_i(\alpha_{i1},\alpha_{i2})$。

注:作为例子,在第四节模拟研究中,我们具体地给出了基于随机系数二项稀疏算子的

BGRCINAR(1)过程转移概率。

第二节 BGRCINAR(1)过程的性质

令 $E(\alpha_{ij,t})=\mu_{\alpha_{ij}}$, $E(\beta_{ij,t})=\mu_{\beta_{ij}}$, $E(Z_{i,t})=\lambda_i$, $\mathrm{Var}(\alpha_{ij,t})=\sigma^2_{\alpha_{ij}}$, $\mathrm{Cov}(\alpha_{i1,t},\alpha_{i2,t})=\psi_i$, $\mathrm{Var}(Z_{i,t})=\sigma^2_{z_i}$ 和 $\mathrm{Cov}(Z_{1,t},Z_{2,t})=\phi$,其中 $i,j=1,2$。假设它们都是有限的。注意到 $\boldsymbol{A}_t$ 是一个随机矩阵,并且有 $E(\boldsymbol{A}_t)=\boldsymbol{A}=\begin{bmatrix}\alpha_{11} & \alpha_{12}\\ \alpha_{21} & \alpha_{22}\end{bmatrix}$。令 $\boldsymbol{B}=\begin{bmatrix}\sigma_{\alpha_{11}} & \sigma_{\alpha_{12}}\\ \sigma_{\alpha_{21}} & \sigma_{\alpha_{22}}\end{bmatrix}$, $\boldsymbol{\mu}_z=E(\boldsymbol{Z}_t)$, $\sum_z=E(\boldsymbol{Z}_t\boldsymbol{Z}_t^{\mathrm{T}})$。则通过广义随机矩阵稀疏运算的定义,可以很容易地验证以下结论是成立的。

引理 8.2.1 若 $\boldsymbol{A}_t\cdot\boldsymbol{X}$ 是一个由式(8.1.2)定义的广义随机矩阵稀疏运算,则有:

(i) $E(\boldsymbol{A}_t\cdot\boldsymbol{X})=\boldsymbol{A}E(\boldsymbol{X})$;

(ii) $E[(\boldsymbol{A}_t\cdot\boldsymbol{X})\boldsymbol{Y}^{\mathrm{T}}]=\boldsymbol{A}E(\boldsymbol{X}\boldsymbol{Y}^{\mathrm{T}})$, $\boldsymbol{Y}$ 是独立于 $\boldsymbol{A}_t$ 的二元随机变量;

(iii) $E[\boldsymbol{Y}(\boldsymbol{A}_t\cdot\boldsymbol{X})^{\mathrm{T}}]=E(\boldsymbol{Y}\boldsymbol{X}^{\mathrm{T}})\boldsymbol{A}^{\mathrm{T}}$, $\boldsymbol{Y}$ 是独立于 $\boldsymbol{A}_t$ 的二元随机变量;

(iv) $E[(\boldsymbol{A}_t\cdot\boldsymbol{X})(\boldsymbol{A}_t\cdot\boldsymbol{X})^{\mathrm{T}}]=\boldsymbol{A}E(\boldsymbol{X}\boldsymbol{X}^{\mathrm{T}})\boldsymbol{A}^{\mathrm{T}}+\boldsymbol{C}$,其中

$$\boldsymbol{C}=\begin{bmatrix}\left(\mathrm{vec}\begin{bmatrix}\sigma^2_{\alpha_{11}} & \psi_1\\ \psi_1 & \sigma^2_{\alpha_{12}}\end{bmatrix}\right)^{\mathrm{T}} & 0\\ 0 & \left(\mathrm{vec}\begin{bmatrix}\sigma^2_{\alpha_{11}} & \psi_1\\ \psi_1 & \sigma^2_{\alpha_{12}}\end{bmatrix}\right)^{\mathrm{T}}\end{bmatrix}\otimes$$

$$\mathrm{vec}(E(\boldsymbol{X}\boldsymbol{X}^{\mathrm{T}}))+\mathrm{diag}\left(\begin{bmatrix}\mu_{\beta_{11}} & \mu_{\beta_{12}}\\ \mu_{\beta_{21}} & \mu_{\beta_{22}}\end{bmatrix}E(\boldsymbol{X})\right)$$

进一步得到:

$$E[(\boldsymbol{A}_t\cdot\boldsymbol{X})(\boldsymbol{A}_t\cdot\boldsymbol{X})^{\mathrm{T}}]\leqslant(\boldsymbol{A}+\boldsymbol{B})E(\boldsymbol{X}\boldsymbol{X}^{\mathrm{T}})(\boldsymbol{A}+\boldsymbol{B})^{\mathrm{T}}+\mathrm{diag}\left(\begin{bmatrix}\mu_{\beta_{11}} & \mu_{\beta_{12}}\\ \mu_{\beta_{21}} & \mu_{\beta_{22}}\end{bmatrix}E(\boldsymbol{X})\right)$$

(v) $\mathrm{Cov}(\boldsymbol{A}_t\cdot\boldsymbol{X},\boldsymbol{X})=\boldsymbol{A}\mathrm{Cov}(\boldsymbol{X},\boldsymbol{X})$;

$\mathrm{Cov}(\boldsymbol{X},\boldsymbol{A}_t\cdot\boldsymbol{X})=\mathrm{Cov}(\boldsymbol{X},\boldsymbol{X})\boldsymbol{A}^{\mathrm{T}}$。

下面的命题给出了 BGRCINAR(1)过程具有严平稳性和遍历性的一个充分条件。这些性质对于推导参数估计的渐近性质是必不可少的。

命题 8.2.1 若 $\rho(\boldsymbol{A}+\boldsymbol{B})<1$,其中 $\rho(\boldsymbol{A}+\boldsymbol{B})$ 是 $\boldsymbol{A}+\boldsymbol{B}$ 的谱半径,则 BGRCINAR(1)过程存在唯一的严平稳遍历解。

矩和条件矩将有助于获得参数估计的估计方程。对于 BGRCINAR(1)过程,我们有如下的关于矩和条件矩的结论成立。

(i) k 阶条件期望:

$$\begin{aligned} E(\boldsymbol{X}_{t+k} \mid \boldsymbol{X}_t) &= E\Big(\boldsymbol{A}_{t+k} \cdot \cdots \cdot \boldsymbol{A}_{t+1} \cdot \boldsymbol{X}_t + \sum_{i=1}^{k-1} \boldsymbol{A}_{t+k} \cdot \cdots \cdot \boldsymbol{A}_{t+k-i-1} \cdot \boldsymbol{Z}_{t+k-i} + \boldsymbol{Z}_{t+k}\Big) \\ &= \boldsymbol{A}^k \boldsymbol{X}_t + \boldsymbol{A}^{k-1}\boldsymbol{\mu}_z + \cdots + \mu_z \\ &= \boldsymbol{A}^k \boldsymbol{X}_t + (\boldsymbol{I}-\boldsymbol{A})^{-1}(\boldsymbol{I}-\boldsymbol{A}^k)\boldsymbol{\mu}_z \end{aligned}$$

特别地,当 $k=1$ 时:

$$E(\boldsymbol{X}_{t+1} \mid \boldsymbol{X}_t) = \boldsymbol{A}\boldsymbol{X}_t + \boldsymbol{\mu}_z \tag{8.2.1}$$

(ii) 1 阶条件方差:

$$\begin{aligned} \operatorname{Var}(\boldsymbol{X}_{t+1} \mid \boldsymbol{X}_t) &= \operatorname{Var}(\boldsymbol{A}_{t+1} \cdot \boldsymbol{X}_t \mid \boldsymbol{X}_t) + \operatorname{Var}(\boldsymbol{Z}_{t+1}) \\ &= \boldsymbol{D} + \operatorname{Var}(\boldsymbol{Z}_{t+1}) \end{aligned} \tag{8.2.2}$$

其中:

$$\boldsymbol{D} = \operatorname{diag}\left(\begin{bmatrix} \sigma_{\alpha_{11}}^2 X_{1,t}^2 + \mu_{\beta_{11}} X_{1,t} + \sigma_{\alpha_{12}}^2 X_{2,t}^2 + \mu_{\beta_{12}} X_{2,t} + 2\psi_1 X_{1,t} X_{2,t} \\ \sigma_{\alpha_{21}}^2 X_{1,t}^2 + \mu_{\beta_{21}} X_{1,t} + \sigma_{\alpha_{22}}^2 X_{2,t}^2 + \mu_{\beta_{22}} X_{2,t} + 2\psi_2 X_{1,t} X_{2,t} \end{bmatrix}\right)$$

(iii) 1 阶条件协方差:

$$\begin{aligned} &\operatorname{Cov}(X_{1,t+1}, X_{2,t+1} \mid \boldsymbol{X}_t) \\ &= \operatorname{Cov}(\alpha_{11,t+1} \cdot X_{1,t} + \alpha_{12,t+1} \cdot X_{2,t} + Z_{1,t+1}, \alpha_{21,t+1} \cdot X_{1,t} + \alpha_{22,t+1} \cdot X_{2,t} + Z_{2,t+1}) \\ &= \operatorname{Cov}(Z_{1,t+1}, Z_{2,t+1}) = \phi \end{aligned} \tag{8.2.3}$$

(iv) 通过对 $\boldsymbol{X}_t=\boldsymbol{A}_t \cdot \boldsymbol{X}_{t-1}+\boldsymbol{Z}_t$ 两边取期望,可得:

$$E(\boldsymbol{X}_t) = (\boldsymbol{I}-\boldsymbol{A})^{-1}\boldsymbol{\mu}_z$$

另外,由(i)可推得:

$$E(\boldsymbol{X}_{t+k} \mid \boldsymbol{X}_t) \to (\boldsymbol{I}-\boldsymbol{A})^{-1}\boldsymbol{\mu}_z, \quad k \to \infty$$

因此,当 $k\to\infty$ 时,我们有条件期望收敛于无条件期望。此外,很容易计算出期望 $E(\boldsymbol{X}_t)$ 的元素为:

$$\begin{aligned} E(X_{1,t}) &= \frac{(1-\mu_{\alpha_{22}})\lambda_1 + \mu_{\alpha_{12}}\lambda_2}{(1-\mu_{\alpha_{11}})(1-\mu_{\alpha_{22}}) - \mu_{\alpha_{12}}\mu_{\alpha_{21}}} \\ E(X_{2,t}) &= \frac{(1-\mu_{\alpha_{11}})\lambda_2 + \mu_{\alpha_{21}}\lambda_1}{(1-\mu_{\alpha_{11}})(1-\mu_{\alpha_{22}}) - \mu_{\alpha_{12}}\mu_{\alpha_{21}}} \end{aligned} \tag{8.2.4}$$

(v)协差阵：

$$\begin{aligned}\boldsymbol{\Gamma}(h) &= \mathrm{Cov}(\boldsymbol{X}_{t+h},\boldsymbol{X}_t)\\ &= \mathrm{Cov}(\boldsymbol{A}_{t+h}\cdot\boldsymbol{A}_{t+h-1}\cdot\cdots\boldsymbol{A}_{t+1}\cdot\boldsymbol{X}_t,\boldsymbol{X}_t)\\ &= \begin{cases}\boldsymbol{A\Gamma}(0)\boldsymbol{A}^{\mathrm{T}}+E(\boldsymbol{D})+\mathrm{Var}(\boldsymbol{Z}_t), & h=0\\ \boldsymbol{A}^h\boldsymbol{\Gamma}(0), & h\geqslant 1\end{cases}\end{aligned} \tag{8.2.5}$$

特别地，当 $h=0$ 时，$\boldsymbol{\Gamma}(0)$ 包含以下元素：

$$\mathrm{Var}(X_{1,t}) = \frac{1}{1-\mu_{\alpha_{11}}^2-\sigma_{\alpha_{11}}^2}\{(\sigma_{\alpha_{12}}^2+\mu_{\alpha_{12}}^2)\mathrm{Var}(X_{2,t})+2(\mu_{\alpha_{11}}\mu_{\alpha_{12}}+\psi_1)\mathrm{Cov}(X_{1,t},X_{2,t})+$$
$$\sigma_{\alpha_{11}}^2[E(X_{1,t})]^2+\mu_{\beta_{11}}E(X_{1,t})+\sigma_{\alpha_{12}}^2[E(X_{2,t})]^2+\mu_{\beta_{12}}E(X_{2,t})+2\psi_1E(X_{1,t})E(X_{2,t})+\sigma_{z_1}^2\}$$
$$\mathrm{Var}(X_{2,t}) = \frac{1}{1-\mu_{\alpha_{22}}^2-\sigma_{\alpha_{22}}^2}\{(\sigma_{\alpha_{21}}^2+\mu_{\alpha_{21}}^2)\mathrm{Var}(X_{1,t})+2(\mu_{\alpha_{21}}\mu_{\alpha_{22}}+\psi_2)\mathrm{Cov}(X_{1,t},X_{2,t})+$$
$$\sigma_{\alpha_{21}}^2[E(X_{1,t})]^2+\mu_{\beta_{21}}E(X_{1,t})+\sigma_{\alpha_{22}}^2[E(X_{2,t})]^2+\mu_{\beta_{22}}E(X_{2,t})+2\psi_2E(X_{1,t})E(X_{2,t})+\sigma_{z_2}^2\}$$
$$\mathrm{Cov}(X_{1,t},X_{2,t}) = \frac{\mu_{\alpha_{11}}\mu_{\alpha_{21}}Var(X_{1,t})+\mu_{\alpha_{12}}\mu_{\alpha_{22}}Var(X_{2,t})+\phi}{1-\mu_{\alpha_{11}}\mu_{\alpha_{22}}-\mu_{\alpha_{12}}\mu_{\alpha_{21}}} \tag{8.2.6}$$

将式(8.2.4)代入上面的方程并解线性方程组，我们能够得到 $\mathrm{Var}(X_{1,t})$、$\mathrm{Var}(X_{2,t})$ 和 $\mathrm{Cov}(X_{1,t},X_{2,t})$ 的清晰的表达式。

第三节　参数估计

假定 $\{\boldsymbol{X}_t\}$ 是一个严平稳遍历的 BGRCINAR(1)过程，而 $\{\boldsymbol{X}_t\}_{t=1}^n$ 是来自该过程的一组观测值。我们主要的兴趣在于估计参数 $\boldsymbol{\theta}=(\mu_{\alpha_{11}},\mu_{\alpha_{12}},\mu_{\alpha_{21}},\mu_{\alpha_{22}},\lambda_1,\lambda_2,\phi)^{\mathrm{T}}$。除此之外，也考虑了参数 $\boldsymbol{\eta}=(\mu_{\beta_{11}},\mu_{\beta_{12}},\mu_{\beta_{21}},\mu_{\beta_{22}},\sigma_{\alpha_{11}}^2,\sigma_{\alpha_{12}}^2,\sigma_{\alpha_{21}}^2,\sigma_{\alpha_{22}}^2,\psi_1,\psi_2,\sigma_{z_1}^2,\sigma_{z_2}^2)^{\mathrm{T}}$ 的估计。在本节中，我们利用条件最小二乘法(CLS)、Yule－Walker 法(YW)和条件极大似然法(CML)对参数 $\boldsymbol{\theta}$ 进行估计。

一、条件最小二乘估计

我们用 Karlsen 和 Tjøstheim(1988)提出的两步条件最小二乘法来估计参数 $\boldsymbol{\theta}$。令 $\boldsymbol{\theta}=(\boldsymbol{\theta}_1^{\mathrm{T}},\phi)^{\mathrm{T}}$。第一步，我们先推导参数 $\boldsymbol{\theta}_1$ 的 CLS 估计量。由式(8.2.1)可得一步向前的条件期望为 $E(\boldsymbol{X}_t|\boldsymbol{X}_{t-1})=\boldsymbol{AX}_{t-1}+\boldsymbol{\mu}_z$。因此可以构造判别函数：

$$S(\boldsymbol{\theta}_1) = \sum_{t=1}^n \|\boldsymbol{X}_t - E(\boldsymbol{X}_t \mid \boldsymbol{X}_{t-1})\|^2$$

$$= \sum_{t=1}^{n} \| \boldsymbol{X}_t - \boldsymbol{A}\boldsymbol{X}_{t-1} - \boldsymbol{\mu}_z \|^2$$

则 $\boldsymbol{\theta}_1$ 的 CLS 估计定义为：

$$\hat{\boldsymbol{\theta}}_1^{\mathrm{CLS}} = \arg\min_{\boldsymbol{\theta}_1} S(\boldsymbol{\theta}_1)$$

令 $\partial S(\boldsymbol{\theta}_1)/\partial \boldsymbol{\theta}_1 = 0$，可得：

$$\hat{\boldsymbol{\theta}}_1^{\mathrm{CLS}} = \boldsymbol{Q}^{-1}\boldsymbol{q}$$

其中：

$$\boldsymbol{Q} = \begin{bmatrix} \boldsymbol{Q}_1 & 0 & \boldsymbol{Q}_2 & 0 \\ 0 & \boldsymbol{Q}_1 & 0 & \boldsymbol{Q}_2 \\ \boldsymbol{Q}_2' & 0 & n & 0 \\ 0 & \boldsymbol{Q}_2' & 0 & n \end{bmatrix}$$

$$\boldsymbol{\theta}_1 = \begin{bmatrix} \sum_{t=1}^{n} X_{1,t-1}^2 & \sum_{t=1}^{n} X_{1,t-1}X_{2,t-1} \\ \sum_{t=1}^{n} X_{1,t-1}X_{2,t-1} & \sum_{t=1}^{n} X_{2,t-1}^2 \end{bmatrix},\quad \boldsymbol{Q}_2 = \begin{bmatrix} \sum_{t=1}^{n} X_{1,t-1} \\ \sum_{t=1}^{n} X_{2,t-1} \end{bmatrix}$$

$$\boldsymbol{q} = \left(\sum_{t=1}^{n} X_{1,t}X_{1,t-1}, \sum_{t=1}^{n} X_{1,t}X_{2,t-1}, \sum_{t=1}^{n} X_{2,t}X_{1,t-1}, \sum_{t=1}^{n} X_{2,t}X_{2,t-1}, \sum_{t=1}^{n} X_{1,t}, \sum_{t=1}^{n} X_{2,t} \right)^{\mathrm{T}}$$

定理 8.3.1 若 $E|X_{i,t}|^4 < \infty$，$i = 1,2$，则 CLS 估计量 $\hat{\boldsymbol{\theta}}_1^{\mathrm{CLS}}$ 是强相合的且有如下的渐近分布：

$$\sqrt{n}(\hat{\boldsymbol{\theta}}_1^{\mathrm{CLS}} - \boldsymbol{\theta}_1) \xrightarrow{L} N(\boldsymbol{0}, \boldsymbol{V}^{-1}\Sigma\boldsymbol{V}^{-1})$$

其中 $\boldsymbol{V} = E\left(\frac{\partial g(\boldsymbol{\theta}_1)^{\mathrm{T}}}{\partial \boldsymbol{\theta}_1}\frac{\partial g(\boldsymbol{\theta}_1)}{\partial \boldsymbol{\theta}_1^{\mathrm{T}}}\right)$，$\Sigma = E\left(\frac{\partial g(\boldsymbol{\theta}_1)^{\mathrm{T}}}{\partial \boldsymbol{\theta}_1}u_t(\boldsymbol{\theta}_1)u_t(\boldsymbol{\theta}_1)^{\mathrm{T}}\frac{\partial g(\boldsymbol{\theta}_1)}{\partial \boldsymbol{\theta}_1^{\mathrm{T}}}\right)$，$g(\boldsymbol{\theta}_1) = E(\boldsymbol{X}_t | \boldsymbol{X}_{t-1})$，$u_t(\boldsymbol{\theta}_1) = \boldsymbol{X}_t - g(\boldsymbol{\theta}_1)$。

第二步，我们给出参数 ϕ 的 CLS 估计。定义一个新的随机变量：

$$\begin{aligned} Y_t &= [X_{1,t} - E(X_{1,t} | \boldsymbol{X}_{t-1})][X_{2,t} - E(X_{2,t} | \boldsymbol{X}_{t-1})] \\ &= (X_{1,t} - \mu_{\alpha_{11}}X_{1,t-1} - \mu_{\alpha_{12}}X_{2,t-1} - \lambda_1)(X_{2,t} - \mu_{\alpha_{21}}X_{1,t-1} - \mu_{\alpha_{22}}X_{2,t-1} - \lambda_2) \end{aligned}$$

由式（8.2.3），有 $E(Y_t|\boldsymbol{X}_{t-1}) = \mathrm{Cov}(X_{1,t}, X_{2,t}|\boldsymbol{X}_{t-1}) = \phi$。因为 $\hat{\boldsymbol{\theta}}_1^{\mathrm{CLS}}$ 是强相合的，所以 ϕ 的条件最小二乘估计可以通过极小化下面的函数得到：

$$S(\phi) = \sum_{t=1}^{n} [(X_{1,t} - \hat{\mu}_{\alpha_{11}}^{\mathrm{CLS}}X_{1,t-1} - \hat{\mu}_{\alpha_{12}}^{\mathrm{CLS}}X_{2,t-1} - \hat{\lambda}_1^{\mathrm{CLS}})(X_{2,t} - \hat{\mu}_{\alpha_{21}}^{\mathrm{CLS}}X_{1,t-1} - \hat{\mu}_{\alpha_{22}}^{\mathrm{CLS}}X_{2,t-1} - \hat{\lambda}_2^{\mathrm{CLS}}) - \phi]^2$$

进一步地，解方程 $\partial S(\phi)/\partial\phi = 0$，可以得到：

$$\hat{\phi}^{\mathrm{CLS}} = \frac{1}{n}\sum_{t=1}^{n} (X_{1,t} - \hat{\mu}_{\alpha_{11}}^{\mathrm{CLS}}X_{1,t-1} - \hat{\mu}_{\alpha_{12}}^{\mathrm{CLS}}X_{2,t-1} - \hat{\lambda}_1^{\mathrm{CLS}})(X_{2,t} - \hat{\mu}_{\alpha_{21}}^{\mathrm{CLS}}X_{1,t-1} - \hat{\mu}_{\alpha_{22}}^{\mathrm{CLS}}X_{2,t-1} - \hat{\lambda}_2^{\mathrm{CLS}})$$

定理 8.3.2　若 $E|X_{i,t}|^4<\infty$, $i=1,2$,则对于 CLS 估计量 $\hat{\phi}^{\mathrm{CLS}}$,有:

$$\sqrt{n}(\hat{\phi}^{\mathrm{CLS}}-\phi)\xrightarrow{L}N(0,\sigma^2)$$

其中:

$$\sigma^2=E[(X_{1,t}-\mu_{\alpha_{11}}X_{1,t-1}-\mu_{\alpha_{12}}X_{2,t-1}-\lambda_1)(X_{2,t}-\mu_{\alpha_{21}}X_{1,t-1}-\mu_{\alpha_{22}}X_{2,t-1}-\lambda_2)-\phi]^2$$

二、Yule－Walker 估计

令 $\boldsymbol{\Gamma}(h)=\mathrm{Cov}(\boldsymbol{X}_{t+h},\boldsymbol{X}_t)=\begin{bmatrix}\gamma_{11}(h) & \gamma_{12}(h)\\ \gamma_{21}(h) & \gamma_{22}(h)\end{bmatrix}$。则 $\boldsymbol{\Gamma}(0)$ 和 $\boldsymbol{\Gamma}(1)$ 对应的样本矩分别包含元素:

$$\hat{\gamma}_{ii}(0)=\frac{1}{n}\sum_{t=1}^{n}(X_{i,t}-\bar{X}_i)^2$$

$$\hat{\gamma}_{ij}(0)=\frac{1}{n}\sum_{t=1}^{n}(X_{i,t}-\bar{X}_i)(X_{j,t}-\bar{X}_j)$$

$$\hat{\gamma}_{ii}(1)=\frac{1}{n-1}\sum_{t=1}^{n}(X_{i,t+1}-\bar{X}_i)(X_{i,t}-\bar{X}_i)$$

$$\hat{\gamma}_{ij}(1)=\frac{1}{n-1}\sum_{t=1}^{n}(X_{i,t+1}-\bar{X}_i)(X_{j,t}-\bar{X}_j)$$

其中 $\bar{X}_i=\frac{1}{n}\sum_{t=1}^{n}X_{i,t}$, $i,j=1,2$ 且 $i\neq j$。由式(8.2.5)和式(8.2.6),可以推得:

$$\boldsymbol{\Gamma}(1)=\boldsymbol{A}\boldsymbol{\Gamma}(0)$$

$$\phi=(1-\mu_{\alpha_{11}}\mu_{\alpha_{12}}-\mu_{\alpha_{12}}\mu_{\alpha_{21}})\gamma_{12}(0)-\mu_{\alpha_{11}}\mu_{\alpha_{21}}\gamma_{11}(0)-\mu_{\alpha_{12}}\mu_{\alpha_{22}}\gamma_{22}(0)$$

假设协差阵 $\boldsymbol{\Gamma}(0)$ 是非奇异的,则我们能够得到 YW 估计量如下:

$$\hat{\boldsymbol{A}}^{\mathrm{YW}}=\hat{\boldsymbol{\Gamma}}(1)\hat{\boldsymbol{\Gamma}}^{-1}(0)$$

$$\hat{\phi}^{\mathrm{YW}}=(1-\hat{\mu}^{\mathrm{YW}}_{\alpha_{11}}\hat{\mu}^{\mathrm{YW}}_{\alpha_{22}}-\hat{\mu}^{\mathrm{YW}}_{\alpha_{12}}\hat{\mu}^{\mathrm{YW}}_{\alpha_{21}})\hat{\gamma}_{12}(0)-\hat{\mu}^{\mathrm{YW}}_{\alpha_{11}}\hat{\mu}^{\mathrm{YW}}_{\alpha_{21}}\hat{\gamma}_{11}(0)-\hat{\mu}^{\mathrm{YW}}_{\alpha_{12}}\hat{\mu}^{\mathrm{YW}}_{\alpha_{22}}\hat{\gamma}_{22}(0)$$

此外,定义 $\hat{Z}_{i,t}=X_{i,t}-\hat{\mu}^{\mathrm{YW}}_{\alpha_{i1}}X_{1,t-1}-\hat{\mu}^{\mathrm{YW}}_{\alpha_{i2}}X_{2,t-1}$,则参数 λ_i 的 YW 估计量为:

$$\hat{\lambda}_i^{\mathrm{YW}}=\frac{1}{n}\sum_{t=1}^{n}\hat{Z}_{i,t},\quad i=1,2$$

定理 8.3.3　若 $E|E_{i,t}|^4<\infty$, $i=1,2$,则 YW 估计量 $\hat{\boldsymbol{\theta}}^{\mathrm{YW}}$ 是强相合的。

三、条件极大似然估计

利用 BGRCINAR(1)过程的马尔可夫性,我们可以推得条件对数似然函数为:

$$L(\boldsymbol{\tau})=\sum_{t=1}^{n}\log[P(\boldsymbol{X}_t=\boldsymbol{x}_t\mid\boldsymbol{X}_{t-1}=\boldsymbol{x}_{t-1})]\tag{8.3.1}$$

其中 $\boldsymbol{\tau}$ 是来自分布函数 $\varphi(x;\alpha_{ij},x_{j,t-1})$，$P_i(\alpha_{i1},\alpha_{i2})$ 和 $f_z(x,y)$ 中的参数，转移概率 $P(\boldsymbol{X}_t=\boldsymbol{x}_t\mid\boldsymbol{X}_{t-1}=\boldsymbol{x}_{t-1})$ 由式(8.1.4)给出。通过极大化条件对数似然函数，我们可以得到CML估计量 $\hat{\boldsymbol{\tau}}^{\mathrm{CML}}$。考虑到似然函数的复杂性，极大化的过程采用数值的方法来实现。这里我们主要用 R 软件中的 optim 函数来实现对条件对数似然函数的优化。CML 估计量 $\hat{\boldsymbol{\tau}}^{\mathrm{CML}}$ 的渐近正态性可以通过验证 Billingsley(1961)估计马尔可夫过程的一系列正则性条件来证明。

四、$\boldsymbol{\eta}$ 的相合估计

在本小节中，我们考虑两种方法来构造方差 $\boldsymbol{\eta}$ 的相合估计，第一种方法是基于条件最小二乘，第二种方法是基于 Schick(1996)。

方法 1：定义一个新的随机变量：

$$\begin{aligned}\boldsymbol{U}_t&=([X_{1,t}-E(X_{1,t}\mid\boldsymbol{X}_{t-1})]^2,[X_{2,t}-E(X_{2,t}\mid\boldsymbol{X}_{t-1})]^2)^{\mathrm{T}}\\&=[(X_{1,t}-\mu_{\alpha_{11}}X_{1,t-1}-\mu_{\alpha_{12}}X_{2,t-1}-\lambda_1)^2,(X_{2,t}-\mu_{\alpha_{21}}X_{1,t-1}-\mu_{\alpha_{22}}X_{2,t-1}-\lambda_2)^2]^{\mathrm{T}}\end{aligned}$$

则 $E(\boldsymbol{U}_t|\boldsymbol{X}_{t-1})=[\mathrm{Var}(X_{1,t}|\boldsymbol{X}_{t-1}),\mathrm{Var}(X_{2,t}|\boldsymbol{X}_{t-1})]^{\mathrm{T}}$。假设 $\hat{\boldsymbol{\theta}}$ 是 $\boldsymbol{\theta}$ 的一个相合估计。用 $\hat{\boldsymbol{\theta}}$ 替换 $\boldsymbol{\theta}$，从而可以构造判别函数：

$$\begin{aligned}S(\boldsymbol{\eta})&=\sum_{t=1}^{n}\|\boldsymbol{U}_t-E(\boldsymbol{U}_t\mid\boldsymbol{X}_{t-1})\|^2\\&=\sum_{t=1}^{n}[(X_{1,t}-\hat{\mu}_{\alpha_{11}}X_{1,t-1}-\hat{\mu}_{\alpha_{12}}X_{2,t-1}-\hat{\lambda}_1)^2-\sigma_{\alpha_{11}}^2X_{1,t-1}^2-\mu_{\beta_{11}}X_{1,t-1}-\sigma_{\alpha_{12}}^2X_{2,t-1}^2-\\&\quad\mu_{\beta_{12}}X_{2,t-1}-2\psi_1X_{1,t-1}X_{2,t-1}-\sigma_{z_1}^2]^2+\sum_{t=1}^{n}[(X_{2,t}-\hat{\mu}_{\alpha_{21}}X_{1,t-1}-\hat{\mu}_{\alpha_{22}}X_{2,t-1}-\hat{\lambda}_2)^2-\\&\quad\sigma_{\alpha_{21}}^2X_{1,t-1}^2-\mu_{\beta_{21}}X_{1,t-1}-\sigma_{\alpha_{22}}^2X_{2,t-1}^2-\mu_{\beta_{22}}X_{2,t-1}-2\psi_2X_{1,t-1}X_{2,t-1}-\sigma_{z_2}^2]^2\end{aligned}$$

因此，我们能够得到 $\boldsymbol{\eta}$ 的 CLS 估计量如下：

$$\hat{\boldsymbol{\eta}}^{\mathrm{CLS}}\triangleq\arg\min_{\boldsymbol{\eta}}S(\boldsymbol{\eta})$$

方法 2：令 $\chi(x)$ 是关于 x 的一个有界的可测函数且 $h(X)=\chi(X)-E[\chi(X)]$。则对于 $i=1,2$，可以推得：

$$\boldsymbol{U}_i=\begin{bmatrix}E[h(X_{1,t-1})(X_{i,t}-\mu_{\alpha_{i1}}X_{1,t-1}-\mu_{\alpha_{i2}}X_{2,t-1}-\lambda_2)^2]\\E[h(X_{2,t-1})(X_{i,t}-\mu_{\alpha_{i1}}X_{1,t-1}-\mu_{\alpha_{i2}}X_{2,t-1}-\lambda_2)^2]\\E[h(X_{1,t-1}X_{2,t-1})(X_{i,t}-\mu_{\alpha_{i1}}X_{1,t-1}-\mu_{\alpha_{i2}}X_{2,t-1}-\lambda_i)^2]\\E[h(X_{1,t-1}^2)(X_{i,t}-\mu_{\alpha_{i1}}X_{1,t-1}-\mu_{\alpha_{i2}}X_{2,t-1}-\lambda_i)^2]\\E[h(X_{2,t-1}^2)(X_{i,t}-\mu_{\alpha_{i1}}X_{1,t-1}-\mu_{\alpha_{i2}}X_{2,t-1}-\lambda_i)^2]\end{bmatrix}=\boldsymbol{W}\boldsymbol{\eta}_i$$

其中 $\boldsymbol{\eta}_i=(\mu_{\beta_{i1}},\mu_{\beta_{i2}},\sigma_{\alpha_{i1}}^2,\sigma_{\alpha_{i2}}^2,\psi_i)^{\mathrm{T}}$，$\boldsymbol{W}=(\boldsymbol{W}^{(1)},\boldsymbol{W}^{(2)},2\boldsymbol{W}^{(3)})$，

$$
\boldsymbol{W}^{(1)}=(\boldsymbol{W}_1^{(1)},\boldsymbol{W}_2^{(1)})=\begin{bmatrix}
E[h(X_{1,t-1})(X_{1,t-1}] & E[h(X_{1,t-1})(X_{2,t-1}] \\
E[h(X_{2,t-1})(X_{1,t-1}] & E[h(X_{2,t-1})(X_{2,t-1}] \\
E[h(X_{1,t-1}X_{2,t-1})X_{1,t-1}] & E[h(X_{1,t-1}X_{2,t-1})X_{2,t-1}] \\
E[h(X_{1,t-1}^2)(X_{1,t-1}] & E[h(X_{1,t-1}^2)(X_{2,t-1}] \\
E[h(X_{2,t-1}^2)(X_{1,t-1}] & E[h(X_{2,t-1}^2)(X_{2,t-1}]
\end{bmatrix}
$$

$$
\boldsymbol{W}^{(2)}=(\boldsymbol{W}_1^{(2)},\boldsymbol{W}_2^{(2)})=\begin{bmatrix}
E[h(X_{1,t-1})(X_{2,t-1}] & E[h(X_{1,t-1})(X_{2,t-1}^2] \\
E[h(X_{2,t-1})(X_{2,t-1}] & E[h(X_{2,t-1})(X_{2,t-1}^2] \\
E[h(X_{1,t-1}X_{2,t-1})X_{1,t-1}^2] & E[h(X_{1,t-1}X_{2,t-1})X_{2,t-1}^2] \\
E[h(X_{1,t-1}^2)(X_{1,t-1}^2] & E[h(X_{1,t-1}^2)(X_{2,t-1}^2] \\
E[h(X_{2,t-1}^2)(X_{1,t-1}^2] & E[h(X_{2,t-1}^2)(X_{2,t-1}^2]
\end{bmatrix}
$$

$$
\boldsymbol{W}^{(3)}=\begin{bmatrix}
E[h(X_{1,t-1})(X_{1,t-1}X_{2,t-1}] \\
E[h(X_{2,t-1})(X_{1,t-1}X_{2,t-1}] \\
E[h(X_{1,t-1}X_{2,t-1})(X_{1,t-1}X_{2,t-1}] \\
E[h(X_{1,t-1}^2)(X_{1,t-1}X_{2,t-1}] \\
E[h(X_{2,t-1}^2)(X_{1,t-1}X_{2,t-1}]
\end{bmatrix}
$$

将 $\boldsymbol{U}_i$ 和 $\boldsymbol{W}$ 中的期望用相应的样本矩替换，我们可以得到 $\boldsymbol{U}_{i,n}$ 和 $\hat{\boldsymbol{W}}$。根据遍历性定理，我们有 $\boldsymbol{U}_{i,n}\xrightarrow{\text{a. s.}}$ 与 $\boldsymbol{U}_i$，$\hat{\boldsymbol{W}}\xrightarrow{\text{a. s.}}\boldsymbol{W}$。

假设 $\hat{\boldsymbol{\theta}}$ 是 $\boldsymbol{\theta}$ 的一个相合估计，令：

$$
\hat{\boldsymbol{U}}_{i,n}=\begin{bmatrix}
\frac{1}{n}\sum_{t=1}^{n}\hat{h}(X_{1,t-1})(X_{i,t}-\hat{\mu}_{\alpha_{i1}}X_{1,t-1}-\hat{\mu}_{\alpha_{i2}}X_{2,t-1}-\hat{\lambda}_i)^2 \\
\frac{1}{n}\sum_{t=1}^{n}\hat{h}(X_{2,t-1})(X_{i,t}-\hat{\mu}_{\alpha_{i1}}X_{1,t-1}-\hat{\mu}_{\alpha_{i2}}X_{2,t-1}-\hat{\lambda}_i)^2 \\
\frac{1}{n}\sum_{t=1}^{n}\hat{h}(X_{1,t-1}X_{2,t-1})(X_{i,t}-\hat{\mu}_{\alpha_{i1}}X_{1,t-1}-\hat{\mu}_{\alpha_{i2}}X_{2,t-1}-\hat{\lambda}_i)^2 \\
\frac{1}{n}\sum_{t=1}^{n}\hat{h}(X_{1,t-1}^2)(X_{i,t}-\hat{\mu}_{\alpha_{i1}}X_{1,t-1}-\hat{\mu}_{\alpha_{i2}}X_{2,t-1}-\hat{\lambda}_i)^2 \\
\frac{1}{n}\sum_{t=1}^{n}\hat{h}(X_{2,t-1}^2)(X_{i,t}-\hat{\mu}_{\alpha_{i1}}X_{1,t-1}-\hat{\mu}_{\alpha_{i2}}X_{2,t-1}-\hat{\lambda}_i)^2
\end{bmatrix}
$$

其中 $\hbar(X_{i,t-1})=\chi(X_{i,t-1})-\frac{1}{n}\sum_{t=1}^{n}\chi(X_{i,t-1})$。经过整理,我们可以得到:

$$\begin{aligned}\hat{\boldsymbol{U}}_{i,n}=&\boldsymbol{U}_{i,n}-(\mu_{\alpha_{i1}}-\hat{\mu}_{\alpha_{i1}})^2\hat{\boldsymbol{W}}_1^{(2)}-(\mu_{\alpha_{i2}}-\hat{\mu}_{\alpha_{i2}})^2\hat{\boldsymbol{W}}_2^{(2)}+2(\mu_{\alpha_{i1}}-\hat{\mu}_{\alpha_{i1}})\boldsymbol{B}_{1,n}+\\&2(\mu_{\alpha_{i2}}-\hat{\mu}_{\alpha_{i2}})\boldsymbol{B}_{2,n}+2(\lambda_i-\hat{\lambda}_i)\boldsymbol{C}_n+(\mu_{\alpha_{i1}}-\hat{\mu}_{\alpha_{i1}})(\mu_{\alpha_{i2}}-\hat{\mu}_{\alpha_{i2}})\hat{\boldsymbol{W}}^{(3)}+\\&(\lambda_i-\hat{\lambda}_i)(\mu_{\alpha_{i1}}-\hat{\mu}_{\alpha_{i1}})\hat{\boldsymbol{W}}_1^{(1)}+(\lambda_i-\hat{\lambda}_i)(\mu_{\alpha_{i2}}-\hat{\mu}_{\alpha_{i2}})\hat{\boldsymbol{W}}_2^{(1)}\end{aligned}$$

其中:

$$\boldsymbol{B}_{i,n}=\begin{bmatrix}\frac{1}{n}\sum_{t=1}^{n}\hbar(X_{1,t-1})(X_{i,t}-\mu_{\alpha_{i1}}X_{1,t-1}-\mu_{\alpha_{i2}}X_{2,t-1}-\lambda_i)X_{i,t-1}\\\frac{1}{n}\sum_{t=1}^{n}\hbar(X_{2,t-1})(X_{i,t}-\mu_{\alpha_{i1}}X_{1,t-1}-\mu_{\alpha_{i2}}X_{2,t-1}-\lambda_i)X_{i,t-1}\\\frac{1}{n}\sum_{t=1}^{n}\hbar(X_{1,t-1}X_{2,t-1})(X_{i,t}-\mu_{\alpha_{i1}}X_{1,t-1}-\mu_{\alpha_{i2}}X_{2,t-1}-\lambda_i)X_{i,t-1}\\\frac{1}{n}\sum_{t=1}^{n}\hbar(X_{1,t-1}^2)(X_{i,t}-\mu_{\alpha_{i1}}X_{1,t-1}-\mu_{\alpha_{i2}}X_{2,t-1}-\lambda_i)X_{i,t-1}\\\frac{1}{n}\sum_{t=1}^{n}\hbar(X_{2,t-1}^2)(X_{i,t}-\mu_{\alpha_{i1}}X_{1,t-1}-\mu_{\alpha_{i2}}X_{2,t-1}-\lambda_i)X_{i,t-1}\end{bmatrix}$$

$$\boldsymbol{C}_{n}=\begin{bmatrix}\frac{1}{n}\sum_{t=1}^{n}\hbar(X_{1,t-1})(X_{i,t}-\mu_{\alpha_{i1}}X_{1,t-1}-\mu_{\alpha_{i2}}X_{2,t-1}-\lambda_i)\\\frac{1}{n}\sum_{t=1}^{n}\hbar(X_{2,t-1})(X_{i,t}-\mu_{\alpha_{i1}}X_{1,t-1}-\mu_{\alpha_{i2}}X_{2,t-1}-\lambda_i)\\\frac{1}{n}\sum_{t=1}^{n}\hbar(X_{1,t-1}X_{2,t-1})(X_{i,t}-\mu_{\alpha_{i1}}X_{1,t-1}-\mu_{\alpha_{i2}}X_{2,t-1}-\lambda_i)\\\frac{1}{n}\sum_{t=1}^{n}\hbar(X_{1,t-1}^2)(X_{i,t}-\mu_{\alpha_{i1}}X_{1,t-1}-\mu_{\alpha_{i2}}X_{2,t-1}-\lambda_i)\\\frac{1}{n}\sum_{t=1}^{n}\hbar(X_{2,t-1}^2)(X_{i,t}-\mu_{\alpha_{i1}}X_{1,t-1}-\mu_{\alpha_{i2}}X_{2,t-1}-\lambda_i)\end{bmatrix}$$

因为 $\hat{\boldsymbol{\theta}}$ 是 $\boldsymbol{\theta}$ 的一个相合估计量,则由过程的平稳遍历性,有 $\hat{\boldsymbol{U}}_{i,n}\xrightarrow{a.s.}\boldsymbol{U}_{i,n}$。因此,我们能够得到 $\boldsymbol{\eta}_i$ 的一个相合估计量为:

$$\hat{\boldsymbol{\eta}}_i=\hat{\boldsymbol{W}}^{-1}\hat{\boldsymbol{U}}_{i,n}\tag{8.3.2}$$

最后,我们给出 $\sigma_{z_i}^2$ 的一个相合估计量如下:

$$\begin{aligned}\hat{\sigma}_{z_i}^2=&\frac{1}{n}\sum_{t=1}^{n}(X_{i,t}-\hat{\mu}_{\alpha_{i1}}X_{1,t-1}-\hat{\mu}_{\alpha_{i2}}X_{2,t-1}-\hat{\lambda}_i)^2-\frac{1}{n}\sum_{t=1}^{n}(\hat{\mu}_{\beta_{i1}}X_{1,t-1}+\hat{\sigma}_{\alpha_{i1}}^2X_{1,t-1}^2)-\\&\frac{1}{n}\sum_{t=1}^{n}(\hat{\mu}_{\beta_{i2}}X_{2,t-1}+\hat{\sigma}_{\alpha_{i2}}^2X_{2,t-1}^2)-\frac{2\hat{\psi}_i}{n}\sum_{t=1}^{n}X_{1,t-1}X_{2,t-1},\ i=1,2\end{aligned}$$

注：$\hat{\boldsymbol{\theta}}$ 可以是 $\boldsymbol{\theta}$ 的任一相合估计量。特别地，我们可以选择 CLS 估计量或是 YW 估计量。另外，在很多情况下式(8.3.2)的估计方程可以得到简化。例如，若式(8.1.3)中的计数序列 $\{\omega_k^{(i,j,t)}\}$ 是一列 i. i. d 伯努利随机变量序列，可以推得 $\beta_{i,j,t}=\alpha_{ij,t}(1-\alpha_{ij,t})$，则有：

$$\mu_{\beta_{ij}} = E(\beta_{ij}) = \mu_{\alpha_{ij}}(1-\mu_{\alpha_{ij}}) - \sigma_{\alpha_{ij}}^2,\ i,\ j=1,\ 2$$

因此，我们只需要估计参数 $(\sigma_{\alpha_{11}}^2,\ \sigma_{\alpha_{12}}^2,\ \sigma_{\alpha_{21}}^2,\ \sigma_{\alpha_{22}}^2,\ \psi_1,\ \psi_2,\ \sigma_{z_1}^2,\ \sigma_{z_2}^2)^{\mathrm{T}}$。此外，若 $\alpha_{i1,t}$ 和 $\alpha_{i2,t}$ 是相互独立的，则 $\psi_1=\psi_2=0$，因此仅需估计参数 $(\sigma_{\alpha_{11}}^2,\ \sigma_{\alpha_{12}}^2,\ \sigma_{\alpha_{21}}^2,\ \sigma_{\alpha_{22}}^2,\ \sigma_{z_1}^2,\ \sigma_{z_2}^2)^{\mathrm{T}}$ 即可。

第四节　模拟研究

在本小节中，我们将通过一系列仿真实验来比较 CLS 估计量、YW 估计量和 CML 估计量的表现。对于 BGRCINAR(1)过程

$$\boldsymbol{X}_t = \boldsymbol{A}_t \cdot \boldsymbol{X}_{t-1} + \boldsymbol{Z}_t = \begin{bmatrix}\alpha_{11,t} & \alpha_{12,t}\\ \alpha_{21,t} & \alpha_{22,t}\end{bmatrix}\cdot\begin{bmatrix}X_{1,t-1}\\ X_{2,t-1}\end{bmatrix}+\begin{bmatrix}Z_{1,t}\\ Z_{2,t}\end{bmatrix}$$

我们选定 $\{\alpha_{ij,t}\}_{t\in\mathbb{Z}}$ 是一列 i. i. d 服从 $\mathrm{Beta}[\mu_{\alpha_{ij}},\ \gamma_{ij},\ (1-\mu_{\alpha_{ij}})\gamma_{ij}]$ 分布的随机变量序列，其中 $0<\mu_{\alpha_{ij}}<1$，$\gamma_{ij}>0$。则有 $E(\alpha_{ij,t})=\mu_{\alpha_{ij}}$，$\mathrm{Var}(\alpha_{ij,t})=\dfrac{\mu_{\alpha_{ij}}(1-\mu_{\alpha_{ij}})}{\gamma_{ij}+1}$。Beta 分布不仅保证了 $\mu_{\alpha_{ij,t}}$ 的可能取值在区间(0，1)内，而且它能够产生一个易于处理的似然函数。此外，选定新息过程 $\{\boldsymbol{Z}_t\}_{t\in\mathbb{Z}}$ 服从由 Lakshminarayana(1999)提出的二元泊松分布 $BP^*(\lambda_1,\ \lambda_2,\ \delta)$，其联合概率质量函数为：

$$\begin{aligned} f_z(x,\ y) &= P(Z_{1,t}=x,\ Z_{2,t}=y) \\ &= \frac{\lambda_1^x\lambda_2^y}{x!y!}\mathrm{e}^{-(\lambda_1+\lambda_2)}[1+\delta(\mathrm{e}^{-x}-\mathrm{e}^{-c\lambda_1})(\mathrm{e}^{-y}-\mathrm{e}^{-c\lambda_2})] \end{aligned}$$

其中 $c=1-\mathrm{e}^{-1}$，$\lambda_1,\ \lambda_2>0$，$|\delta|\leqslant 1/(1-\mathrm{e}^{-c\lambda_1})(1-\mathrm{e}^{-c\lambda_2})$。很容易推得，$BP^*(\lambda_1,\ \lambda_2,\ \delta)$ 的边际分布是参数为 λ_1 和 λ_2 的泊松分布，且两个随机交量 $Z_{1,t}$ 和 $Z_{2,t}$ 之间的协方差为 $\phi=\delta c^2\lambda_1\lambda_2\mathrm{e}^{-c(\lambda_1+\lambda_2)}$。需要强调的是，与上一章中提到的 $BP(\lambda_1,\ \lambda_2,\ \phi)$ 分布相比，$BP^*(\lambda_1,\ \lambda_2,\ \delta)$ 分布中 $Z_{1,t}$ 和 $Z_{2,t}$ 之间的协方差不仅可以是正值，还可以是负值或零，这完全取决于参数 δ 的取值。

在实际模拟中，一个关键的问题是如何生成 $BP^*(\lambda_1,\ \lambda_2,\ \delta)$ 分布的随机数。由于 $Z_{1,t}$ 服从参数为 λ_1 的泊松分布，则 $Z_{2,t}$ 的条件概率质量函数为：

$$P(z_2\mid z_1) = P(Z_{2,t}=z_2\mid Z_{1,t}=z_1) = \frac{\lambda_2^{z_2}}{z_2!}\mathrm{e}^{-\lambda_2}[1+\delta(\mathrm{e}^{-z_1}-\mathrm{e}^{-c\lambda_1})(\mathrm{e}^{-z_2}-\mathrm{e}^{-c\lambda_2})]$$

因此，我们可以采用逆变换法生成 $BP^*(\lambda_1, \lambda_2, \delta)$分布的随机数，其具体步骤总结如下：

步骤1：生成泊松分布 $P(\lambda_1)$的随机数 z_1；

步骤2：生成均匀分布 $U(O, 1)$的随机数 u；

步骤3：若 $u < P(0 \mid z_1)$，则令 $z_2 = 0$ 且停止；

步骤4：若存在正整数 k，使得 $\sum_{i=0}^{k-1} P(i \mid z_1) \leqslant u < \sum_{i=0}^{k} P(i \mid z_1)$，则令 $z_2 = k$ 且停止。进一步地，设式(8.1.3)中的计数序列$\{\omega_k^{(i,j,t)}\}$是一列 i. i. d 伯努利随机变量序列，其概率质量函数为：

$$P(\omega_k^{(i,j,t)} = x \mid \alpha_{ij,t}) = (\alpha_{ij,t})^x (1 - \alpha_{ij,t})^{1-x},\ x = 0, 1$$

则可以推得 BGRCINAR(1)过程$\{\boldsymbol{X}_t\}_{t \in \mathbb{Z}}$的转移概率为：

$$P(\boldsymbol{X}_t = \boldsymbol{x}_t \mid \boldsymbol{X}_{t-1} = \boldsymbol{x}_{t-1})$$

$$= \mathrm{e}^{-(\lambda_1+\lambda_2)} \sum_{u=0}^{u(t)} \sum_{v=0}^{v(t)} g_1(u) g_2(v) \frac{\lambda_1^{x_{1,t}-u} \lambda_2^{x_{2,t}-v}}{(x_{1,t} - u)!(x_{2,t} - v)!} [1 + \delta(\mathrm{e}^{-x_{1,t}+u} - \mathrm{e}^{-c\lambda_1})(\mathrm{e}^{-x_{2,t}+v} - \mathrm{e}^{-c\lambda_2})]$$

其中：

$$g_1(u) = \sum_{k=\kappa_1(t)}^{\kappa_2(t)} \binom{x_{1,t-1}}{k} \frac{B(\mu_{\alpha_{11}}\gamma_{11} + k, x_{1,t-1} + (1 - \mu_{\alpha_{11}})\gamma_{11} - k)}{B(\mu_{\alpha_{11}}\gamma_{11}, (1 - \mu_{\alpha_{11}})\gamma_{11})} \times$$

$$\binom{x_{2,t-1}}{u - k} \frac{B(\mu_{\alpha_{12}}\gamma_{12} + u - k, x_{2,t-1} + (1 - \mu_{\alpha_{12}})\gamma_{12} + k - u)}{B(\mu_{\alpha_{12}}\gamma_{12}, (1 - \mu_{\alpha_{12}})\gamma_{12})}$$

$$g_2(v) = \sum_{s=\iota_1(t)}^{\iota_2(t)} \binom{x_{1,t-1}}{s} \frac{B(\mu_{\alpha_{21}}\gamma_{21} + s, x_{1,t-1} + (1 - \mu_{\alpha_{21}})\gamma_{21} - s)}{B(\mu_{\alpha_{21}}\gamma_{21}, (1 - \mu_{\alpha_{21}})\gamma_{21})} \times$$

$$\binom{x_{2,t-1}}{v - s} \frac{B(\mu_{\alpha_{22}}\gamma_{22} + v - s, x_{2,t-1} + (1 - \mu_{\alpha_{22}})\gamma_{22} + s - v)}{B(\mu_{\alpha_{s2}}\gamma_{s2}, (1 - \mu_{\alpha_{22}})\gamma_{22})}$$

$$B(a,b) = \int_0^1 x^{a-1}(1 - x)^{b-1} \mathrm{d}x = \frac{\Gamma(a)\Gamma(b)}{\Gamma(a + b)}$$

$$u(t) = \min(x_{1,t-1} + x_{2,t-1}, x_{1,t}),\quad v(t) = \min(x_{1,t-1} + x_{2,t-1}, x_{2,t})$$

$$\kappa_1(t) = \max(u - x_{2,t-1}, 0),\quad \kappa_2(t) = \min(x_{1,t-1}, u)$$

$$\iota_1(t) = \max(v - x_{2,t-1}, 0),\quad \iota_2(t) = \min(x_{1,t-1}, v)$$

将上面的转移概率代入式(8.3.1)中，我们可以得到模型的条件对数似然函数。

令参数 $\boldsymbol{\tau} = (\mu_{\alpha_{11}}, \mu_{\alpha_{12}}, \mu_{\alpha_{21}}, \mu_{\alpha_{22}}, \gamma_{11}, \gamma_{12}, \gamma_{21}, \gamma_{22}, \lambda_1, \lambda_2, \delta)^{\mathrm{T}}$。对于上面的模型，我们分别基于如下的四组参数进行模拟。

序列 A：$\boldsymbol{\tau} = (0.2, 0.3, 0.4, 0.1, 1, 2, 3, 2, 1, 1, 2)^{\mathrm{T}}$，$\rho(\boldsymbol{A} + \boldsymbol{B}) = 0.6243 < 1$。

序列 B：$\boldsymbol{\tau} = (0.4, 0.1, 0.1, 0.2, 1, 1, 0.8, 0.6, 3, 2, 1.5)^{\mathrm{T}}$，$\rho(\boldsymbol{A} + \boldsymbol{B}) = 0.5940 < 1$。

序列 C：$\boldsymbol{\tau}=(0.1, 0.6, 0.5, 0.2, 0.5, 0.5, 0.25, 0.6, 1, 1, -2)^{\mathrm{T}}$，$\rho(\boldsymbol{A}+\boldsymbol{B})=0.9582<1$。

序列 D：$\boldsymbol{\tau}=(0.6, 0.1, 0.8, 0.1, 2, 1, 1, 0.8, 0.5, 0.5, 3)^{\mathrm{T}}$，$\rho(\boldsymbol{A}+\boldsymbol{B})=0.8598<1$。

通过计算可知每个序列对应的谱半径$\rho(\boldsymbol{A}+\boldsymbol{B})$都是小于 1 的，因此以上四个序列均满足命题 8.2.1 中的平稳遍历性条件。在生成数据时，我们取初值 $\boldsymbol{X}_0=0$。为了避免初值对生成数据的影响，我们舍弃了最初生成的 500 个数据。所有的模拟结果都是在 R 软件下基于 1000 次重复的平均值。

表 8.4.1 和表 8.4.2 分别汇总了序列 A—D 在不同样本量下参数 $\boldsymbol{\theta}$ 的 CLS 估计、YW 估计和条件极大似然估计的模拟结果，其中包括估计值、偏差(Bias)和 MSE。从表中可以看出，随着样本量 n 的增大，估计的偏差和 MSE 都在减小，这表明所有的估计量都是相合的。尤其是在样本量 n 比较大时，三种估计方法均可以产生好的估计量。对比三种估计方法的估计结果可以看出，CML 估计的效果明显优于 CLS 估计和 YW 估计。但是考虑到条件似然函数的复杂性，CML 估计也比 CLS 估计和 YW 估计需要更长的计算时间。另外，从表中我们还发现 CLS 估计和 YW 估计的结果非常接近。因此，我们分别绘制了序列 A 的 CLS 估计和 YW 估计的 QQ 图和直方图。

表 8.4.1　序列 A 和 B 在不同样本量下的模拟结果

序列	n	参数	CLS			YW			CML		
			估计值	Bias	MSE	估计值	Bias	MSE	估计值	Bias	MSE
A	100	$\mu_{\alpha_{11}}=0.2$	0.1759	-0.0241	0.0133	0.1756	-0.0244	0.0134	0.2109	0.0109	0.0081
		$\mu_{\alpha_{12}}=0.3$	0.2839	-0.0161	0.0146	0.2837	-0.0163	0.0145	0.2892	-0.0108	0.0087
		$\mu_{\alpha_{21}}=0.4$	0.3936	-0.0064	0.0131	0.3933	-0.0067	0.0133	0.3744	-0.0256	0.0062
		$\mu_{\alpha_{22}}=0.1$	0.0770	-0.0230	0.0113	0.0768	-0.0232	0.0114	0.1132	0.0132	0.0076
		$\lambda_1=1$	1.0747	0.0747	0.0779	1.0750	0.0750	0.0777	1.0097	0.0097	0.0231
		$\lambda_2=1$	1.0583	0.0583	0.0743	1.0587	0.0587	0.0749	1.0280	0.0280	0.0180
		$\phi=0.2257$	0.2161	-0.0096	0.0642	0.2168	-0.0089	0.0642	0.2554	0.0297	0.0285
	300	$\mu_{\alpha_{11}}=0.2$	0.1913	-0.0087	0.0049	0.1912	-0.0088	0.0048	0.1945	-0.0055	0.0025
		$\mu_{\alpha_{12}}=0.3$	0.2976	-0.0024	0.0049	0.2976	-0.0024	0.0049	0.2951	-0.0049	0.0026
		$\mu_{\alpha_{21}}=0.4$	0.3928	-0.0072	0.0045	0.3928	-0.0072	0.0045	0.3884	-0.0116	0.0023
		$\mu_{\alpha_{22}}=0.1$	0.0939	-0.0061	0.0038	0.0939	-0.0061	0.0038	0.1052	0.0052	0.0020
		$\lambda_1=1$	1.0184	0.0184	0.0287	1.0186	0.0186	0.0286	0.9993	-0.0007	0.0057
		$\lambda_2=1$	1.0245	0.0245	0.0252	1.0245	0.0245	0.0254	0.9974	-0.0026	0.0050
		$\phi=0.2257$	0.2203	-0.0054	0.0224	0.2207	-0.0050	0.0224	0.2280	0.0023	0.0057

续表

序列	n	参数	CLS			YW			CML		
			估计值	Bias	MSE	估计值	Bias	MSE	估计值	Bias	MSE
A	500	$\mu_{\alpha_{11}}=0.2$	0.1916	−0.0084	0.0033	0.1916	−0.0084	0.0033	0.1987	−0.0013	0.0014
		$\mu_{\alpha_{12}}=0.3$	0.2965	−0.0035	0.0032	0.2965	−0.0035	0.0032	0.2998	−0.0002	0.0016
		$\mu_{\alpha_{21}}=0.4$	0.3961	−0.0039	0.0027	0.3961	−0.0039	0.0027	0.4003	0.0003	0.0015
		$\mu_{\alpha_{22}}=0.1$	0.0946	−0.0054	0.0022	0.0945	−0.0055	0.0022	0.0962	−0.0038	0.0023
		$\lambda_1=1$	1.0201	0.0201	0.0182	1.0201	0.0201	0.0182	1.0078	0.0078	0.0043
		$\lambda_2=1$	1.0143	0.0143	0.0151	1.0144	0.0144	0.0151	0.9953	−0.0047	0.0028
		$\phi=0.2257$	0.2238	−0.0019	0.0127	0.2239	−0.0018	0.0127	0.2275	−0.0018	0.0049
B	100	$\mu_{\alpha_{11}}=0.4$	0.3575	−0.0425	0.0152	0.3572	−0.0428	0.0152	0.3899	−0.0101	0.0032
		$\mu_{\alpha_{12}}=0.1$	0.0976	−0.0024	0.0226	0.0975	−0.0025	0.0226	0.1018	0.0018	0.0028
		$\mu_{\alpha_{21}}=0.1$	0.0990	−0.0010	0.0098	0.0989	−0.0011	0.0098	0.0930	−0.0070	0.0017
		$\mu_{\alpha_{22}}=0.2$	0.1616	−0.0384	0.0166	0.1616	−0.0384	0.0166	0.2104	0.0104	0.0058
		$\lambda_1=3$	3.2191	0.2191	0.4836	3.2196	0.2196	0.4808	3.0487	0.0487	0.0705
		$\lambda_2=2$	2.1119	0.1119	0.3710	2.1122	0.1122	0.3723	1.9831	−0.0169	0.0308
		$\phi=0.1525$	0.1690	0.0165	0.3277	0.1692	0.0167	0.3279	0.1469	−0.0056	0.0757
	300	$\mu_{\alpha_{11}}=0.4$	0.3821	−0.0179	0.0044	0.3820	−0.0180	0.0044	0.3966	−0.0034	0.0013
		$\mu_{\alpha_{12}}=0.1$	0.0961	−0.0039	0.0061	0.0960	−0.0040	0.0061	0.1027	0.0027	0.0020
		$\mu_{\alpha_{21}}=0.1$	0.0967	−0.0033	0.0031	0.0966	−0.0034	0.0031	0.0994	−0.0006	0.0006
		$\mu_{\alpha_{22}}=0.2$	0.1886	−0.0114	0.0057	0.1885	−0.0115	0.0057	0.2083	−0.0083	0.0012
		$\lambda_1=3$	3.0945	0.0945	0.1457	3.0957	0.0957	0.1463	3.0346	0.0346	0.0249
		$\lambda_2=2$	2.0337	0.0337	0.1183	2.0344	0.0344	0.1185	2.0168	0.0168	0.0127
		$\phi=0.1525$	0.1600	0.0075	0.1848	0.1595	0.0070	0.1852	0.1395	−0.0130	0.0313
	500	$\mu_{\alpha_{11}}=0.4$	0.3912	−0.0088	0.0033	0.3912	−0.0088	0.0033	0.4005	0.0005	0.0007
		$\mu_{\alpha_{12}}=0.1$	0.0990	−0.0010	0.0049	0.0973	−0.0027	0.0049	0.0991	−0.0009	0.0014
		$\mu_{\alpha_{21}}=0.1$	0.0989	−0.0011	0.0020	0.0989	−0.0011	0.0020	0.0967	−0.0033	0.0004
		$\mu_{\alpha_{22}}=0.2$	0.1927	−0.0073	0.0042	0.1927	−0.0073	0.0042	0.2044	0.0044	0.0012
		$\lambda_1=3$	3.0550	0.0550	0.1100	3.0550	0.0550	0.1101	2.9881	−0.0119	0.0130
		$\lambda_2=2$	2.0279	0.0279	0.0748	2.0280	0.0280	0.0750	2.0093	0.0093	0.0083
		$\phi=0.1525$	0.1441	−0.0084	0.1140	0.1441	−0.0084	0.1138	0.1461	−0.0064	0.0188

表 8.4.2 序列 C 和 D 在不同样本量下的模拟结果

序列	n	参数	CLS			YW			CML		
			估计值	Bias	MSE	估计值	Bias	MSE	估计值	Bias	MSE
C	100	$\mu_{\alpha_{11}}=0.1$	0.0713	-0.0287	0.0125	0.0712	-0.0288	0.0127	0.0964	-0.0036	0.0031
		$\mu_{\alpha_{12}}=0.6$	0.5802	-0.0198	0.0228	0.5804	-0.0196	0.0228	0.5848	-0.0152	0.0039
		$\mu_{\alpha_{21}}=0.5$	0.4506	-0.0494	0.0255	0.4505	-0.0495	0.0257	0.4773	-0.0227	0.0065
		$\mu_{\alpha_{22}}=0.2$	0.1617	-0.0383	0.0161	0.1617	-0.0383	0.0162	0.2021	0.0021	0.0058
		$\lambda_1=1$	1.1473	0.1473	0.2522	1.1463	0.1463	0.2533	0.9850	-0.0150	0.0179
		$\lambda_2=1$	1.2412	0.2412	0.2655	1.2414	0.2414	0.2693	1.0062	-0.0062	0.0218
		$\phi=-0.2257$	-0.1733	0.0524	0.5976	-0.1693	-0.0564	0.6012	-0.2166	0.0091	0.0395
	300	$\mu_{\alpha_{11}}=0.1$	0.0872	-0.0128	0.0052	0.0872	-0.0128	0.0051	0.0975	-0.0025	0.0017
		$\mu_{\alpha_{12}}=0.6$	0.5836	-0.0164	0.0088	0.5834	-0.0166	0.0087	0.5988	-0.0012	0.0014
		$\mu_{\alpha_{21}}=0.5$	0.4773	-0.0227	0.0117	0.4774	-0.0226	0.0117	0.4921	-0.0079	0.0022
		$\mu_{\alpha_{22}}=0.2$	0.1766	-0.0234	0.0068	0.1766	-0.0234	0.0067	0.2038	0.0038	0.0015
		$\lambda_1=1$	1.0857	0.0857	0.1054	1.0859	0.0859	0.1053	1.0030	0.0030	0.0062
		$\lambda_2=1$	1.1307	0.1307	0.1232	1.1304	0.1304	0.1234	0.9867	-0.0133	0.0071
		$\phi=-0.2257$	-0.1950	0.0307	0.3463	-0.1945	0.0312	0.3324	-0.2138	0.0119	0.0062
	500	$\mu_{\alpha_{11}}=0.1$	0.0917	-0.0083	0.0040	0.0917	-0.0083	0.0040	0.0981	-0.0019	0.0005
		$\mu_{\alpha_{12}}=0.6$	0.5900	-0.0100	0.0058	0.5901	-0.0099	0.0058	0.5986	-0.0014	0.0007
		$\mu_{\alpha_{21}}=0.5$	0.4838	-0.0162	0.0069	0.4838	-0.0162	0.0069	0.4937	0.0063	0.0010
		$\mu_{\alpha_{22}}=0.2$	0.1879	-0.0121	0.0044	0.1880	-0.0120	0.0045	0.1999	-0.0001	0.0008
		$\lambda_1=1$	1.0566	0.0566	0.0663	1.0559	0.0559	0.0662	0.9933	-0.0067	0.0030
		$\lambda_2=1$	1.0857	0.0857	0.0758	1.0853	0.0853	0.0761	0.9927	-0.0073	0.0035
		$\phi=-0.2257$	-0.2463	-0.0206	0.1434	-0.2453	-0.0196	0.1429	-0.2226	0.0031	0.0056
D	100	$\mu_{\alpha_{11}}=0.6$	0.5589	-0.0411	0.0180	0.5573	-0.0427	0.0182	0.6113	0.0113	0.0038
		$\mu_{\alpha_{12}}=0.1$	0.0778	-0.0222	0.0116	0.0773	-0.0227	0.0116	0.1118	0.0118	0.0019
		$\mu_{\alpha_{21}}=0.8$	0.8040	0.0040	0.0161	0.8018	0.0018	0.0162	0.8103	0.0103	0.0028
		$\mu_{\alpha_{22}}=0.1$	0.0720	-0.0280	0.0110	0.0714	-0.0286	0.0110	0.1098	0.0098	0.0022
		$\lambda_1=0.5$	0.5983	0.0983	0.0457	0.6011	0.1011	0.0464	0.5105	0.0105	0.0088
		$\lambda_2=0.5$	0.5406	0.0406	0.0472	0.5447	0.0447	0.0473	0.5093	0.0093	0.0079
		$\phi=0.1593$	0.1740	0.0147	0.0652	0.1744	0.0151	0.0670	0.1607	0.0014	0.0057
	300	$\mu_{\alpha_{11}}=0.6$	0.5792	-0.0208	0.0063	0.5791	-0.0209	0.0063	0.5940	-0.0060	0.0017
		$\mu_{\alpha_{12}}=0.1$	0.0891	-0.0109	0.0048	0.0889	-0.0111	0.0047	0.0976	-0.0024	0.0010
		$\mu_{\alpha_{21}}=0.8$	0.8038	0.0038	0.0071	0.8038	0.0038	0.0072	0.7991	-0.0009	0.0010
		$\mu_{\alpha_{22}}=0.1$	0.0913	-0.0087	0.0045	0.0911	-0.0089	0.0045	0.0964	-0.0036	0.0007
		$\lambda_1=0.5$	0.5499	0.0499	0.0171	0.5503	0.0503	0.0168	0.4919	-0.0081	0.0029
		$\lambda_2=0.5$	0.5107	0.0107	0.0170	0.5110	0.0110	0.0171	0.4956	-0.0044	0.0027
		$\phi=0.1593$	0.1452	-0.0141	0.0236	0.1455	-0.0138	0.0257	0.1538	-0.0055	0.0021

续表

序列	n	参数	CLS			YW			CML		
			估计值	Bias	MSE	估计值	Bias	MSE	估计值	Bias	MSE
D	500	$\mu_{\alpha_{11}}=0.6$	0.5882	-0.0118	0.0043	0.5882	-0.0118	0.0043	0.5961	-0.0039	0.0010
		$\mu_{\alpha_{12}}=0.1$	0.0932	-0.0068	0.0031	0.0931	-0.0069	0.0031	0.0993	-0.0007	0.0006
		$\mu_{\alpha_{21}}=0.8$	0.7989	-0.0011	0.0045	0.7988	-0.0012	0.0045	0.7979	-0.0021	0.0005
		$\mu_{\alpha_{22}}=0.1$	0.0945	-0.0055	0.0030	0.0943	-0.0057	0.0030	0.1011	0.0011	0.0005
		$\lambda_1=0.5$	0.5304	0.0304	0.0102	0.5307	0.0307	0.0102	0.5006	0.0006	0.0023
		$\lambda_2=0.5$	0.5101	0.0101	0.0116	0.5106	0.0106	0.0116	0.4957	-0.0043	0.0017
		$\phi=0.1593$	0.1555	-0.0038	0.0152	0.1558	-0.0035	0.0154	0.1577	-0.0016	0.0013

从图8.4.1和图8.4.2可以看出，由两种方法得到的估计量的QQ图几乎是一样的，并且几乎所有的点均与倾斜角为45°的线重合，这说明CLS估计量与YW估计量都是渐近正态的。

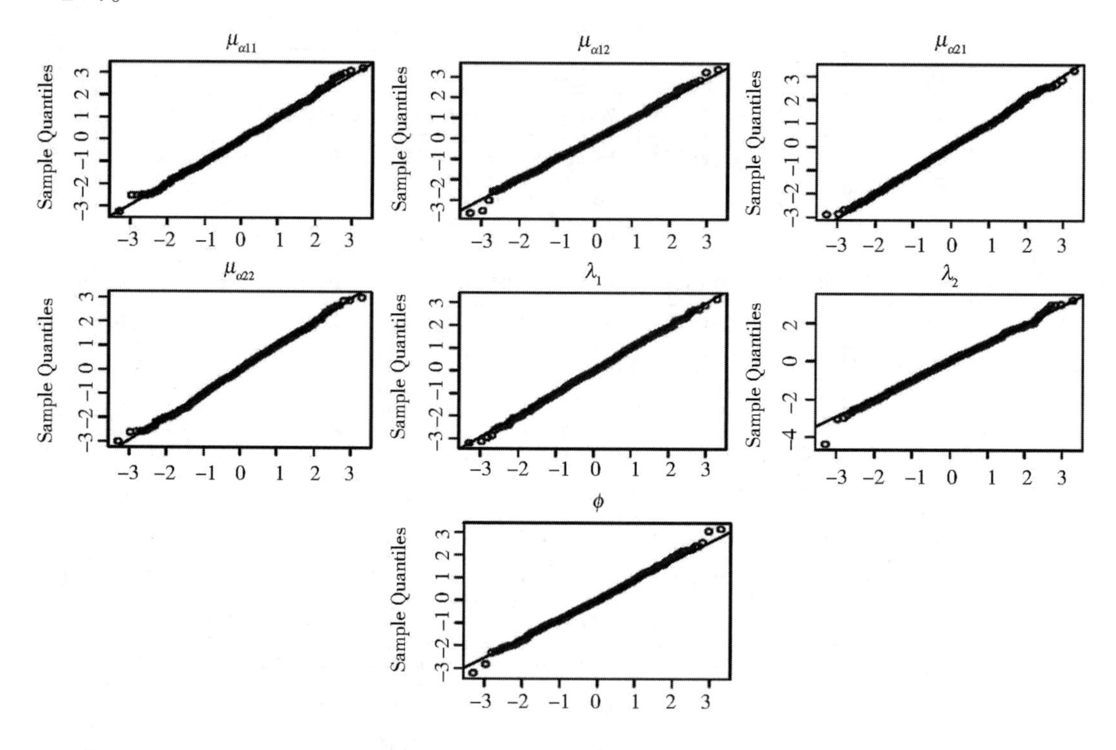

图8.4.1 序列A的CLS估计的QQ图

再如图8.4.3和图8.4.4中的直方图所示，可以得出结论：两种估计量具有相同的渐近分布。除此之外，我们还绘制了其他序列的这两种估计的QQ图和直方图，所得结果是一致的。

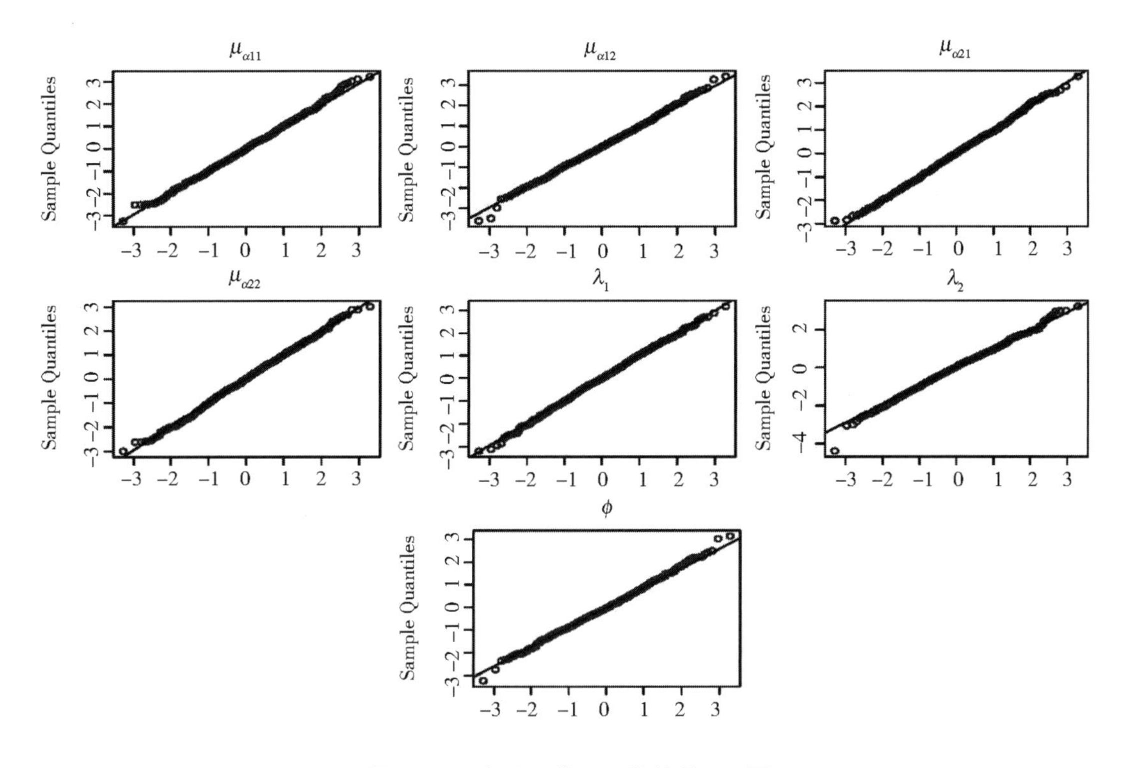

图 8.4.2 序列 A 的 YW 估计的 QQ 图

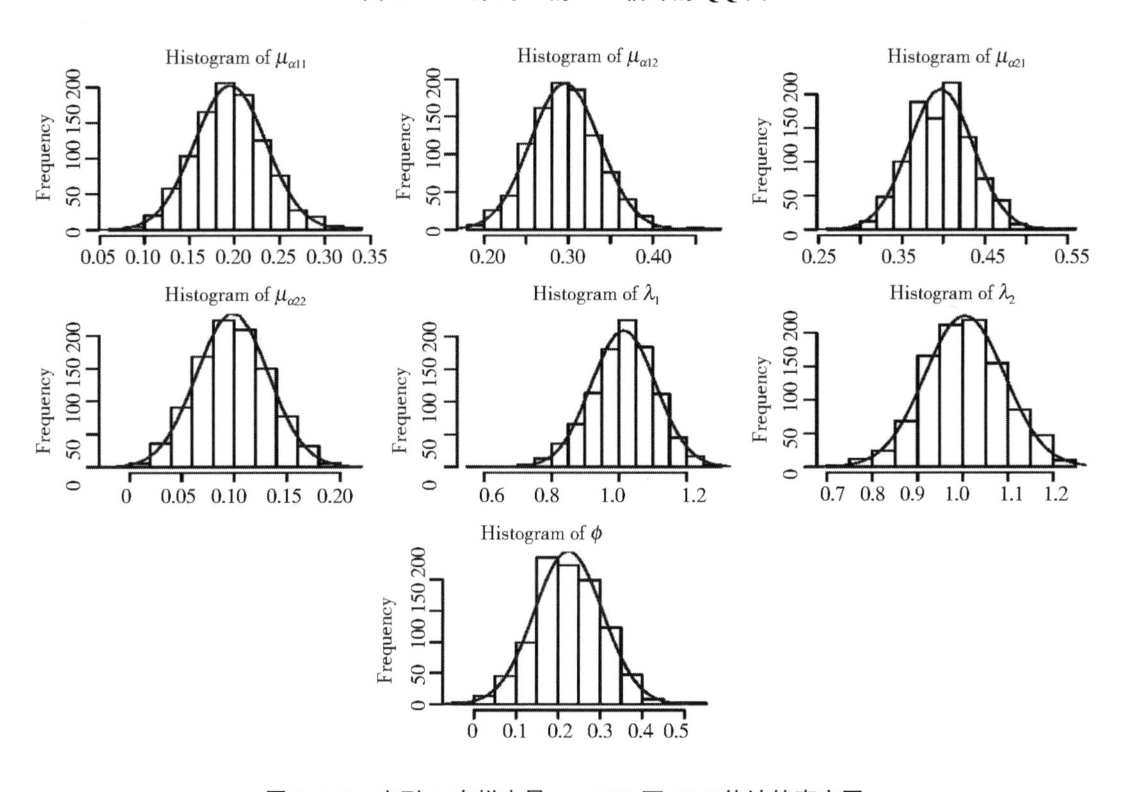

图 8.4.3 序列 A 在样本量 $n=1000$ 下 CLS 估计的直方图

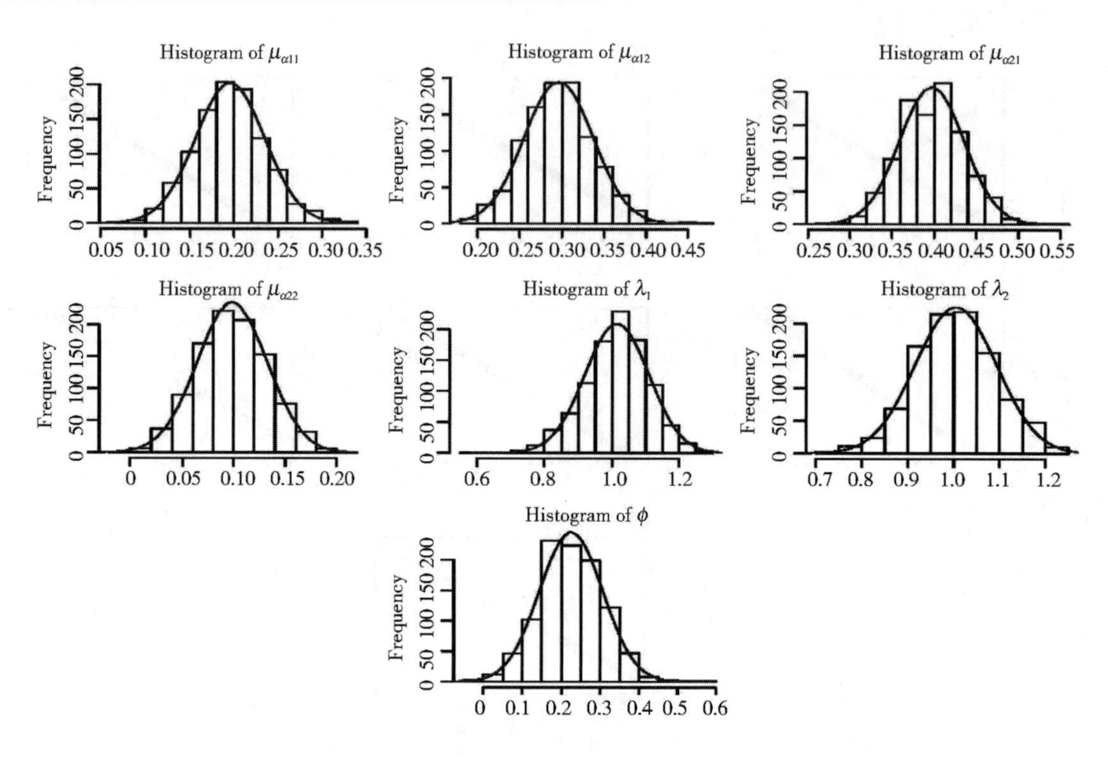

图 8.4.4　序列 A 在样本量 $n=1000$ 下 YW 估计的直方图

我们还考虑了序列 A—D 在不同样本量下方差 $\boldsymbol{\eta}=(\sigma_{\alpha_{11}}^2,\ \sigma_{\alpha_{12}}^2,\ \sigma_{\alpha_{21}}^2,\ \sigma_{\alpha_{22}}^2)^{\mathrm{T}}$ 的估计，模拟结果如表 8.4.3 和表 8.4.4 所示。表中包含的混合估计(Hybrid)指的是基于 YW 估计量的由(8.3.2)式给出的估计，其中我们选取了有界函数 $T(x)=1/(1+x)$ 来进行计算。因为 $x\geqslant 0$，所以 $T(x)$ 是一个正的有界函数。注意到对于有限的样本量，$\boldsymbol{\eta}$ 的混合估计量和 CLS 估计量能够取到负值这个事件有一个正的概率，所以在表 8.4.3 和表 8.4.4 中，我们分别给出了在 1000 次的重复试验中 $\boldsymbol{\eta}$ 的两种估计量取到正值的百分比(Per.)。从表中我们可以发现该百分比随着样本量 n 的增加而迅速增加。尤其是当方差 $\boldsymbol{\eta}$ 的值较大时，即使对于较小的样本量，该百分比也接近于 1。总之，三种估计方法都可以产生好的估计量，特别是对于较大的样本量。

表 8.4.3　序列 A 和 B 在不同样本量下方差 $\boldsymbol{\eta}$ 的估计

序列	n	参数	Hybrid			CLS			CML	
			Bias	MSE	Per.	Bias	MSE	Per.	Bias	MSE
A	100	$\sigma_{\alpha_{11}}^2=0.08$	-0.0086	0.0054	0.857	-0.0379	0.0050	0.806	-0.0203	0.0016
		$\sigma_{\alpha_{12}}^2=0.07$	-0.0094	0.0068	0.806	-0.0186	0.0061	0.768	-0.0108	0.0010
		$\sigma_{\alpha_{21}}^2=0.06$	-0.0106	0.0055	0.781	-0.0187	0.0043	0.758	-0.0226	0.0015
		$\sigma_{\alpha_{22}}^2=0.03$	-0.0008	0.0048	0.672	-0.0153	0.0026	0.631	-0.0215	0.0008

续表

序列	n	参数	Hybrid			CLS			CML	
			Bias	MSE	Per.	Bias	MSE	Per.	Bias	MSE
A	300	$\sigma_{\alpha_{11}}^2=0.08$	-0.0046	0.0020	0.960	-0.0201	0.0025	0.934	-0.0104	0.0014
		$\sigma_{\alpha_{12}}^2=0.07$	-0.0041	0.0025	0.925	-0.0100	0.0029	0.909	0.0039	0.0006
		$\sigma_{\alpha_{21}}^2=0.06$	-0.0034	0.0016	0.916	-0.0079	0.0018	0.928	-0.0037	0.0006
		$\sigma_{\alpha_{22}}^2=0.03$	-0.0009	0.0017	0.791	-0.0085	0.0013	0.726	0.0081	0.0005
	500	$\sigma_{\alpha_{11}}^2=0.08$	-0.0040	0.0012	0.992	-0.0133	0.0017	0.979	-0.0040	0.0010
		$\sigma_{\alpha_{12}}^2=0.07$	-0.0015	0.0015	0.974	-0.0056	0.0021	0.949	-0.0006	0.0003
		$\sigma_{\alpha_{21}}^2=0.06$	-0.0022	0.0010	0.968	-0.0052	0.0013	0.974	-0.0010	0.0001
		$\sigma_{\alpha_{22}}^2=0.03$	-0.0009	0.0010	0.852	-0.0070	0.0009	0.842	0.0017	0.0002
B	100	$\sigma_{\alpha_{11}}^2=0.12$	-0.0098	0.0025	0.980	-0.0318	0.0031	0.984	-0.0072	0.0017
		$\sigma_{\alpha_{12}}^2=0.045$	-0.0019	0.0173	0.658	-0.0143	0.0095	0.656	-0.0054	0.0008
		$\sigma_{\alpha_{21}}^2=0.05$	-0.0045	0.0023	0.832	-0.0062	0.0029	0.843	-0.0041	0.0007
		$\sigma_{\alpha_{22}}^2=0.1$	-0.0133	0.0093	0.873	-0.0519	0.0067	0.865	-0.0190	0.0014
	300	$\sigma_{\alpha_{11}}^2=0.12$	-0.0029	0.0008	0.999	-0.0149	0.0012	0.999	-0.0038	0.0005
		$\sigma_{\alpha_{12}}^2=0.045$	-0.0046	0.0054	0.744	-0.0092	0.0040	0.726	-0.0042	0.0004
		$\sigma_{\alpha_{21}}^2=0.05$	-0.0025	0.0007	0.963	-0.0032	0.0018	0.970	-0.0034	0.0002
		$\sigma_{\alpha_{22}}^2=0.1$	-0.0070	0.0043	0.928	-0.0298	0.0035	0.930	-0.0094	0.0011
	500	$\sigma_{\alpha_{11}}^2=0.12$	-0.0009	0.0005	1.000	-0.0093	0.0008	1.000	0.0015	0.0001
		$\sigma_{\alpha_{12}}^2=0.045$	-0.0025	0.0031	0.809	-0.0066	0.0029	0.873	-0.0031	0.0002
		$\sigma_{\alpha_{21}}^2=0.05$	-0.0012	0.0005	0.982	-0.0026	0.0012	0.996	0.0025	0.0001
		$\sigma_{\alpha_{22}}^2=0.1$	-0.0066	0.0026	0.973	-0.0124	0.0025	0.971	-0.0048	0.0003

表 8.4.4 序列 C 和 D 在不同样本量下方差 η 的估计

序列	n	参数	Hybrid			CLS			CML	
			Bias	MSE	Per.	Bias	MSE	Per.	Bias	MSE
C	100	$\sigma_{\alpha_{11}}^2=0.06$	-0.0038	0.0046	0.794	-0.0251	0.0041	0.735	-0.0100	0.0005
		$\sigma_{\alpha_{12}}^2=0.16$	-0.0210	0.0051	0.970	-0.0379	0.0072	0.979	0.0068	0.0010
		$\sigma_{\alpha_{21}}^2=0.2$	-0.0203	0.0059	0.991	-0.0470	0.0102	0.979	-0.0043	0.0008
		$\sigma_{\alpha_{22}}^2=0.1$	-0.0111	0.0053	0.920	-0.0400	0.0065	0.824	0.0097	0.0006
	300	$\sigma_{\alpha_{11}}^2=0.06$	-0.0013	0.0018	0.932	-0.0174	0.0031	0.837	-0.0091	0.0004
		$\sigma_{\alpha_{12}}^2=0.16$	-0.0101	0.0020	0.995	-0.0196	0.0044	0.992	0.0041	0.0002
		$\sigma_{\alpha_{21}}^2=0.2$	-0.0138	0.0025	1.000	-0.0300	0.0050	0.996	-0.0032	0.0004
		$\sigma_{\alpha_{22}}^2=0.1$	-0.0058	0.0020	0.986	-0.0281	0.0036	0.959	-0.0071	0.0002

续表

序列	n	参数	Hybrid			CLS			CML	
			Bias	MSE	Per.	Bias	MSE	Per.	Bias	MSE
C	500	$\sigma^2_{\alpha_{11}}=0.06$	-0.0091	0.0013	0.971	-0.0052	0.0025	0.915	-0.0072	0.0002
		$\sigma^2_{\alpha_{12}}=0.16$	-0.0050	0.0012	1.000	-0.0123	0.0031	0.995	-0.0016	0.0001
		$\sigma^2_{\alpha_{21}}=0.2$	-0.0078	0.0015	1.000	-0.0190	0.0038	1.000	0.0008	0.0001
		$\sigma^2_{\alpha_{22}}=0.1$	-0.0044	0.0012	1.000	-0.0222	0.0030	0.976	-0.0038	0.0002
D	100	$\sigma^2_{\alpha_{11}}=0.08$	-0.0208	0.0071	0.781	-0.0349	0.0062	0.749	-0.0111	0.0007
		$\sigma^2_{\alpha_{12}}=0.045$	-0.0023	0.0033	0.769	-0.0162	0.0035	0.678	-0.0066	0.0002
		$\sigma^2_{\alpha_{21}}=0.08$	-0.0124	0.0110	0.796	-0.0042	0.0136	0.771	-0.0101	0.0008
		$\sigma^2_{\alpha_{22}}=0.05$	-0.0007	0.0038	0.706	-0.0240	0.0038	0.687	0.0092	0.0008
	300	$\sigma^2_{\alpha_{11}}=0.08$	-0.0098	0.0030	0.918	-0.0171	0.0035	0.907	-0.0099	0.0003
		$\sigma^2_{\alpha_{12}}=0.045$	0.0001	0.0012	0.921	-0.0111	0.0023	0.896	-0.0049	0.0003
		$\sigma^2_{\alpha_{21}}=0.08$	-0.0049	0.0035	0.907	-0.0033	0.0060	0.877	0.0066	0.0005
		$\sigma^2_{\alpha_{22}}=0.05$	-0.0017	0.0016	0.893	-0.0175	0.0022	0.884	-0.0069	0.0001
	500	$\sigma^2_{\alpha_{11}}=0.08$	-0.0071	0.0017	0.969	-0.0071	0.0026	0.979	-0.0066	0.0003
		$\sigma^2_{\alpha_{12}}=0.045$	0.0002	0.0008	0.945	-0.0005	0.0019	0.945	0.0011	0.0002
		$\sigma^2_{\alpha_{21}}=0.08$	-0.0029	0.0022	0.957	-0.0029	0.0051	0.967	0.0023	0.0001
		$\sigma^2_{\alpha_{22}}=0.05$	-0.0008	0.0009	0.953	-0.0008	0.0020	0.953	0.0036	0.0003

第五节　实例分析

在本小节中，我们将提出的 BGRCINAR(1)模型应用到一组实际数据中。该组数据共有 365 个记录，记录了 2001 年全年荷兰 Schiphol 地区每天日间和夜间道路交通事故的发生数。夜间事故指的是从晚上 10 点至凌晨 6 点发生的交通事故，而其余的被认定为日间发生的交通事故。两种类型的数据虽然发生的时间不同，但是所处的环境相同，例如具有相同的天气条件和道路条件等。因此，它们之间应该是相互关联的。图 8.5.1 分别绘制了这组数据的样本路径图、自相关函数(ACF)图和互相关函数(CCF)图。

日间和夜间道路交通事故发生数序列的平均值分别为 7.277 和 1.504，方差分别为 20.937 和 1.877，这意味着两个序列都是过度分散的。此外，两个序列的一阶自相关系数分别为 0.125 和 0.134，一阶互相关系数为 0.143。从图 8.5.1 可以看出，除了少数例外，两个序列的自相关函数(ACF)都呈现指数衰减趋势。因此，可以用二元的一阶整值自回归模型对该组数据进行拟合。

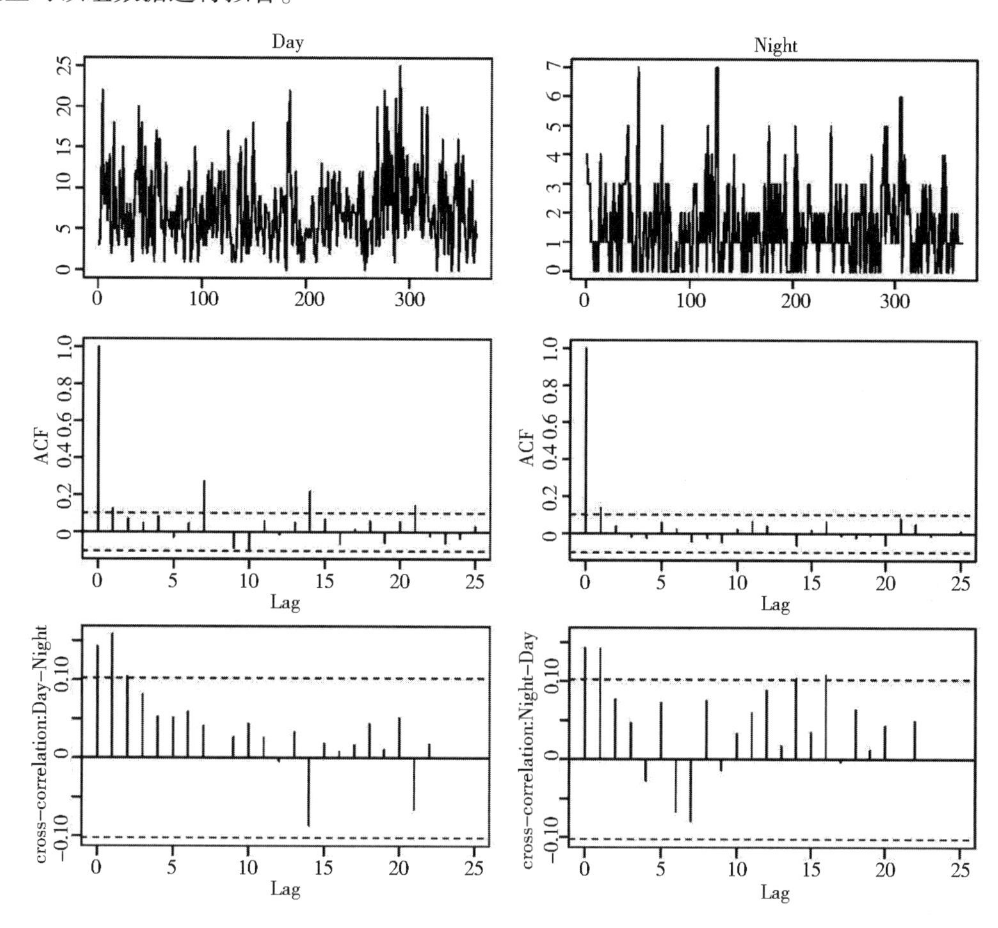

图 8.5.1　日间和夜间道路交通事故发生数序列的样本路径图、ACF 图和 CCF 图

我们用提出的 BGRCINAR(1)模型和 Pedeli(2013)提出的常系数的满的二元一阶整值自回归 Full BINAR(1)模型来拟合该组数据，并通过 AIC 准则和 BIC 准则对不同模型的拟合效果进行了比较，具体拟合结果见表 8.5.1。

表 8.5.1　日间和夜间道路交通事故发生数序列的拟合结果

模型	CLS	YW	CML	AIC	BIC
Full BINAR(1)	$\hat{\alpha}_{11}=0.1049$	$\hat{\alpha}_{11}=0.1050$	$\hat{\alpha}_{11}=0.1883$	3404.012	3452.134
	$\hat{\alpha}_{12}=0.4802$	$\hat{\alpha}_{12}=0.4812$	$\hat{\alpha}_{12}=0.3437$	—	—
	$\hat{\alpha}_{21}=0.0375$	$\hat{\alpha}_{21}=0.0376$	$\hat{\alpha}_{21}=0.0265$	—	—
	$\hat{\alpha}_{22}=0.1162$	$\hat{\alpha}_{22}=0.1164$	$\hat{\alpha}_{22}=0.0953$	—	—
	$\hat{\lambda}_1=5.8000$	$\hat{\lambda}_1=5.7990$	$\hat{\lambda}_1=6.1269$	—	—
	$\hat{\lambda}_2=1.0488$	$\hat{\lambda}_2=1.0483$	$\hat{\lambda}_2=1.1263$	—	—
	$\hat{\phi}=0.0709$	$\hat{\phi}=0.0676$	$\hat{\phi}=0.1051$	—	—

续表

模型	CLS	YW	CML	AIC	BIC
	$\hat{\mu}_{\alpha_{11}}=0.1049$	$\hat{\mu}_{\alpha_{11}}=0.1050$	$\hat{\mu}_{\alpha_{11}}=0.1235$	3323. 789	3366. 688
	$\hat{\mu}_{\alpha_{12}}=0.4802$	$\hat{\mu}_{\alpha_{12}}=0.4812$	$\hat{\mu}_{\alpha_{12}}=0.4497$	—	—
	$\hat{\mu}_{\alpha_{21}}=0.0375$	$\hat{\mu}_{\alpha_{21}}=0.0376$	$\hat{\mu}_{\alpha_{21}}=0.0323$	—	—
	$\hat{\mu}_{\alpha_{22}}=0.1162$	$\hat{\mu}_{\alpha_{22}}=0.1164$	$\hat{\mu}_{\alpha_{22}}=0.1091$	—	—
	$\hat{\gamma}_{11}=0.0810$	$\hat{\gamma}_{11}=0.1037$	$\hat{\gamma}_{11}=0.1195$	—	—
BGRCINAR(1)	$\hat{\gamma}_{12}=0.0025$	$\hat{\gamma}_{12}=0.0007$	$\hat{\gamma}_{12}=0.0014$	—	—
	$\hat{\gamma}_{21}=1.8890$	$\hat{\gamma}_{21}=1.7852$	$\hat{\gamma}_{21}=1.7725$	—	—
	$\hat{\gamma}_{22}=0.6038$	$\hat{\gamma}_{22}=0.5842$	$\hat{\gamma}_{22}=0.5628$	—	—
	$\hat{\lambda}_1=5.8000$	$\hat{\lambda}_1=5.7990$	$\hat{\lambda}_1=5.5649$	—	—
	$\hat{\lambda}_2=1.0488$	$\hat{\lambda}_2=1.0483$	$\hat{\lambda}_2=1.0762$	—	—
	$\hat{\delta}=2.0526$	$\hat{\delta}=1.9597$	$\hat{\delta}=1.8694$	—	—

从表 8. 5. 1 的拟合结果可以看出，当用模型 BGRCINAR(1)拟合该组道路交通事故数据时，基于三种估计方法(CLS、YW 和 CML 方法)所得的估计结果相差不多，并且具有最小的 AIC 和 BIC 值。因此，我们认为用模型 BGRCINAR(1)来拟合该组数据更为合适。

第六节　定理证明

引理 8. 2. 1 的证明　我们只给出(iv)的证明，其他结论可以直接得到验证。令 $\boldsymbol{X}=(X_1, X_2)^{\mathrm{T}}$。我们分别考虑矩阵 $E[(\boldsymbol{A}_t \cdot \boldsymbol{X})(\boldsymbol{A}_t \cdot \boldsymbol{X})^{\mathrm{T}}]$的元素对于对角元素，我们有

$$
\begin{aligned}
& E(\alpha_{i1,t} \cdot X_1+\alpha_{i2,t} \cdot X_2)^2 \\
= & \operatorname{Var}(\alpha_{i1,t} \cdot X_1+\alpha_{i2,t} \cdot X_2)+[E(\alpha_{i1,t} \cdot X_1+\alpha_{i2,t} \cdot X_2)]^2 \\
= & E[\operatorname{Var}(\alpha_{i1,t} \cdot X_1+\alpha_{i2,t} \cdot X_2 \mid \boldsymbol{X})]+\operatorname{Var}[E(\alpha_{i1,t} \cdot X_1+\alpha_{i2,t} \cdot X_2 \mid \boldsymbol{X})]+ \\
& \{E[E(\alpha_{i1,t} \cdot X_1+\alpha_{i2,t} \cdot X_2 \mid \boldsymbol{X})]\}^2 \\
= & \mu_{\alpha_{i1}}^2 E(X_1^2)+\mu_{\alpha_{i2}}^2 E(X_2^2)+2\mu_{\alpha_{id}}\mu_{\alpha_{i2}} E(X_1 X_2)+\sigma_{\alpha_{i1}}^2 E(X_1^2)+\mu_{\beta_{i1}} E(X_1)+ \\
& \sigma_{\alpha_{i2}}^2 E(X_2^2)+\mu_{\beta_{i2}} E(X_2)+2\psi_i E(X_1 X_2)
\end{aligned}
$$

其中 $i=1$，2。进一步地，对于非对角元素，我们有

$$
\begin{aligned}
& E[(\alpha_{11,t} \cdot X_1+\alpha_{12,t} \cdot X_2)(\alpha_{11,t} \cdot X_1+\alpha_{22,t} \cdot X_2)] \\
= & E\{E[(\alpha_{11,t} \cdot X_1+\alpha_{12,t} \cdot X_2)(\alpha_{21,t} \cdot X_1+\alpha_{22,t} \cdot X_2) \mid \boldsymbol{X}]\} \\
= & E[(\mu_{\alpha_{11}} X_1+\mu_{\alpha_{12}} X_2)(\mu_{\alpha_{21}} X_1+\mu_{\alpha_{22}} X_2)]
\end{aligned}
$$

$$= \mu_{\alpha_{11}}\mu_{\alpha_{21}}E(X_1^2) + \mu_{\alpha_{11}}\mu_{\alpha_{22}}E(X_1X_2) + \mu_{\alpha_{12}}\mu_{\alpha_{21}}E(X_1X_2) + \mu_{\alpha_{12}}\mu_{\alpha_{22}}E(X_2^2)$$

将上面的结果转化成矩阵形式，即可得出结论。证毕。

命题 8.2.1 的证明　首先，我们定义一个 Hilbert 空间：

$$L^2(\Omega,\mathscr{F},P) = \{\boldsymbol{X} \mid E(\boldsymbol{X}\boldsymbol{X}^{\mathrm{T}}) < \infty\}$$

其中 $L^2(\Omega,\ \mathscr{F},\ P)$上的数量积为$(\boldsymbol{X},\ \boldsymbol{Y}) = E(\boldsymbol{X}\boldsymbol{Y}^{\mathrm{T}})$。其次，我们引入一个二元随机序列$\{\boldsymbol{X}_t^{(n)}\}_{n\in\mathbb{Z}}$如下：

$$\boldsymbol{X}_t^{(n)} = \begin{cases} 0, & n < 0 \\ \boldsymbol{Z}_t, & n = 0 \\ \boldsymbol{A}_t \cdot \boldsymbol{X}_{t-1}^{(n-1)} + \boldsymbol{Z}_t, & n > 0 \end{cases} \tag{8.6.1}$$

下面我们将证明序列$\{\boldsymbol{X}_t^{(n)}\}_{n\in\mathbb{Z}}$是空间 $L^2(\Omega,\ \mathscr{F},\ P)$上的一个柯西列，并且当 $n\to\infty$ 时，$\boldsymbol{X}_t^{(n)} \xrightarrow{L^2} \boldsymbol{X}_t$。

第一步：存在性。

(A1)对于 $t\in\mathbb{Z}$，$\{\boldsymbol{X}_t^{(n)}\}_{n\in\mathbb{Z}}$是非降的。

为了证明这个结论成立，我们只需用数学归纳法证明：对于 $t\in\mathbb{Z}$ 和 $\forall n\geqslant 1$，有 $\boldsymbol{X}^{(n)} \geqslant \boldsymbol{X}_t^{(n-1)}$。对于 $n=1$，很容易推得：

$$\boldsymbol{X}_t^{(1)} = \boldsymbol{A}_t \cdot \boldsymbol{X}_t^{(0)} + \boldsymbol{Z}_t = \boldsymbol{A}_t \cdot \boldsymbol{Z}_{t-1} + \boldsymbol{Z}_t \geqslant \boldsymbol{Z}_t \geqslant \boldsymbol{Z}_t = \boldsymbol{X}_t^{(0)}$$

现假设对于 $t\in\mathbb{Z}$ 和 $\ell\leqslant n$，有 $\boldsymbol{X}_t^{(\ell)} \geqslant \boldsymbol{X}_t^{(\ell-1)}$，往证 $\boldsymbol{X}_t^{(n+1)} - \boldsymbol{X}_t^{(n)} \geqslant 0$。下面考虑 $\boldsymbol{X}_t^{(n+1)} - \boldsymbol{X}_t^{(n)}$ 的第 i 个元素$(i=1,\ 2)$

$$\begin{aligned} (\boldsymbol{X}_t^{(n+1)} - \boldsymbol{X}_t^{(n)})_i &= (\alpha_{i1,t} \cdot X_{1,t-1}^{(n)} - \alpha_{i1,t} \cdot X_{1,t-1}^{(n-1)}) + (\alpha_{i2,t} \cdot X_{2,t-1}^{(n)} - \alpha_{i2,t} \cdot X_{2,t-1}^{(n-1)}) \\ &= \left(\sum_{k=1}^{X_{1,t-1}^{(n)}} \omega_k^{(i,1,t)} - \sum_{k=1}^{X_{1,t-1}^{(n-1)}} \omega_k^{(i,1,t)} \right) + \left(\sum_{k=1}^{X_{2,t-1}^{(n)}} \omega_k^{(i,2,t)} - \sum_{k=1}^{X_{2,t-1}^{(n-1)}} \omega_k^{(i,2,t)} \right) \end{aligned}$$

根据归纳假设 $\boldsymbol{X}_{t-1}^{(n)} \geqslant \boldsymbol{X}_{t-1}^{(n-1)}$，我们能够得到：

$$\begin{aligned} (\boldsymbol{X}_t^{(n+1)} - \boldsymbol{X}_t^{(n)})_i &= \sum_{k=1}^{X_{1,t-1}^{(n)}-X_{1,t-1}^{(n-1)}} \omega_k^{(i,1,t)} + \sum_{k=1}^{X_{2,t-1}^{(n)}-X_{2,t-1}^{(n-1)}} \omega_k^{(i,2,t)} \\ &= \alpha_{i1,t} \cdot (X_{1,t-1}^{(n)} - X_{1,t-1}^{(n-1)}) + \alpha_{i2,t} \cdot (X_{2,t-1}^{(n)} - X_{2,t-1}^{(n-1)}) \geqslant 0 \end{aligned}$$

因此，对于 $t\in\mathbb{Z}$，$\{\boldsymbol{X}_t^{(n)}\}_{n\in\mathbb{Z}}$是非降的。

(A2)$\boldsymbol{X}_t^{(n)} \in L^2(\Omega,\ \mathscr{F},\ P)$。

首先，我们考虑一阶矩。根据引理 8.2.1，能够推出：

$$\begin{aligned} E(\boldsymbol{X}_t^{(n)}) &= E(\boldsymbol{A}_t \cdot \boldsymbol{X}_{t-1}^{(n-1)}) + E(\boldsymbol{Z}_t) \\ &= \boldsymbol{A}E(\boldsymbol{X}_{t-1}^{(n-1)}) + \boldsymbol{\mu}_z \\ &= \boldsymbol{A}^n E(\boldsymbol{X}_{t-n}^{(0)}) + A^{n-1}\boldsymbol{\mu}_z + \cdots + \boldsymbol{\mu}_z \\ &= (\sum_{i=0}^{n} \boldsymbol{A}^i)\boldsymbol{\mu}_z \end{aligned}$$

因为$0\leqslant \boldsymbol{A}\leqslant \boldsymbol{A}+\boldsymbol{B}$，所以$\rho(\boldsymbol{A})\leqslant\rho(\boldsymbol{A}+\boldsymbol{B})<1$。因此$\lim\limits_{n\to\infty}\sum\limits_{i=0}^{n}\boldsymbol{A}^{i}=(\boldsymbol{I}-\boldsymbol{A})^{-1}$。由(A1)可知$\{\boldsymbol{X}_t^{(n)}\}_{n\in\mathbb{Z}}$是非降的，所以$E(\boldsymbol{X}_t^{(n)})$是有界的，且当$n\to\infty$时，有$E(\boldsymbol{X}_t^{(n)})=(\sum\limits_{i=0}^{n}\boldsymbol{A}^{i})\boldsymbol{\mu}_z\to(\boldsymbol{I}-\boldsymbol{A})^{-1}\boldsymbol{\mu}_z$。

其次，我们考虑二阶矩根据引理8.2.1，我们能够得到：

$$
\begin{aligned}
&E[\boldsymbol{X}_t^{(n)}(X\boldsymbol{X}_t^{(n)})^{\mathrm{T}}]\\
&=E[(\boldsymbol{A}_t\cdot\boldsymbol{X}_{t-1}^{(n-1)}+\boldsymbol{Z}_t)(\boldsymbol{A}_t\cdot\boldsymbol{X}_{t-1}^{(n-1)}+\boldsymbol{Z}_t)^{\mathrm{T}}]\\
&=E[(\boldsymbol{A}_t\cdot\boldsymbol{X}_{t-1}^{(n-1)})(\boldsymbol{A}_t\cdot\boldsymbol{X}_{t-1}^{(n-1)})^{\mathrm{T}}]+E[(\boldsymbol{A}_t\cdot\boldsymbol{X}_{t-1}^{(n-1)})\boldsymbol{Z}_t^{\mathrm{T}}]+\\
&\quad E[\boldsymbol{Z}_t(\boldsymbol{A}_t\cdot\boldsymbol{X}_{t-1}^{(n-1)})^{\mathrm{T}}]+E(\boldsymbol{Z}_t\boldsymbol{Z}_t^{\mathrm{T}})\leqslant\\
&(\boldsymbol{A}+\boldsymbol{B})E[\boldsymbol{X}_{t-1}^{(n-1)}(\boldsymbol{X}_{t-1}^{(n-1)})^{\mathrm{T}}](\boldsymbol{A}+\boldsymbol{B})^{\mathrm{T}}+\operatorname{diag}\left(\begin{bmatrix}\mu_{\beta_{11}} & \mu_{\beta_{12}}\\ \mu_{\beta_{21}} & \mu_{\beta_{22}}\end{bmatrix}E(\boldsymbol{X}_{t-1}^{(n-1)})\right)+\\
&\quad \boldsymbol{A}E(\boldsymbol{X}_{t-1}^{(n-1)})\boldsymbol{\mu}_z^{\mathrm{T}}+\boldsymbol{\mu}_zE(\boldsymbol{X}_{t-1}^{(n-1)})^{\mathrm{T}}\boldsymbol{A}+\Sigma_z
\end{aligned}
$$

因为$E(\boldsymbol{X}_t^{(n)})$对所有的$t$是有界的且$E(\boldsymbol{X}_t^{(n)})\leqslant(\boldsymbol{I}-\boldsymbol{A})^{-1}\boldsymbol{\mu}_z$，则：

$$
E[\boldsymbol{X}_t^{(n)}(X_t^{(n)})^{\mathrm{T}}]\leqslant(\boldsymbol{A}+\boldsymbol{B})E[\boldsymbol{X}_{t-1}^{(n-1)}(\boldsymbol{X}_{t-1}^{(n-1)})^{\mathrm{T}}](\boldsymbol{A}+\boldsymbol{B})^{\mathrm{T}}+\boldsymbol{M} \tag{8.6.2}
$$

其中：

$$
\boldsymbol{M}=\operatorname{diag}\left(\begin{bmatrix}\mu_{\beta_{11}} & \mu_{\beta_{12}}\\ \mu_{\beta_{21}} & \mu_{\beta_{22}}\end{bmatrix}E(WTHX,X_{t-1}^{(n-1)})\right)+\boldsymbol{A}(\boldsymbol{I}-\boldsymbol{A})^{-1}\boldsymbol{\mu}_z\boldsymbol{\mu}_z^{\mathrm{T}}+\boldsymbol{\mu}_z\boldsymbol{\mu}_z^{\mathrm{T}}[(\boldsymbol{I}-\boldsymbol{A})^{-1}]^{\mathrm{T}}\boldsymbol{A}^{\mathrm{T}}+\Sigma_z
$$

通过迭代式(8.6.2)n次，有：

$$
\begin{aligned}
E[\boldsymbol{X}_t^{(n)}(\boldsymbol{X}_t^{(n)})^{\mathrm{T}}]&\leqslant(\boldsymbol{A}+\boldsymbol{B})^{n}E[\boldsymbol{X}_{t-n}^{(0)}(\boldsymbol{X}_{t-n}^{(0)})^{\mathrm{T}}][(\boldsymbol{A}+\boldsymbol{B})^{\mathrm{T}}]^{n}+\sum_{k=0}^{n-1}(\boldsymbol{A}+\boldsymbol{B})^{k}\boldsymbol{M}[(\boldsymbol{A}+\boldsymbol{B})^{\mathrm{T}}]^{k}\\
&=(\boldsymbol{A}+\boldsymbol{B})^{n}E(\boldsymbol{Z}_{t-n}\boldsymbol{Z}_{t-n}^{\mathrm{T}})[(\boldsymbol{A}+\boldsymbol{B})^{\mathrm{T}}]^{n}+\sum_{k=0}^{n-1}(\boldsymbol{A}+\boldsymbol{B})^{k}\boldsymbol{M}[(\boldsymbol{A}+\boldsymbol{B})^{\mathrm{T}}]^{k}
\end{aligned}
$$

因为$\rho(\boldsymbol{A}+\boldsymbol{B})<1$，则我们能够推得：

$$
(\boldsymbol{A}+\boldsymbol{B})^{n}E(\boldsymbol{Z}_{t-n}\boldsymbol{Z}_{t-n}^{\mathrm{T}})[(\boldsymbol{A}+\boldsymbol{B})^{\mathrm{T}}]^{n}\to0,n\to\infty,
$$

$$
\begin{aligned}
\sum_{k=0}^{n-1}(\boldsymbol{A}+\boldsymbol{B})^{k}\boldsymbol{M}[(\boldsymbol{A}+\boldsymbol{B})^{\mathrm{T}}]^{k}&\leqslant\max_{1\leqslant i,j\leqslant2}\{m_{ij}\}\sum_{k=0}^{n-1}(\boldsymbol{A}+\boldsymbol{B})^{k}[(\boldsymbol{A}+\boldsymbol{B})^{\mathrm{T}}]^{k}\\
&\leqslant\max_{1\leqslant i,j\leqslant2}\{m_{ij}\}[\boldsymbol{I}-(\boldsymbol{A}+\boldsymbol{B})(\boldsymbol{A}+\boldsymbol{B})^{\mathrm{T}}]^{-1}<\infty
\end{aligned}
$$

其中m_{ij}是位于矩阵$\boldsymbol{M}$第i行和第j列的元素。因此$E[\boldsymbol{X}_t^{(n)}(\boldsymbol{X}_t^{(n)})^{\mathrm{T}}]<\infty$，即$\boldsymbol{X}_t^{(n)}\in L^2$。

(A3)$\{\boldsymbol{X}_t^{(n)}\}_{n\in\mathbb{Z}}$是一个柯西列。

令：

$$
\boldsymbol{U}(n,t,k)=(U_1(n,t,k),U_2(n,t,k))^{\mathrm{T}}=\boldsymbol{X}_t^{(n)}-\boldsymbol{X}_t^{(n-k)},k=1,2,\cdots
$$

因为$\{\boldsymbol{X}_t^{(n)}\}_{n\in\mathbb{Z}}$是非降的，所以有$\boldsymbol{U}(n, t, k)\geqslant 0$。注意到：

$$\boldsymbol{U}(n, t, k) = \boldsymbol{A}_t \cdot \boldsymbol{X}_{t-1}^{(n-1)} - \boldsymbol{A}_t \cdot \boldsymbol{X}_{t-1}^{(n-k-1)} \stackrel{d}{=} \boldsymbol{A}_t \cdot \boldsymbol{U}(n-1, t-1, k)$$

则可推得：

$$E[\boldsymbol{U}(n, t, k)] = \boldsymbol{A}E[\boldsymbol{U}(n-1, t-1, k)] = \cdots = \boldsymbol{A}^n E[\boldsymbol{U}(0, t-n, k)] = \boldsymbol{A}^n \boldsymbol{\mu}_z \to 0, n \to 0;$$

$$E[\boldsymbol{U}(n, t, k)\boldsymbol{U}^{\mathrm{T}}(n, t, k)] = E[\boldsymbol{A}_t \cdot \boldsymbol{U}(n-1, t-1, k)(\boldsymbol{A}_t \cdot \boldsymbol{U}(n-1, t-1, k))^{\mathrm{T}}] \leqslant$$

$$(\boldsymbol{A}+\boldsymbol{B})E[\boldsymbol{U}(n-1, t-1, k)\boldsymbol{U}^{\mathrm{T}}(n-1, t-1, k)](\boldsymbol{A}+\boldsymbol{B})^{\mathrm{T}} + \boldsymbol{M}_n \tag{8.6.3}$$

其中：

$$\boldsymbol{M}_n = \mathrm{diag}\left(\begin{bmatrix} \mu_{\beta_{11}} & \mu_{\beta_{12}} \\ \mu_{\beta_{21}} & \mu_{\beta_{22}} \end{bmatrix} \boldsymbol{A}^n \boldsymbol{\mu}_z\right)$$

通过连续地应用式(8.6.3)n次，我们有：

$$E[\boldsymbol{U}(n, t, k)\boldsymbol{U}^{\mathrm{T}}(n, t, k)] \leqslant$$

$$(\boldsymbol{A}+\boldsymbol{B})^n E[\boldsymbol{U}(0, t-n, k)\boldsymbol{U}^{\mathrm{T}}(0, t-n, k)][(\boldsymbol{A}+\boldsymbol{B})^{\mathrm{T}}]^n + \sum_{i=0}^{n-1}(\boldsymbol{A}+\boldsymbol{B})^n \boldsymbol{M}_n[(\boldsymbol{A}+\boldsymbol{B})^{\mathrm{T}}]^n =$$

$$(\boldsymbol{A}+\boldsymbol{B})^n \Sigma_z [(\boldsymbol{A}+\boldsymbol{B})^{\mathrm{T}}]^n + \sum_{i=0}^{n-1}(\boldsymbol{A}+\boldsymbol{B})^n \boldsymbol{M}_n[(\boldsymbol{A}+\boldsymbol{B})^{\mathrm{T}}]^i \tag{8.6.4}$$

因为$\rho(\boldsymbol{A}+\boldsymbol{B})<1$，所以$\rho[(\boldsymbol{A}+\boldsymbol{B})\otimes(\boldsymbol{A}+\boldsymbol{B})]<1$因此，

$$\begin{aligned}\mathrm{vec}((\boldsymbol{A}+\boldsymbol{B})^n \Sigma_z[(\boldsymbol{A}+\boldsymbol{B})^{\mathrm{T}}]^n) &= [(\boldsymbol{A}+\boldsymbol{B})^n \otimes (\boldsymbol{A}+\boldsymbol{B})^n]\mathrm{vec}(\Sigma_z) \\ &= [(\boldsymbol{A}+\boldsymbol{B}) \otimes (\boldsymbol{A}+\boldsymbol{B})]^n \mathrm{vec}(\Sigma_z) \to 0, n \to \infty\end{aligned}$$

所以式(8.6.4)的第一项$(\boldsymbol{A}+\boldsymbol{B})^n \Sigma_z[(\boldsymbol{A}+\boldsymbol{B})^{\mathrm{T}}]^n \to 0$，$n\to\infty$。

此外，考虑到$\rho(\boldsymbol{A})<1$，很明显，当$n\to\infty$，有$\boldsymbol{M}_n\to 0$。相似地，我们有：

$$\begin{aligned}\mathrm{vec}\left(\sum_{i=0}^{n-1}(\boldsymbol{A}+\boldsymbol{B})^n \boldsymbol{M}_n[(\boldsymbol{A}+\boldsymbol{B})^{\mathrm{T}}]^i\right) & \sum_{i=0}^{n-1}\mathrm{vec}((\boldsymbol{A}+\boldsymbol{B})^n \boldsymbol{M}_n[(\boldsymbol{A}+\boldsymbol{B})^{\mathrm{T}}]^i) \\ &= \sum_{i=0}^{n-1}[(\boldsymbol{A}+\boldsymbol{B}) \otimes (\boldsymbol{A}+\boldsymbol{B})]^i \mathrm{vec}(\boldsymbol{M}_n) \to 0\end{aligned}$$

所以式(8.6.4)的第二项$\sum_{i=0}^{n-1}(\boldsymbol{A}+\boldsymbol{B})^i \boldsymbol{M}_n[(\boldsymbol{A}+\boldsymbol{B})^{\mathrm{T}}]^i \to 0$，$n\to\infty$。因此，我们可以得出结论：当$n\to\infty$时，有$E[\boldsymbol{U}(n, t, k)\boldsymbol{U}^{\mathrm{T}}(n, t, k)]\to 0$。这意味着$\{\boldsymbol{X}_t^{(n)}\}$是一个柯西序列且$\lim\limits_{n\to\infty}\boldsymbol{X}_t^{(n)} = \boldsymbol{X}_t \in L^2(\Omega, \mathscr{F}, P)$。令式(8.6.1)中的$n\to\infty$，则有$\boldsymbol{X}_t = \boldsymbol{A}_t \cdot \boldsymbol{X}_{t-1} + \boldsymbol{Z}_t$，其中对于$s<t$，$\boldsymbol{Z}_t$是独立于$\boldsymbol{A}_t \cdot \boldsymbol{X}_{t-1}$和$\boldsymbol{X}_s$。

第二步：唯一性。

假设还存在另外一个序列$\{\boldsymbol{Y}_t\}_{t\in\mathbb{Z}}$满足$\boldsymbol{X}_t^{(n)} \xrightarrow{L_2} \boldsymbol{Y}_t$，则：

$$
\begin{aligned}
& E[(\boldsymbol{X}_t - \boldsymbol{Y}_t)(\boldsymbol{X}_t - \boldsymbol{Y}_t)^{\mathrm{T}}] \\
= & E[(\boldsymbol{X}_t - \boldsymbol{X}_t^{(n)} + \boldsymbol{X}_t^{(n)} - \boldsymbol{Y}_t)(\boldsymbol{X}_t - \boldsymbol{X}_t^{(n)} + \boldsymbol{X}_t^{(n)} - \boldsymbol{Y}_t)^{\mathrm{T}}] \\
= & E[(\boldsymbol{X}_t - \boldsymbol{X}_t^{(n)})(\boldsymbol{X}_t - \boldsymbol{X}_t^{(n)})^{\mathrm{T}}] + E[(\boldsymbol{X}_t - \boldsymbol{X}_t^{(n)})(\boldsymbol{X}_t^{(n)} - \boldsymbol{Y}_t)^{\mathrm{T}}] + \\
& E[(\boldsymbol{X}_t^{(n)} - \boldsymbol{Y}_t)(\boldsymbol{X}_t - \boldsymbol{X}_t^{(n)})^{\mathrm{T}}] + E[(\boldsymbol{X}_t^{(n)} - \boldsymbol{Y}_t)(\boldsymbol{X}_t^{(n)} - \boldsymbol{Y}_t)^{\mathrm{T}}]
\end{aligned}
$$

因为 $\boldsymbol{X}_t^{(n)} \xrightarrow{L_2} \boldsymbol{X}_t$ 与 $\boldsymbol{X}_t^{(n)} \xrightarrow{L_2} \boldsymbol{Y}_t$，则当 $n \to 0$ 时，有：

$$
E[(\boldsymbol{X}_t - \boldsymbol{X}_t^{(n)})(\boldsymbol{X}_t - \boldsymbol{X}_t^{(n)})^{\mathrm{T}}] \to 0,\ E[(\boldsymbol{X}_t^{(n)} - \boldsymbol{Y}_t)(\boldsymbol{X}_t^{(n)} - \boldsymbol{Y}_t)^{\mathrm{T}}] \to 0
$$

另外，根据 Hölder 不等式，有：

$$
\begin{aligned}
E[(\boldsymbol{X}_t - \boldsymbol{X}_t^{(n)})(\boldsymbol{X}_t^{(n)} - \boldsymbol{Y}_t)^{\mathrm{T}}] \leqslant & (E[(\boldsymbol{X}_t - \boldsymbol{X}_t^{(n)})(\boldsymbol{X}_t - \boldsymbol{X}_t^{(n)})^{\mathrm{T}}])^{\frac{1}{2}} \\
& (E[(\boldsymbol{X}_t^{(n)} - \boldsymbol{Y}_t)(\boldsymbol{X}_t^{(n)} - \boldsymbol{Y}_t)^{\mathrm{T}}])^{\frac{1}{2}}
\end{aligned}
$$

所以：

$$
E[(\boldsymbol{X}_t - \boldsymbol{X}_t^{(n)})(\boldsymbol{X}_t^{(n)} - \boldsymbol{Y}_t)^{\mathrm{T}}] \to 0,\ n \to 0
$$

相似地，我们能够推得：

$$
E[(\boldsymbol{X}_t^{(n)} - \boldsymbol{Y}_t)(\boldsymbol{X}_t - \boldsymbol{X}_t^{(n)})^{\mathrm{T}}] \to 0,\ n \to \infty
$$

因此，$E[(\boldsymbol{X}_t - \boldsymbol{Y}_t)(\boldsymbol{X}_t - \boldsymbol{Y}_t)^{\mathrm{T}}] = 0$，这意味着 $\boldsymbol{X}_t = \boldsymbol{Y}_t$，a. s. 。

第三步：严平稳和遍历性。

对于 BGRCINAR(1) 过程的严平稳性和遍历性，我们可以采用 Liu(2016) 中定理 8.3.1 的证明方法。这里省略了具体的证明。证毕。

定理 8.3.1 的证明　设 $\boldsymbol{\theta}_1$ 的第 i 个元素为 θ_i。根据 Klimko 和 Nelson(1978)，如果满足如下的正则条件，则定理 8.3.1 成立。

(i) $\partial g(\boldsymbol{\theta}_1)/\partial\theta_i$，$\partial^2 g(\boldsymbol{\theta}_1)/\partial\theta_i\partial\theta_j$，$\partial^3 g(\boldsymbol{\theta}_1)/\partial\theta_i\partial\theta_j\partial\theta_k$，$1 \leqslant i, j, k \leqslant 6$ 存在且连续；

(ii) 对于 $1 \leqslant i, j \leqslant 6$，有 $E|u_t(\boldsymbol{\theta}_1)^{\mathrm{T}} \partial g(\boldsymbol{\theta}_1)/\partial\theta_i| < \infty$，$E|u_t(\boldsymbol{\theta}_1)^{\mathrm{T}} \partial^2 g(\boldsymbol{\theta}_1)/\partial\theta_i\partial\theta_j| < \infty$，$E|\partial g(\boldsymbol{\theta})^{\mathrm{T}}/\partial\theta_i \cdot \partial g(\boldsymbol{\theta}_1)/\partial\theta_j| < \infty$；

(iii) 对于 $1 \leqslant i, j, k \leqslant 6$，存在矩阵函数

$\boldsymbol{H}^{(0)}(X_{t-1}, \cdots, X_0)$，$\boldsymbol{H}_i^{(1)}(X_{t-1}, \cdots, X_0)$，$\boldsymbol{H}_{ij}^{(2)}(X_{t-1}, \cdots, X_0)$，$\boldsymbol{H}_{ijk}^{(3)}(X_{t-1}, \cdots, X_0)$

使得：

$|g| \leqslant \boldsymbol{H}^{(0)}$，$|\partial g(\boldsymbol{\theta}_1)/\partial\theta_i| \leqslant \boldsymbol{H}_i^{(1)}$，$|\partial^2 g(\boldsymbol{\theta}_1)/\partial\theta_i\partial\theta_j| \leqslant \boldsymbol{H}_{ij}^{(2)}$，$|\partial^3 g(\boldsymbol{\theta}_1)/\partial\theta_i\partial\theta_j\partial\theta_k| \leqslant \boldsymbol{H}_{ijk}^{(3)}$

且：

$$
\begin{aligned}
& E|\boldsymbol{X}_t^{\mathrm{T}} \cdot \boldsymbol{H}_{ijk}^{(3)}(X_{t-1}, \cdots, X_0)| < \infty, \\
& E|\boldsymbol{H}^{(0)}(X_{t-1}, \cdots, X_0)^{\mathrm{T}} \cdot \boldsymbol{H}_{ijk}^{(3)}(X_{t-1}, \cdots, X_0)| < \infty \\
& E|\boldsymbol{H}_i^{(1)}(X_{t-1}, \cdots, X_0)^{\mathrm{T}} \cdot \boldsymbol{H}_{ij}^{(2)}(X_{t-1}, \cdots, X_0)| < \infty
\end{aligned}
$$

(iv) $E(\boldsymbol{X}_t \mid \boldsymbol{X}_{t-1}, \cdots, \boldsymbol{X}_0) = E(\boldsymbol{X}_t \mid \boldsymbol{X}_{t-1})$, a. e., $t \geqslant 1$

$E(\mid u_t(\boldsymbol{\theta}_1)^{\mathrm{T}} \partial g(\boldsymbol{\theta}_1)/\partial\theta_i \cdot u_t(\boldsymbol{\theta}_1)^{\mathrm{T}} \partial g(\boldsymbol{\theta}_1)/\partial\theta_j \mid) < \infty$

令 $g(\boldsymbol{\theta}_1) = [g_1(\boldsymbol{\theta}_1), g_2(\boldsymbol{\theta}_1)]^2$。则有 $g\ell(\boldsymbol{\theta}_1) = \mu_{\alpha_{\ell 1}} X_{1,t-1} + \mu_{\alpha_{\ell 2}} X_{2,t-1} + \lambda_\ell$, $\ell = 1, 2$。为了验证上面的条件，我们推得：

$$\partial g_\ell(\boldsymbol{\theta}_1)/\partial\mu_{\alpha_{\ell 1}} = X_{1,t-1},\ \partial g_\ell(\boldsymbol{\theta}_1)/\partial\mu_{\alpha_{\ell 2}} = X_{2,t-1},\ \partial g_\ell(\boldsymbol{\theta}_1)/\partial\lambda_\ell = 1$$

$$\partial^2 g_\ell(\boldsymbol{\theta}_1)/\partial\theta_i\partial\theta_j = \partial^3 g_\ell(\boldsymbol{\theta}_1)/\partial\theta_i\partial\theta_j\partial\theta_k = 0,\ 1 \leqslant i, j, k \leqslant 6$$

因为 BGRCINAR(1)过程$\{\boldsymbol{X}_t\}$是一个马尔可夫链且 $E\mid X_{i,t}\mid^4 < \infty$, $i = 1, 2$，则条件(i)、(ii)和(iv)均满足对于条件(iii)，因为$\rho(\boldsymbol{A}) < 1$，令：

$$\boldsymbol{H}^{(0)}(X_{t-1}, \cdots, X_0) = (X_{1,t-1} + X_{2,t-1} + \lambda_1, X_{1,t-1} + X_{2,t-1} + \lambda_2)^{\mathrm{T}}$$

$$\boldsymbol{H}^{(1)}(X_{t-1}, \cdots, X_0) = (X_{1,t-1} + X_{2,t-1} + 1, X_{1,t-1} + X_{2,t-1} + 1)^{\mathrm{T}}$$

$$\boldsymbol{H}^{(2)}_{ij}(X_{t-1}, \cdots, X_0) = \boldsymbol{H}^{(3)}_{ijk}(X_{t-1}, \cdots, X_0) = (1,1)^{\mathrm{T}}$$

则条件(iii)满足因此，定理 8.3.1 成立。证毕。

定理 8.3.2 的证明 证明方法类似于定理 8.3.1 的证明，这里省略了具体的证明过程。

定理 8.3.3 的证明 首先，因为$\{\boldsymbol{X}_t\}$是一个严平稳遍历过程且 $E\mid X_{i,t}\mid^2 < \infty$ $(i = 1, 2)$，则当 $n \to \infty$ 时，有：

$$\overline{X}_i = \frac{1}{n}\sum_{t=1}^{n} X_{i,t} \xrightarrow{\text{a. s.}} E(X_{i,t}),\quad \frac{1}{n}\sum_{t=1}^{n} X_{i,t+1}X_{i,t} \xrightarrow{\text{a. s.}} E(X_{i,t+1}X_{i,t}),$$

$$\frac{1}{n}\sum_{t=1}^{n} X_{1,t}X_{2,t} \xrightarrow{\text{a. s.}} E(X_{1,t}X_{2,t})$$

所以 $\hat{\gamma}_{ii}(0) \xrightarrow{\text{a. s.}} \gamma_{ii}(0)$, $\hat{\gamma}_{ij}(0) \xrightarrow{\text{a. s.}} \gamma_{ij}(0)$, $\hat{\gamma}_{ii}(1) \xrightarrow{\text{a. s.}} \gamma_{ii}(1)$ 和 $\hat{\gamma}_{ij}(1) \xrightarrow{\text{a. s.}} \gamma_{ij}(1)$，其中 i, $j = 1, 2$ 且 $i \neq j$。因此，我们有 $\hat{\boldsymbol{A}}^{YW} \xrightarrow{\text{a. s.}} \boldsymbol{A}$, $\hat{\phi}^{YW} \xrightarrow{\text{a. s.}} \phi$。

其次，对于 $i = 1, 2$，因为：

$$\begin{aligned}\lambda_i &= E(Z_{i,t}) = E(X_{i,t} - \alpha_{i1,t}X_{1,t-1} - \alpha_{i2,t}X_{2,t-1}) \\ &= E(X_{i,t}) - \mu_{\alpha_{i1}}E(X_{1,t-1}) - \mu_{\alpha_{i2}}E(X_{2,t-1})\end{aligned}$$

所以：

$$\hat{\lambda}_i^{YW} = \frac{1}{n}\sum_{t=1}^{n} X_{i,t} - \hat{\mu}_{\alpha_{i1}}^{YW}\frac{1}{n}\sum_{t=1}^{n} X_{1,t-1} - \hat{\mu}_{\alpha_{i2}}^{YW}\frac{1}{n}\sum_{t=1}^{n} X_{2,t-1} \xrightarrow{\text{a. s.}} \lambda_i$$

证毕。

参考文献

[1]崔艳，王允艳. 随机环境下的门限整值自回归过程及其参数估计[J]. 数学的实践与认识，2020，50(1)：238－248.

[2]郑小军. 随机系数型自回归过程的分类参考特征提取[J]. 应用概率统计，1985(1)：73－75.

[3]侯海桂. 关于统计抽样推断中参数估计方面精确度问题的探讨——暨精确度在回归分析预测中的应用[J]. 中国集体经济，2012(7)：102－103.

[4]杨国安，郑南宁，刘跃虎，刘在德，郭树岗. 基于一阶自回归过程的7/5小波滤波器优化算法[J]. 西安交通大学学报，2005(12)：1353－1357.

[5]刘汉中，李陈华. HAC法在平稳过程之间伪回归中的适用性研究[J]. 统计与信息论坛，2013，28(9)：14－21.

[6]赵志文，徐圣楠. 周期随机系数自回归模型的统计推断[J]. 统计与决策，2022，38(4)：50－54.

[7]赵志文，高敏. 缺失数据下随机系数自回归模型的参数估计[J]. 统计与决策，2022，38(1)：16－20.

[8]喻开志，史代敏，邹红. 随机系数离散值时间序列模型[J]. 统计研究，2011，28(4)：106－112.

[9]郭晓梦，黄国兴，张宁川. 随机波浪下泰勒离散系数的时域解[J]. 海洋通报，2017，36(6)：638－643.

[10]范晓东，张持，张庆春，赵宸稷，曹晓涵. 带有随机系数的双线性INAR(1)模型的统计推断[J]. 吉林化工学院学报，2022，39(7)：86－90.

[11]张庆春，张黎，范晓东. 整数值时间序列的拟似然推断[J]. 吉林化工学院学报，2021，38(11)：89－93.

[12]毛惠玉，李琦. 整数值Z上的混合符号稀疏算子INAR(1)模型[J]. 吉林大学学报

(理学版), 2019, 57(6): 1379 - 1384.

[13]崔艳, 王允艳. 随机环境下的门限整值自回归过程及其参数估计[J]. 数学的实践与认识, 2020, 50(1): 238 - 248.

[14]张庆春, 李晓梅, 范晓东. 基于二项稀疏算子的整值自回归模型的经验似然推断[J]. 吉林化工学院学报, 2019, 36(1): 90 - 93.

[15]贺天宇, 王金山. NGINAR(1)模型参数的拟似然估计[J]. 重庆理工大学学报(自然科学), 2015, 29(2): 141 - 146.

[16]薄海玲, 张海祥, 张哲. INARS(p)模型的拟似然统计推断[J]. 吉林大学学报(理学版), 2010, 48(2): 219 - 225.

[17]杨传钧, 黄可鸣. 一个能处理相关性的似然推理技术[J]. 东南大学学报, 1989(6): 69 - 76.

[18]高木其乐, 吴德玉, 阿拉坦仓. 算子多项式数值域的若干性质[J]. 内蒙古大学学报(自然科学版), 2021, 52(5): 449 - 453.

[19]江建明, 吴文泽, 张涛. 一种新型对数弱化缓冲算子的构造及其应用[J]. 数学的实践与认识, 2020, 50(10): 56 - 63.

[20]陶阳, 何帮强. 空间自回归固定效应面板数据模型的经验似然[J]. 安徽工程大学学报, 2022, 37(6): 75 - 84.

[21]刘彭, 张超, 柳平增. 变量有误差的半参数模型的经验似然推断[J]. 统计与决策, 2018, 34(13): 21 - 25.

[22]AL - OSH M A, ALZAID A A. First - order integer - valued autoregressive(INAR(1)) process[J]. Journal of Time Series Analysis, 1987, 8(3): 261 - 275.

[23]AL - OSH M A, ALZAID A A. Integer - valued moving average(INMA) process[J]. Statistical Papers, 1988, 29(1): 281 - 300.

[24]AL - OSH M A, ALZAID A A. Binomial autoregressive moving average models[J]. Stochastic Models, 1991, 7(2): 261 - 282.

[25]AL - OSH M A, ALY E E A A. First order autoregressive time series with negative binomial and geometric marginals[J]. Communications in Statistics - Theory and Methods, 1992, 21(9): 2483 - 2492.

[26]ALY E E A A, BOUZAR N. Explicit stationary distributions for some Galton - Watson processes with immigration[J]. Communications in Statistics - Stochastic Models, 1994a, 10(2): 499 - 517.

[27]ALY E E A A, BOUZAR N. On some integer - valued autoregressive moving average models[J]. Journal of Multivariate Analysis, 1994b, 50(1): 132 - 151.

[28]ALZAID A A, AL - OSH M A. First - order integer - valued autoregressive(INAR(1)) process: distributional and regression properties[J]. Statistica Neerlandica, 1988, 42(1): 53 -61.

[29]FREELAND R K. Statistical analysis of discrete time series with applications to the analysis of workers compensation claims data[D]. Canada: University of British Columbia, 1998.

[30]FREELAND R K, MCCABE B P M. Forecasting discrete valued low count time series[J]. International Journal of Forecasting, 2004, 20(3): 427 -434.

[31] FREELAND R K. True integer value time series[J]. ASt A Advances in Statistical Analysis, 2010, 94(3): 217 -229.

[32] FUKASAWA T, BASAWA I V. Estimation for a class of generalized state - space time series models[J]. Statistics and Probability Letters, 2002, 60(4): 459 -473.